内蒙古牧区草原旱情监测预警与风险评估

尹瑞平　王文君　吴英杰　李玮　赵水霞　张存厚　等　著

中国水利水电出版社
www.waterpub.com.cn
·北京·

内 容 提 要

本书基于气象、土壤、遥感、社会经济等数据,结合野外监测调查,系统分析了内蒙古牧区的干旱发生发展规律、时空分布特征和成因。通过基于地面和遥感监测的多种干旱指数适用性分析与耦合分析,将多种监测指数有机结合,构建适合牧区草原的旱情监测预警与风险评估体系,同时根据牧区草原旱情监测需求,利用神经网络理论对未来干旱做出趋势预测。

本书所提供的技术和方法可为牧区旱情的监测评估及预测预警提供有效的技术途径,对全国牧区主动防御干旱、减轻旱灾损失、提高防灾抗灾能力、保障牧业生产与人畜饮水安全等方面有着广泛的实用价值。

图书在版编目(CIP)数据

内蒙古牧区草原旱情监测预警与风险评估 / 尹瑞平
等著. -- 北京:中国水利水电出版社,2023.10
ISBN 978-7-5226-0264-6

Ⅰ. ①内… Ⅱ. ①尹… Ⅲ. ①牧区-草原-旱情-监测-内蒙古②牧区-草原-旱情-风险评价-内蒙古
Ⅳ. ①S812.5

中国版本图书馆CIP数据核字(2021)第239756号

审图号:蒙S(2023)015号

书　　名	内蒙古牧区草原旱情监测预警与风险评估 NEIMENGGU MUQU CAOYUAN HANQING JIANCE YUJING YU FENGXIAN PINGGU	
作　　者	尹瑞平　王文君　吴英杰　李　玮　赵水霞 张存厚　等　著	
出版发行	中国水利水电出版社 (北京市海淀区玉渊潭南路1号D座　100038) 网址:www.waterpub.com.cn E-mail:sales@mwr.gov.cn 电话:(010)68545888(营销中心)	
经　　售	北京科水图书销售有限公司 电话:(010)68545874、63202643 全国各地新华书店和相关出版物销售网点	
排　　版	中国水利水电出版社微机排版中心	
印　　刷	北京中献拓方科技发展有限公司	
规　　格	184mm×260mm　16开本　14.5印张　353千字	
版　　次	2023年10月第1版　2023年10月第1次印刷	
印　　数	001—200册	
定　　价	**99.00元**	

凡购买我社图书,如有缺页、倒页、脱页的,本社营销中心负责调换
版权所有·侵权必究

《内蒙古牧区草原旱情监测预警与风险评估》
编辑委员会

主　任：尹瑞平
副主任：王文君　　吴英杰　　李　玮　　赵水霞　　张存厚
　　　　王思楠
委　员：王文娟　　王苏雅　　王剑然　　王　健　　王　敏
　　　　尹　航　　包松林　　成格尔　　吕　娟　　朱　晖
　　　　任庆福　　全　强　　刘晓民　　刘铁军　　刘　勇
　　　　祁靓雯　　孙立新　　严坤钦　　苏志诚　　李倍诚
　　　　李瑞平　　杨丽萍　　杨　彬　　宋一凡　　张伟杰
　　　　张菊荣　　张　然　　张德全　　陈泽勋　　陈晓俊
　　　　苗恒录　　金　磊　　周泉成　　屈艳萍　　赵　谦
　　　　赵　慧　　郝　蓉　　钟　舟　　聂中青　　梁文涛
　　　　黎明扬　　潘劭博

前　言
PREFACE

　　干旱灾害作为全球最突出的自然灾害之一，具有持续时间长、影响范围广及旱灾损失大等特点。在气候变化和人类活动影响加剧的背景下，全球干旱灾害风险日益严峻，严重影响和制约了农牧业生产、生态环境安全及经济社会等可持续发展。三级阶梯地貌及季风气候决定了干旱对我国的显著影响，尤其是对北方内蒙古水资源匮乏的干旱、半干旱区。内蒙古牧区作为我国五大牧区之一，其面积占全区总面积的81.9%，包括33个牧业旗（县）和21个半牧业旗（县），近年来频繁发生的旱灾对草原生态安全屏障系统产生了极大威胁，草地退化和沙化速度加快，使得识别干旱的驱动机制及演化特征、实现旱情的精准化监测预测与风险评估，进而进行及时预警，明确"哪里旱""有多旱""旱多久"及"怎么办"等实际业务化问题成为一项紧迫任务。

　　本书围绕干旱半干旱牧区干旱灾害防御及智能化监测预警平台搭建的重大实践需求，以气象、水文、农业及社会经济等多源信息为基础，在传统地面监测基础上，引入遥感及无人机等现代观测手段，明晰不同干旱过程的内在机理和驱动机制，依据多种旱情评估指标和旱情信息同化融合技术构建旱情监测评估体系，并提出适用于草甸草原、典型草原、荒漠草原不同下垫面条件及不同生长季的综合干旱评估指数；利用神经网络和SWAT模型等算法，构建区域气象干旱及水文干旱短期预测预报模型，完善干旱监测预测体系，进而支撑旱情的及时有效预警；结合区域背景条件、水利工程条件、经济社会发展水平、科技生产水平和抗旱管理服务水平对干旱事件的影响程度进行评估，构建多层次定量化抗旱能力模糊评价体系，从而指导相关决策部门制定合理可行的防旱减灾对策及抗旱减灾规划；研发牧区旱情空-天-地一体化动态监测预测评估系统平台，建立区域旱情风险评估示范体系，为干旱灾害主动防御、农牧业旱灾损失缓减、抗旱服务水平提高及抗旱工作业务化应用提供科学技术支撑。

　　本书分为7个章节：第1章是概述，由尹瑞平、王文君、吴英杰编写；第2章是研究区概况，由孙立新、赵谦、钟冉、陈泽勋编写；第3章是牧区旱情监测评估，由吴英杰、全强、李玮、陈晓俊、周泉成等人编写；第4章是干旱预测与预警，由赵水霞、成格尔、尹航、张伟杰、苗恒录等人编写；第5章是干旱灾害风险评估，由张存厚、李瑞平、杨丽萍、张菊荣、金磊等人编写；第

6章是内蒙古牧区草原旱情监测预测评估系统，由吴英杰、赵水霞、刘铁军、王健、王思楠、任庆福、祁靓雯等人编写；第7章是结论与展望，由尹瑞平、吕娟、屈艳萍、苏志诚编写。本书图形、表格数据分析处理由王思楠、黎明扬、赵水霞、李玮、梁文涛、宋一凡等人完成。全文校稿由刘勇、张德全、郝蓉完成。

本书的研究工作得到了内蒙古自治区科技计划项目（编号：201802123、2021GG0050、2021GG0072、2021GG0020）、内蒙古自治区科技计划重大专项（编号：2020ZD0020）、内蒙古自治区"科技兴蒙"行动重点专项（2022EEDSKJXM004）、鄂尔多斯市科技计划项目（2022YY018）、中国水利水电科学研究院基本科研专项重点项目（编号：MK2020J11）、中国水利水电科学研究院创新团队项目（编号：MK0145B022021）的资助，得到了内蒙古阴山北麓草原生态水文国家野外科学观测研究站平台的支撑，特此向支持和关心作者研究工作的内蒙古自治区科学技术厅、内蒙古自治区水利厅、中国水利水电科学研究院防洪抗旱减灾研究中心、内蒙古自治区生态与农业气象中心、内蒙古农业大学、山东省水利科学研究院、锡林浩特国家气候观象台及鄂温克族自治旗气象局等单位和个人表示衷心的感谢；书中部分内容参考了相关单位及个人的研究成果，均已在参考文献中列出，在此一并致谢；同时感谢出版社同仁为本书付出的辛勤劳动。

由于研究工作涉及多学科交叉内容，加之时间仓促和水平受限，虽再三刊校，书中难免还有不妥或疏漏之处，恳请广大读者不吝赐教。

作者

2022 年 5 月

目 录

前言

第1章 概述 ·· 1
1.1 研究背景与意义 ····································· 1
1.2 国内外研究进展 ····································· 3
1.3 研究内容与技术路线 ······························ 24

第2章 研究区概况 ······································· 28
2.1 地理位置 ·· 28
2.2 自然条件 ·· 30
2.3 社会经济状况 ······································· 30
2.4 历史旱情状况 ······································· 31
2.5 大气环流背景及旱灾成因分析 ·················· 36

第3章 牧区旱情监测评估 ······························ 39
3.1 干旱监测指数 ······································· 39
3.2 内蒙古牧区干旱的时空分布特征 ··············· 47
3.3 干旱指标适用性分析 ····························· 77
3.4 旱情综合评估指数 ································· 103

第4章 干旱预测与预警 ·································· 122
4.1 预测方法介绍 ······································ 122
4.2 神经网络建模过程 ································· 125
4.3 基于 MCI 的内蒙古地区干旱预测结果 ········ 127
4.4 基于 BP 神经网络内蒙古地区未来十天干旱预测 ··· 150
4.5 基于 SWAT 模型的锡林河流域地表径流模拟 ··· 155
4.6 干旱预警 ·· 175

第5章 干旱灾害风险评估 ······························ 177
5.1 数据来源与分析方法 ····························· 177
5.2 评估指标体系构建与权重系数 ·················· 178
5.3 干旱灾害风险评估 ································· 183

第6章 内蒙古牧区草原旱情监测预测评估系统 ······ 189
6.1 系统概述 ·· 189
6.2 系统结构及流程 ··································· 190
6.3 旱情数据库 ·· 191

6.4　数据的处理 ……………………………………………………… 197

第7章　结论与展望 ………………………………………………… 209

7.1　结论 …………………………………………………………… 209

7.2　展望 …………………………………………………………… 210

参考文献 ……………………………………………………………… 211

第1章 概　　述

1.1　研究背景与意义

1.1.1　研究背景

干旱灾害是我国主要的气象灾害之一，对国家经济和社会发展产生严重影响和制约。内蒙古自治区位于我国北方，是我国五大牧区之一，亦是北方重要的生态屏障。但受区域地形地貌及气候特征的影响，内蒙古自治区成为我国受气候变化影响的显著区域，大部分牧区均处于干旱、半干旱地区，水资源匮乏且对干旱较为敏感，生态环境脆弱。

牧区是草原人民赖以生存和发展的基础，在自治区社会经济发展中占有重要地位。内蒙古牧区总面积 96.84 万 km^2，占自治区总面积的 81.9%，包括 33 个牧业旗（县）和 21 个半牧业旗（县）。2016 年年末牧区总人口为 1123.76 万人，占自治区总人口的 48.7%。据内蒙古自治区灾情多年统计资料，旱灾成为内蒙古地区特别是牧区发生次数最多、分布范围最广、影响程度最烈的一种气象灾害，尤其是近 10 年（2009—2019 年），农作物累计受灾面积达 1963.57 万 hm^2，受旱饮水困难人口 811.89 万人，受旱饮水困难牲畜 3391.56 万头，灾害造成直接经济损失合计超过 850 亿元。由此可见，干旱灾害的频繁发生，不仅影响牧草的正常生长、饲草料供应和人畜饮水，对草原生态环境也造成了极大威胁，成为影响牧区现代畜牧业发展和草原生态保护的重要制约因素。

广大牧区干旱的易发性、持续性、广泛性和危害性的特点，决定了抗旱工作的复杂性和艰巨性。缓解旱情、减少干旱造成的损失是我国及内蒙古自治区当前乃至今后很长一段时间必须面对的艰巨任务。因此，对抗旱减灾关键技术进行广泛而深入的研究，尤其是开展牧区旱情实时监测、预测、评估工作，为政府部门正确判断旱情发生地点、范围、强度、时间提供准确信息，为抗旱部门及时制定抗旱决策提供科学依据，是抗旱减灾工作中非常重要且不可或缺的内容。

1.1.2　拟解决的关键技术问题

1. 牧区草原旱情综合监测评估模型

协同研究区多种旱情评估指数和围绕草原干旱构建研究区综合旱情评估模型。应用模型对示范区历史旱情进行模拟评估，并验证模型计算结果的合理性和可信性。解决不同草原类型不同时段干旱监测指数适用性不统一的问题，探究草甸草原、典型草原、荒漠草原不同时段的干旱指标适用性，在此基础上，基于多尺度耦合，揭示气象、土壤、植被与干旱的互馈效应，提出适用于不同下垫面条件、不同时段的综合干旱评估指数，以提高牧区干旱监测的精准度，为及时制定抗旱减灾对策提供重要的科学依据。

2. 牧区草原旱情监测预测评估体系

综合多种监测手段及调查数据，将气象、水文、农业、卫星遥感等多源信息耦合，构建旱情发展趋势监测预警理论模型，结合现有旱情监测预测评估方法，研究牧区旱情水、土、气多源信息协同技术以及综合旱情监测评估体系，研发牧区草原旱情监测预测评估系统平台，建立区域旱情预测预警示范体系，为主动防御干旱、减轻干旱灾害损失、提高抗旱能力提供技术支撑，为防灾减灾指挥提供决策支持。平台建成后，在示范区进行示范与推广，形成适应全国不同牧区特点的干旱监测预警评估系统平台，为成果转化和推广应用提供科技支撑。

3. 牧区抗旱能力评价体系

从干旱与牧区自然、经济社会相互作用的机理出发，以牧区生态系统协调能力和牧区背景支撑能力为子系统对牧区抗旱能力进行分析，综合考量影响牧区抗旱能力的区域背景条件、水利工程条件、经济社会发展水平、科技生产水平和抗旱管理服务水平等指标，构建多层次定量化抗旱能力评价指标体系，基于多目标多属性模糊决策方法，对抗旱能力进行评价，进而提出包括修建水利工程、开辟新水源、提高牧草灌水能力、增加草库伦建设、选择耐旱牧草品种、严禁超载放牧、提高水的利用率等抗旱减灾对策。

1.1.3 研究意义

充分利用现代科技和通信技术，基于现代观测手段进行空-天-地的立体旱情信息监测，对与旱情密切相关的气象、水文、土壤、遥感等数据进行动态监测，可定量描述旱情的动态变化过程，快速、准确地捕捉旱情分布及演变信息，为准确分析受旱程度和旱情发展趋势、科学地评估旱情的严重程度、发布相应的旱情预警提供实时背景资料，为决策部门及时、准确地提供旱情及旱灾信息，为防旱抗旱、减灾决策提供科学支撑。通过研发旱情监测、预测评估综合分析技术，监视、分析和判断旱情发生、发展过程，建立旱情监测和评估模型，对旱情发生发展过程进行全面监控，并通过示范区达到推广目的，可为及时主动防御干旱灾害提供技术支撑。

党中央、国务院、自治区党委政府对内蒙古自治区抗旱减灾工作和生态文明建设高度重视，近年来，出台了一系列重大方针政策，推出了一系列重大举措。在信息化、大数据背景下，开展内蒙古牧区草原旱情监测预警系统与防旱减灾对策研究，对提升牧区抗旱减灾技术水平，减少因旱贫困人口，促进经济社会发展和生态文明建设，都具有十分重要的现实意义。

1. 生态效益

内蒙古是祖国北方重要的生态防线，关系到东北、华北、西北地区乃至周边国家生态安全，党中央、国务院十分重视内蒙古生态环境保护工作，国家相继启动了一系列生态建设工程。随着自治区经济的快速发展、气候变化与人为活动等共同因素作用，生态环境面临着更大的压力。沙漠扩张、生态系统退化、生物多样性减少、气象灾害频发等生态环境问题，已成为经济可持续发展的巨大障碍。构建牧区草原监测预警系统，可以增强防灾减灾能力和生态环境保护与建设能力，有助于改善自治区生态环境状况，并对周边地区生态环境改善产生积极作用。

2. 社会效益

有利于促进牧业生产、科学调整牧业结构、加快发展现代牧业，建设社会主义新农村、新牧区，开创自治区现代牧业高质量发展的新局面；有助于社会稳定、增强民族团结、巩固边防以及和谐社会的构建。

3. 经济效益

内蒙古自治区拥有全国最大的草原，是全国最大的畜牧业基地，解决好"三农三牧"问题，事关全面建设自治区小康社会大局，是自治区工作的重中之重。牧业是受旱情影响最大的行业之一，更是对旱情变化最敏感的行业。牧业增产、牧民增收、农村牧区繁荣都需要旱情监测、预警服务的保障，因此通过该项目的实施，将在正确指导抗旱减灾、水资源优化配置和人工饲草料地节水灌溉等方面发挥重要的作用；同时可以增强牧区旱情监测预警评估能力，完善牧区抗旱管理服务体系，进一步提升牧区抗旱减灾能力，最大可能减轻旱灾损失，减少因旱减产（饲草）、因旱减畜、因旱减收现象发生，为保障牧民收入提供有力支撑。

1.2 国内外研究进展

干旱灾害作为人类当前所面临的严重问题，国内外普遍给予关注并开展了相关研究。在干旱科学理论研究方面，学者们研究了干旱缺水发生、发展规律，建立评估指标体系和灾变经济损失等，鉴于干旱灾害的延缓性和随机性，应用概率论、灰色系统理论研究干旱区气候变化趋势及其与干旱灾变的关联性；在减灾技术上，探究用来减轻、缓解或部分控制干旱缺水对人类危害等的工程和非工程措施。这些研究有的正在起步，逐步深化，有的已应用于生产实践，对防灾、抗灾、减灾起到了一定作用。但是以往针对干旱和旱灾的研究多倾向于农业系统，对于牧区旱灾进行系统性研究成果罕见。国内对于牧区干旱的相关研究，通过文献检索发现主要从旱情监测预警、旱灾风险评估、抗旱能力评价以及防旱减灾对策等这几方面开展了相关研究，据此以这几方面进行研究进展述评。

1.2.1 旱情的地面监测与评估

适用的干旱指数是确保旱情精准监测的基础，受干旱复杂性及自然水循环过程相互关联的影响，单一干旱指数往往难以准确反映干旱的多类型及多尺度特征，使得构建基于指标-影响关联分析的多源信息综合干旱指数成为目前研究的难点问题及热点趋势[1-3]。除此之外，不同季节和不同下垫面对降雨的响应及对干旱的敏感程度存在明显差异，仍需发展针对不同类型草原有效的综合干旱指数及旱情等级评估标准，以期为气候变化下防旱减灾提供科学依据[4-6]。吴志勇等[7]对综合干旱指数的构建方法和业务化应用进行了系统回顾，提出融合多源信息的综合干旱指数能较准确及时地监测干旱过程、客观全面地评估干旱程度，但综合干旱指数在区域旱情监测评估中的适用性还须进一步加强。江笑薇等[5]提出综合干旱指数的构建需进一步从干旱的发生机理及致旱因子的相互耦合作用出发，依据区域下垫面和气候条件提高综合干旱指数监测旱情的针对性。温庆志等[8]采用多元线性回归方法，综合考虑了气象-植物-土壤相互作用所涉及的因子，构建了适用于淮河流域的综合遥感干旱监测模型。王玺圳等[9]利用 CRITIC 客观赋权法构建了基于标准化降雨蒸散指数、归一化植被指数、标准化土壤含水量指数及标准化地下水指数的综合干旱指数，该指数在泾惠渠灌区得到了较好的应用。粟晓玲等[10]对基于单一指标和多指标建立的干旱指数研究进展进行了综述，提出基于水量平衡原理的气象干旱指数（SPEI）考虑了降雨和蒸发对干旱的影响，被广泛运用到气象干旱监测中。杜灵通等[11]基于多源遥感数据，综合考虑土壤水分、植被生长和降雨盈亏的相互作用，采用数据挖掘手段，构建适用于山东省旱情监测的综合干旱监测模型。王思楠等[12]在单一归一化干旱指数（NDDI）、土壤湿度监测指数（SMMI）和温度植被干旱指数（TVDI）基础上，采用层次分析和回归分析方法，构建了适用于复杂覆盖区的综合干旱指数，可较为准确的反演土壤表层含水率。综上所述，综合干旱指数的构建方法较多，主要总结为权重组合、多变量联合分布和机器学习3种，从综合干旱指数的应用与推广技术上来看，区域差异性的问题仍然存在[7,13]。

干旱是一种缓变的自然现象。干旱的实时监测，是指通过实时观测到的降水、蒸发、土壤含水量、河川径流量等水文气象要素，计算相关的干旱指标，通过对干旱指标的分析，评估当前干旱等级[14]。

总体来看，许多国家已经针对各国国情和不同行业需求，开始实现干旱实时监测的业务化。国外现已形成地面、航空、航天多星的立体干旱监测格局。20 世纪末，为了加强和集中干旱监测活动，美国国家海洋和大气管理局（NOAA）农业部（USDA）和国家干旱减灾中心（NDMC）联合研发了一个周干旱监测产品（DM）（SvobodaMark，2002)[15]，它提供了一个综合客观的国家干旱指数，旨在提供全美国干旱现状的总体评估。DM 是依据对几个关键指数和来自不同部门的辅助指标的分析，研制出最终的分析图。采用的干旱指标包括 PDI、CMI（Crop Moisture Index）、土壤水分模式百分位数、日流量百分位数、正常降水百分比、顶层土壤水分（USDA 提供）和基于卫星的植被健康指数（VHI）。我国国家气象局气候中心研制的旱涝监测系统[16]，是利用降水量、气温等常规观测要素，依托气象指标计算，实现对全国干旱范围和程度的实时监测和影响评估，发布的产品包括旱涝监测公报、综合气象干旱指数、降水距平百分率图和土壤相对湿度图（20mm 土壤墒情图）等。我国水利部开发了天眼防汛抗旱水文气象综合业务应用系统[17]，发布的产品包括帕尔默数图、降水距平指数图、降水百分位数指数图，以逐日定时计算的方式自动获得全国旱情分布图，但目前还仅限于对气象要素的实时动态监视。2018 年，中国水利水电科学研究院联合全国 9 个省（自治区、直辖市）开发全国旱情监测预警综合平台，2020 年春开发完成并投入运行。该平台基于气象、水文、墒情、遥感等多源信息，综合考虑土地利用、土壤类型、灌溉条件、作物类型、物候情况等下垫面因素，在全国范围内实现农作物、林木、牧草、重点湖泊湿地生态和因旱人畜饮水困难旱情综合监测评估。系统平台实现国家、省、市、县四级共用，每周发布旱情综合监测一张图，实时监测和研判旱情形式。

当前国内旱情监测主要有地面监测和遥感监测两种方法，监测指标一般分为气象指标、土壤指标和植物指标等。

旱情地面监测主要以地面气象站点和土壤墒情站点监测数据为基础进行干旱指数分析，如周扬等（2013)[18]依据内蒙古地区 47 个地面观测站 1981—2010 年降水资料，采用标准化降水指数（SPI）作为干旱指数，分析了内蒙古地区年度和四季干旱发生的频率、干旱强度和站次比的演变特征。付丽娟等（2013)[19]用近 5 年（2006—2010）内蒙古地区的气象观测资料，对降水距平百分率（P_a）、相对湿润度干旱指数（M）和标准化降水指数（SPI）3 种气象干旱等级指标的适用性进行了对比分析。部分学者在分析已有气象监测指标的基础上，根据牧区自身特点从土壤、水文、植物等角度初步建立了内蒙古草原干旱指数模型，如郭克贞（1994）[20]在内蒙古草原的干旱等级评价中把"水分亏缺度"和"产量对比度"作为分析评价指标。侯琼等（2008）[21]以 SPAC 理论为基础，给出草原旱情指数的计算方法，结合牧草减产率，提出干旱等级指标。陈素华等（2007）[22]在传统干旱指数的基础上，研究一种新的指标—相对蒸降差，该指标涵盖了大气降水、草地蒸散发和土壤水分等因子，通过牧草供需水状况反映牧草受旱程度。佟长福等（2007）[23]建立了农牧业干旱评估指标的静态模型和动态模型，该模型能定量计算而且能较准确地反映出干旱给农牧业造成的损失。

旱情遥感监测主要分为可见光-近红外、热红外和微波遥感 3 大类型。可见光-近红外方法比较常用的指数有归一化植被指数（NDVI）、植被状态指数和植被温度状态指数（VTCI）。张春桂等（2009）[24]利用 MODIS 卫星数据，采用基于 NDVI - LST（陆地表面温度）VTCI 模型，对 2001—2002 年福建省发生的严重秋冬春连续干旱灾害进行了监测与验证。郑宁等（2009）[25]基于 2001—2006 年 NOAA/AVHRR 遥感影像资料和农业气象观测站的旬土壤墒情资料，利用距平植被指数与 20cm 土壤墒情建立了旱情监测模型。田国良等（1992）[26]根据土壤水量平衡原理，利用遥感方法建立试验区土壤表观热惯量与土壤水分的经验统计关系，然后根据冬小麦需水规律和土壤有效水分含量来定义干旱指数模型。国内外干旱遥感监测技术正在从实验研究逐步走向实际应用。国内相关单位近年来相继建立了基于遥感的旱情监测业务化运行系统，但面向抗旱减灾业务的遥感旱情监测业务化系统在水利行业尚未真正建立起来。目前，国家气候中心利用降雨资料每10 天发布一次全国旱情信息，国家卫星气象中心利用气象卫星遥感图像每旬监测一次全国干旱状况，国家气象中心利用地面土壤含水量观测资料每 5 天发布一次旱情状况[27]。中国水科院遥感中心也在黑龙江省建立了全国第一个基于遥感的土壤墒情监测及预报业务化系统[28]。可见我国在这方面也取得了可喜的成果，大大缩短了与国外同类研究的差距。但干旱现象非常复杂，涉及水文、气象、生物生理、水资源管理以及经济社会等多方面影响因素，需要综合考虑多种指标，因此建立一个有效的干旱遥感监测与预报系统仍然具有挑战性。

内蒙古自治区遥感旱情监测主要利用 MODIS 产品进行多种指数分析评价，如毕力格等（2011）[29]利用 2007 年、2008 年 4—9 月的 MOD11A2 数据和 MOD13A3 数据进行内蒙古地区 TVDI 的反演，分析其空间变化和月际、年际变化及其与主要影响因子（蒸发量、降水量、植被类型、土壤类型和地貌类型）间的关系。卓义（2011）[30]利用 LST - NDVI 特征空间原理深入挖掘特征空间中相对稳定的角度信息，建立了有效的土壤湿度遥感反演模型。刚嘎玛（2012）[31]以锡林郭勒盟为研究区，利用 2009 年及 2010 年植被生长期（4—10 月）的 MODIS 陆地表面温度数据（MOD11A2）和 MODIS 植被指数数据（MOD13A3），通过干旱指数模型的建立，计算其温度植被干旱指数（TVDI），对已发生的干旱进行监测，分析干旱发生的空间与时间变化规律。韩刚等（2017）[32]以 Landsat8/ETM＋与 MODIS 遥感数据作为数据源，利用 TVDI 模型对乌审旗土壤含水率进行遥感监测，最终实现了高频率的区域土壤干旱状况动态监测。王思楠（2018）[33]选择内蒙古自治区乌审旗荒漠草原为研究区，借助分裂窗算法反演地表温度（T_s），获取归一化植被指数（$NDVI$），建立温度植被干旱指数（$TVDI$）的干旱监测模型，结论表明 $Landast8$-$TVDI$ 能够更好地反映乌审旗荒漠草原的土壤水分状况，更适宜于旱情监测。

目前，我国在旱情监测特别是遥感监测方面相对于欧美发达国家起步较晚，但是随着我国在气象以及卫星遥感研究领域的不断投入，通过学习吸收国外先进研究理论和技术，在科技创新能力、人才队伍建设等方面有了长足的进步，旱情监测事业的发展和服务需求基本与国际接轨。国内涌现出了许多旱情监测的新技术与新方法，但是目前仍然缺乏基于地面监测和遥感监测的综合旱情监测方法，特别是针对牧区草原的综合旱情监测指数研究更是空白。所以基于地面和遥感的牧区草原旱情综合监测评估指标体系亟待开展系统性研究。

旱情评估是对已经发生的干旱情势进行分析，根据干旱指标等对旱情严重程度进行评价。目前，根据研究基础的不同，我国对旱情的评估大致可分为两种不同的研究方法。一是基于我国旱灾的历史统计基础资料，如历史重大旱灾年表的建立、全国灾情系列图的编制。潘耀忠等（1996）[34]基于中国省级报刊自然灾害数据库、级报刊信息源等数据源，借助 GIS 技术和数字地图技术，重建我国不同时期的旱灾时空格局，对干旱及灾害的特点及时空分布进行了讨论。二是根据干旱指标评估结果，恢复不同时段旱灾的时空格局。王劲峰等分别利用干旱频率、降水距平百分率等干旱指数，建立了中国干旱的时空格局，分析了我国不同地区的旱情发展趋势[35]。

历史干旱的评估，不仅可以透视宏观旱灾的变化趋势和地域差异，也是进行干旱实时监测和预测的基础，通过历史统计数据与干旱指数的长期比较分析，互为验证，可以建立更加准确的基于干旱指数的干旱研究模型。提高数据共享度，以及比较分析不同源数据的可信度是进行历史干旱评估的前期必要工作。

干旱实时监测和评估对开展抗旱减灾工作则有着直接的指导作用，但不同的干旱指标往往得出不同的干旱监测产品，反映的干旱区域、干旱等级及灾害严重程度不尽相同，如何正确判断和评估旱情，干旱指标的选用十分关键。美国气象学会在总结各种干旱定义的基础上将干旱分为 4 种类型：气象干旱（由降水和蒸发不平衡所造成的水分短缺现象）、农业干旱（以土壤含水量和植物生长形态为特征，反映土壤含水量低于植物需水量的程度）、水文干旱（河川径流低于其正常值或含水层水位降落的现象）、社会经济干旱（在自然系统和人类社会经济系统中，由于水分短缺影响生产、消费等社会经济活动的现象）。

干旱指标是表示干旱程度的特征量，是旱情描述的数值表达，在干旱分析中起着度量、对比和综合等重要作用[36]，是干旱监测的基础与核心。其中气象干旱指标可作为其他 3 种指标的研究背景和参考依据，具有重要的基础意义。此外，目前利用遥感（RS）技术建立干旱指数，进行大范围的干旱监测已成趋势，这类指数无论数据源还是指数建立的过程都不同于传统意义上的干旱指数，统称基于遥感的干旱指数。

1. 气象干旱指标

气象干旱是指某时段内，由于蒸发量和降水量的收支不平衡，水分支出大于收入而造成的水分短缺现象。气象干旱指标是指利用气象要素，根据一定的计算方法获得指标，用于监测和评价某区域某时段内因气候异常而引起的水分亏欠程度。

气象干旱指标通常都是以降水量为基础计算所得,降水量的多少基本反映了天气的干湿状况。降水指标是气象干旱指标中最常见的指标,国内外常见的气象干旱指标包括以下4种。

(1)降水距平百分率。McKee等(1993)[37]发展的标准降水指数(SPI)是单纯依赖于降水量的干旱指数,它是基于在一定的时空尺度上,降水的短缺会影响到地表水、库存水、土壤湿度、积雪和流量变化而制定的。它可由气象部门的地面观测站点提供。Michael等(1999)[38]指出该指数的一个优点是,相对于所选时段的不同,它可反映不同时间尺度的干旱。结合某一时段内降水的测量值来定义干旱标准,当所定义的干旱标准达到时,干旱即发生。但降水距平百分率指标只考虑了当时的降水量,而忽略了前期干旱持续时间对后期干旱程度的影响,所以在实际应用中还存在一定的局限性[39]。

(2)降水Z指标。Z指标是我国使用最为广泛的气象干旱指标之一[40],它是在假定降水量服从Person-Ⅲ型分布的基础上提出的,通过对降水量进行频率分析来确定干旱的程度。通过对降水量进行正态化处理,可将概率密度函数Person-Ⅲ型分布转换为以Z为变量的标准正态分布。Z指数没有考虑到降水量年内分配不均等是影响干旱的重要原因这一关键,另外,Z指标只能评估某一特定时段内的旱涝情况,不能判定干旱的起止时间和发生过程。

(3)Bhalme-Mooley干旱指标。Bhalme等[41]在1980年提出了BMDI指标。该指标采用n个月的降水量资料,考虑到了降水量的年内分配[42],较采用年降水量的指标合理。BMDI指标仅考虑了降水量,可视为Palmer指标的简化形式。

(4)帕默尔(Palmer)干旱指标。1965年Palmer[43]将前期降水、水分供给、水分需求结合在水文计算系统中,提出了基于水量平衡的干旱指数PDSI(Palmer Drought Severity Index),它是干旱研究史上的里程碑,是目前国际上应用最为广泛的气象干旱指标[44]。该指标不仅引入了水量平衡概念,考虑了降水、蒸散、径流、土壤含水量等条件,同时也涉及一系列农业干旱问题,具有较好的时间、空间可比性。PDSI建立了一套完整的确定干旱持续时间的规则,能保证在以月为时间尺度上确定干旱的起始时刻和终止时刻。自建立之初,PDSI就被广泛应用到各个领域用以评估和监测较长时期的干旱,同时也是衡量土壤水分和确定干旱始终时刻最有效的工具[45,46]。刘巍巍等[47]对PDSI指标进行了修正,使之更为适应中国的情况。

PDSI尽管被看成是气象干旱指标,但它考虑到了降水、蒸散发以及土壤水分等条件,所有这些都是农业干旱和水文干旱的决定因素,因此也可将PDSI作为农业干旱指标和水文干旱指标[48]。PDSI是目前最成功的农业干旱指标。

2. 农业干旱指标

我国是一个农业大国,历来非常重视农业干旱问题。农业干旱是指外界环境因素造成作物体内水分失去平衡,发生水分亏缺,影响作物正常生长发育,进而导致作物减产或失收的现象[49]。从干旱成因看,农业干旱灾害主要受降水量等气象因素影响,因此从气象条件来研究农业干旱规律是一种较为普遍的方法[50]。但是由于在实际生产中,农业干旱与气象干旱并不完全一致,农业干旱在受到各种自然因素如土壤、降水、温度、地形等影响的同时也受到人为因素的影响，如作物布局、作物品种及生长状况、人类对水资源的利用等。因此，农业干旱指标涉及大气、不同作物生长期间供水和需水的关系、土壤的墒情特征等因子，是各类干旱中最复杂的一种，它不仅是一种物理过程，也与生物过程和社会经济有关。

（1）降水量指标。降水是农田水分的主要来源。对于地下水水位较深而又无灌溉条件的旱地农业区，降水则是农田土壤水分的唯一来源。降水量指标一般多采用降水距平百分率法、无雨日数及百分比法等[51]。虽然其指标形式多样，但其实质都是以某地某一时段（年、季、月、旬或作物某一生长阶段）的降雨量（观测值或预报值）与该地区该时段内的多年平均降雨量相比较而确定其旱涝标准的。此类指标资料容易获取，计算简单，但是不能直接反映农作物遭受干旱影响的程度。

（2）土壤水分指标。农作物生长的水分主要是靠根系直接从土壤中吸取的，土壤水分不足会影响农作物的正常发育。常用的土壤水分指标有土壤湿度和土壤有效水分存储量。土壤湿度一般以土壤水分重量占干土重的百分数来表示，也有以土壤水分的容积占土壤总体积的百分数来表示的。而土壤某一厚度层中存储的能被植物根系吸收的水分叫土壤有效水分存储量 s，当 s 小到一定程度时，植物就会发生凋萎，因此可以用它来反映土壤的缺水程度及评价农业旱情。土壤水分指标是目前研究比较成熟，且能较好反映作物旱情状况的可行指标。

（3）作物旱情指标。利用作物生理生态特征的突变而建立的、反映农业干旱程度的作物旱情指标已得到广泛应用，是目前国内外普遍认可的直接反映作物水分供应状况的最灵敏的指标[52,53]。这类指标可以分为作物形态指标和作物生理指标两大类。作物形态指标是一种利用作物长势、长相来进行作物缺水诊断的定性指标；作物生理指标包括叶水势、气孔导度（阻力、开度）、细胞汁液浓度以及冠层温度等。作物形态指标直观、观测方便，可用于进行小范围内作物的旱情诊断。但作物形态上的改变表明作物体内已受到水分亏缺危害，可能已影响到作物正常生长发育，另外由于形态指标属于定性指标，不能量化，一般不易掌握好，难以应用于大范围的旱情诊断。

（4）供需水比例指标。根据我国目前的实际测试能力及条件，王密侠等（1996）[54]在研制作物旱情测报系统时在前文所提及的农业干旱指标的基础上，提出将作物供需水比例指标作为农业干旱预测指标。供需水比例指标考虑了前期土壤蓄水，土壤水的转化平衡，以及不同农作物在不同季节对水分的需求，所涉及的参数可用历史气象资料、田间实测土壤水分资料以及常规天气预报求出，该指标综合考虑了水量平衡的各个因素，并与农作物需水量相关联，概念明确，代表性较好，在我国旱作农业区应用较广，可以很方便地用于旱情测报系统[55]，但不同时段、不同地点的径流量较难计算，这给推广应用造成了一定的困难。

（5）农作物水分指标。我国从20世纪60年代开始使用的农作物水分指标是通过作物供需水状况来反映作物受旱程度的一个指标。该指标综合考虑了水量平衡的各个因素，并与农作物需水量相关联，在我国旱作农业区应用较广，但它的缺点同样是某些参数难以确定[56]。除了上述指标外，还有直接以农作物生长期供水量与同期需水量的比例关系，或用农作物根系层实际土壤含水率与作物适宜生长含水率的关系作为干旱指标等。农业干旱指标研究主要针对作物的供需水关系，侧重土壤墒情的监测，目前土壤水分还不能实现大面积的准确监测，而水文模型关于土壤结构及土壤含水量计算等方面的描述已比较成熟，考虑借鉴水文模型的优势，更好地描述土壤含水量的时空变化，同时把干旱指标与农业灾害的实际统计资料统一起来，以更好地验证建立的干旱指标，将是农业干旱指标研究未来的重点关注方向。

农业干旱研究主要针对作物的供需水关系。1965 年，Palmer[43] 将前期降水、水分供给和水分需求结合在水文计算系统中，提出了基于水量平衡的干旱指数（PDSI），它是对监测长期干旱状况的一个非常有用的指标，其在干旱事件的分析、干旱序列重建以及干旱的监测中被广泛应用。安顺清等（1986）[57] 对 PDSI 指数进行了修正，使之更适应我国的实际情况。考虑到农作物在关键生长季节对短期的水分亏缺十分敏感的现实，W. C. Palmer[58] 在 PDSI 的基础上开发了作物水分指数 CMI 作为监测短期农业干旱的指标，CMI 主要是基于区域内每周或旬的平均温度和总降水来计算，能快速反映农作物的土壤水分状况。另外，还有直接以农作物生长期供水量与同期需水量的比例关系，或用农作物根系层实际土壤含水率与作物适宜生长含水率的关系作为干旱指标等。

3. 水文干旱指标

水文干旱指因降水长期短缺而造成某段时间内地表水或地下水收支不平衡，出现水分短缺，使河流径流量、地表水、水库蓄水、湖水减少的一种水文现象，其主要特征是在特定面积、特定时段内可利用水量短缺。水文干旱最初是以河川径流量为研究对象，以时段径流量小于某临界值来定义干旱。最初把游程理论用于水文干旱识别的是基于月降雨或月径流系数对干旱情况进行检验分析[59]。Mohan 等（1991）在此基础上，考虑了月径流的变差值，对以游程理论为基础的水文干旱识别方法进行了改进。水文干旱通常以干旱强度和干旱历时的乘积来衡量，应用游程理论对水文干旱进行识别。

水文系统的多功能、多目标性，使得降水量与地表水、地下水供给之间的关系异常复杂，因而地表水和地下水的短缺相对于降水偏少有明显的滞后。面向河道流量和地下水水位等，一般采用能反映地表径流偏少和地下水位偏低造成水分短缺情势的水文干旱指标来描述缺水历时和时段缺水量等水文干旱特征。如利用多年平均径流量、月径流量、水位等小于某阈值作为干旱指标进行研究。目前，国内外常用的水文干旱指标有水文干旱强度、水文干湿指数、作物水分供需指数、地表水供给指数、区域水量最大供需比指数、水资源总量短缺指数、河道径流距平百分率、水库水位距平百分率、水文干旱指数等。地表供水指数（SWSI）是 1981 年为科罗拉多州开发的经验水文指数，作为地表水状况的度量，SWSI 弥补了 PDSI 未考虑降雪、水库蓄水、流量以及高地形降水情况的不足，SWSI 对评估和预测地表供水状况的作用已被很多学者认同[61,62]。

当前，水利部门往往依据河道径流距平值来评估水文干旱。由于现在大多数河流上都建有水库大坝，水文站对于河道流量的观测值已不能体现流域天然状况下的水文响应，因此该指标的适用性问题值得进一步探讨。此外，水文干旱频率分析问题也备受关注。干旱历时和干旱烈度频率分布的类型筛选是需要解决的关键问题。冯国章（1994）[63] 将 Sen 推导出的最大正游程长概率密度函数转换为最大负游程长概率密度函数，并作为极限水文干旱历时的概率密度函数。Güven（1983）[64] 推导了一定时期内极限水文干旱历时的概率分

布，周振民等（2003）[65]和袁超等（2008）[66]将其应用到对数正态分布的水库来水量和
P-Ⅲ型分布的 $Markove$ 过程的年径流序列的水文干旱分析中。近年来，多变量的干旱频
率分析方法，包括条件概率法、非参数方法和 $Coupula$ 函数方法等应用较广。区域水文干
旱频率的分析研究，主要采用等高线图、网格图干旱特征频率分析以及划分干旱一致区等
方法，但总体来说，理论、方法和应用尚不成熟，需深入研究。在干旱研究方面，基于分
布式水文模型和遥感监测等，依靠多源信息对水文干旱发展趋势进行实时评估也已成为国
内外众多学者研究的重点和热点[67]。采用具有一定物理机制的分布式水文模型，从流域
水循环的角度出发，模拟流域水文过程的各个环节，从而得到各种水文要素在流域的时空
分布，为流域旱情特征规律研究提供信息[68]。流域分布式水文模拟可以解决实测资料缺
失、可信度偏低等问题，使流域旱情信息在时空上得以连续和完善[69]。

　　4. 社会经济干旱指标

　　社会经济干旱是指由于经济、社会的发展需水量日益增加，以水分影响生产、消费活
动等描述干旱。其指标常与一些经济商品的供需联系在一起，如建立降水、径流和粮食生
产、发电量、航运、旅游效益以及生命财产损失等关系[70]。

　　社会经济干旱指标主要评估由于干旱所造成的经济损失。由于工业供水保证率常高于
农业，在干旱年份工业供水常享受优先权。在一般干旱的年份，工业用水基本上可以得以
满足，工业产值损失较小。在特大干旱年份，工业用水将无法保证，损失较大。计算工业
受旱损失价值量通常采用缺水损失法。此外，在评价干旱对工业、航运、旅游、发电等损
失时通常拟用损失系数法，即认为航运、旅游、发电等损失系数与受旱时间、受旱天数、
受旱强度等诸因素存在一种函数关系[44]。

1.2.2　旱情的遥感监测与评估

　　遥感监测的干旱通常是农业干旱，而农业干旱的本质是土壤水分含量太低，无法满足
植被对水分的需求，所以干旱监测的本质是监测土壤水分含量，通过土壤含水量的分布和
多少来反映干旱的分布范围和干旱程度[80,81]。目前遥感监测干旱的主要方法有：热惯量
法、微波遥感法、植被遥感方法、温度条件指数法等[82]。传统干旱监测指数包括 $PDSI$、
SPI 等。采用卫星遥感监测干旱之后，基于地表反射率和发射率的干旱指数主要有：植被
状态指数（vegetation condition index，VCI）、温度状态指数（temperature condition
index，TCI）、植被温度状态指数（vegetation temperature condition index，$VTCI$）。一
般情况下，该类指数只适合植被覆盖度比较高的地区，对于稀疏植被或裸地，监测结果存
在较大的偏差。另外，植被指数对干旱的响应有一个滞后，在干旱的初期，很难通过植被
指数监测出来。基于地表水和能量平衡模型的干旱指数主要有：蒸散比指数（evaporative
fraction，EF）、作物缺水指数（crop water stress index，$CWSI$）。该类指数具有一定的
物理意义，反映了土壤水分状况，但是对作物来说，不同的发育期，需水量是不同的，因
此相同的缺水指数在作物不同的发育期具有不同的意义[83]。

　　自 20 世纪 60 年代国外利用遥感技术监测土壤水分以来，利用遥感技术监测干旱的研
究已取得了一定的进展，目前遥感监测干旱的方法主要包括：建立在时间序列植被指数基
础上的植被状态指数（VCI）[84]；通过计算实际蒸散和潜在蒸散比值评价土壤水分状
况[85]；建立土壤水分热惯量模型进行干旱监测等研究[86-88]，但是热惯量模型只适用于裸

土或稀疏植被覆盖[89]，在植被覆盖条件下，通常采用其他的方法代替；Jupp 等[90]建立的归一化温度指数（NDTI），发现 NDTI 能很好地描述土壤的供水能力，对变化环境的反应比归一化植被指数（NDVI）更灵敏，因为 NDVI 对环境变化反应具有滞后性[91]。尽管 NDTI 比 NDVI 对环境变化更敏感，但遥感获取的温度信息受土壤背景信息的影响，在不完全植被覆盖条件下，遥感获取的温度必然受植被覆盖度的影响，这样就有将植被指数和陆地表面温度相结合建立 NDVI − Ts 空间，从而进行遥感干旱监测的研究，最近的研究结果也表明结合植被指数和陆地表面温度研究区域土壤水分状况会得到更加合理的结果[92-95]。

齐述华等[96]受 NDVI − Ts 空间在干旱监测中原理的启发，探讨利用 MODIS 数据建立的温度植被干旱指数（TVDI）在应用于大区域干旱监测中取得了很好的效果，并建立了温差植被干旱指数（DTVDI）。

早在 20 世纪 70 年代初，国外就有一些学者开始利用地面试验和航空微波遥感资料，研究亮温与土壤水分的关系。微波遥感具有优于多光谱的全天候、能够穿透云层干扰的特点，近年来人们作了许多利用微波遥感监测土壤水分的探讨研究。目前主要的土壤水分反演方法有基于统计手段的反演算法、基于正向模型和基于神经网络的反演算法 3 种。Koike 等提出了土壤湿度指数（ISW）概念[97]，Bindlish 在积分模型基础上将实测土壤水分与雷达获取数据的相关系数由 0.84 提高到 0.95[98]。Moeremans 和 Dautrebande 利用卫星雷达监测田间和区域两个不同尺度的土壤含水量，认为裸地或植被稀疏地区的近地表土壤含水量与后向散射系数有很高的相关性[99]。Zribi 用 C 波段结合一种新的经验模型进行了研究[100]，Frate 和 Schiavon 利用由微波遥感获得的比辐射率经过两个隐藏层的 BP 神经网络模型训练得到土壤含水量[101]。

主动微波数据因分辨率高而越来越受到重视，但由于受地表粗糙度和植被覆盖影响，研究重点是如何去除地表粗糙度对后向散射的影响。针对这种情况，李震等[102]提出了一种综合主动和被动微波数据的土壤水分变化监测方法，通过一个半经验公式计算散射项，综合时间序列的主动和被动微波数据来消除植被覆盖影响，计算结果和实测值一致。相比主动微波雷达，被动微波辐射计具有监测面积大、受粗糙度影响小，对土壤水分更为敏感，算法更为成熟的优势，重访周期短，能够进行大面积实时动态监测。

由于利用微波遥感监测土壤水分的理论基础是土壤和水的介电常数的巨大差异，而测量的土壤含水量是空气、土壤和水 3 种介质相互作用的结果，因此有一些研究将目光集中在介电常数的研究上，建立了不同的混合介电常数算法[103]，以线性权重公式较为常见。施建成等[104]提出一种目标分解技术，利用协方差矩阵的特征值和特征向量将极化雷达后向散射测量值分解为单向散射、双向散射和交叉极化散射 3 个分量，并建立一阶物理离散散射模型，建立了土壤水分估算的方法。

总体而言，我国在旱情监测特别是遥感监测方面相对于欧美发达国家起步较晚，但是随着我国在气象以及卫星遥感研究领域的不断投入，通过学习吸收国外先进研究理论和技术，在科技创新能力、人才队伍建设等方面有了长足的进步，旱情监测事业的发展和服务需求基本与国际接轨。国内涌现出了许多旱情监测的新技术与新方法，但是目前仍然缺乏基于地面监测和遥感监测的综合旱情监测方法，特别是针对牧区草原的综合旱情监测指数研究更是空白。所以基于地面和遥感的牧区草原旱情监测综合监测评估指标体系亟待开展系统性研究。

国外将遥感技术应用于干旱的监测始于 20 世纪 60 年代末,最初始于对土壤水分的监测研究,发展到目前为止应用的领域越来越宽。从 80 年代开始,遥感技术研究侧重于实际运用方面,特别在对土壤水分研究方面发展较快,并利用多种指标对不同区域进行了干旱监测。90 年代以来,随着新一代传感器的运行,多样化的遥感数据源极大地推动了遥感干旱的研究。随着研究的不断进步,干旱遥感监测模型的发展方向从单一波段、单一指数逐步向多波段结合、多指数结合转变。

1974 年 Rouse 提出归一化植被指数($NDVI$),能够定量地描述植被生长状态和地面植被覆盖状况的最佳指标,并最早利用 $NDVI$ 来监测美国中部大草原地区旱情的季节性变化。1983 年 Jakson 等利用 $NDVI$ 对小麦生长状况进行旱情监测,研究表明 NDVI 对短暂性的小麦旱情监测并不敏感,只有当小麦水分损失量严重超过水分吸收量,导致小麦生长受到严重影响时,才会引起 $NDVI$ 的明显变化。

1988 年 Jakson 等根据 Idso 于 1981 年提出的作物缺水指数($CWSI$)的基础上,基于冠层能量平衡原理的单层模型对 Idso 提出的冠层温度差的上、下限方程,并进行了理论上的说明,将 $CWSI$ 解释为在冠层能量平衡原理基础上,综合考虑土壤水分和农田蒸散的关系,来表征作物水分亏缺状况。Rosema 研究发现了每日蒸散模型,并对其进行了大量的计算。Peters 等运用概率函数方法进行了植被干旱情况分析,发现水分状态与归一化植被指数具有相关性,可用于监测干旱研究。Alderfasi 等利用 $CWSI$ 来监测和量化作物水分胁迫以及进行灌溉调度,研究表明 $CWSI$ 值可以作为监测小麦水分状况和制定灌溉计划的有效方法,并可推广到其他类似的农作物中。此外,$CWSI$ 是基于冠层能量平衡原理,具有较高的测量精度和明确的物理定义,这是优于其他干旱指数的一个重要因素;此外,该指数还考虑了地面风速、水汽压、日照时数和气温等因素的作用;但是它的计算比较复杂,需要常规气象数据和地面观测资料共同参与,因此使 $CWSI$ 的应用受到限制。2011 年,美国国家航空航天局(NASA)研究小组根据 Penman – Monteith($P-M$)公式对 $MOD16$ 数据进行了修正,并以高时空分辨率和自由访问方式发布了全球 MOD16 数据,为 $CWSI$ 的计算提供了新的思路。除此之外,作物蒸散模型法,是在能量平衡的原理基础上建立的,通过计算某地区蒸散量的变化来反映土壤水分的含量,以此来监测该地区的旱情状况。典型的蒸散模型有单层和双层模型。Brown 和 Rosenberg 能量平衡–作物阻抗原理作为理论基础,提出和建立了作物阻抗—蒸散模型,并为热红外遥感在蒸散模型的应用上提供了理论基础,Jackson 在此基础上进行了简化并建立了冠气温差与蒸散的统计模型。Shuttle 和 Wallance 建立了稀疏植被的系列双层蒸散模型,该模型考虑了土壤蒸发和冠层蒸散两者之间的耦合效应。在前人工作基础上,专家学者结合各自需要对模型不断进行改进,Norman 等在系列双层模型的基础上建立了平行双层模型。相比单层模型,双层模型具有较高的监测精度和较好的监测效果,但在实际应用中需要输入大量的参考数据,使其受到很大的限制。

1990 年 Carlson 等将冠层温度与 $NDVI$ 结合提出了植被供水指数($VSWI$),$VSWI$ 原理是当植被供水正常时,$NDVI$ 和叶表温度在一定的生长期内保持在一定范围内,如果干旱、供水不足或者植被生长受到限制时，$NDVI$ 下降，此时植被无足够水分供给，叶表被迫关闭部分气孔，引起植被叶表温度升高。Shafer 等在综合考虑地表供水和植被需水两种因素的基础上，提出了地表供水指数（$SWSI$），效果也较好。已有研究表明，$VSWI$ 与 $SWSI$ 比较适用于植被覆盖度相对较高的地区，且在现今干旱监测中得到了较为广泛的应用。

1995 年 Kogan 等提出植被状态指数（VCI），VCI 能够反映出旱情因气候变化的影响而产生的变化，可以消除或减弱地理位置差异、生态系统变化和土壤条件的差异对旱情的影响，但该指数仅适用于比较同一区域旱情年际变化情况，需要进一步处理才能够描述不同区域旱情大小。除 VCI 外，1995 年 Kogan 等还建立了温度条件指数（TCI），重点强调了气温与植被生长的关系，即高温对植物生长具有抑制作用。1998 年 Unganai 等利用 VCI 和 TCI 监测南部非洲的旱情，结果表明利用 VCI 和 TCI 指数可以监测、跟踪和描述出南部非洲干旱的时空特征，并通过降水、大气异常场和农作物产量等现场数据进行了验证。

国外研究者已经考虑到影响干旱因素的复杂性，因此不再将旱情监测的因素仅仅局限于某一因素。同时，基于植被指数（$NDVI$）和地表温度（LST）的关系，Hope 等将 $NDVI$ 和 LST 进行了相关计算，获得了温度植被指数（TVI）。2002 年，Sandholt 等提出了温度植被干旱指数（$TVDI$）来评价土壤表层水分情况，$TVDI$ 是通过反演土壤相对湿度来反映农业旱情的重要方法。值得说明的是，利用 $NDVI$ 和 LST 进行旱情评价时，一个重要的假设前提是二者存在相反的变化趋势。然而研究表明，当水分是植被生长的限制因素时，LST 和 $NDVI$ 呈负相关，而当能量成为植被生长的限制因素时，LST 和 $NDVI$ 却呈正相关。此外，$TVDI$ 对已发生旱灾的区域具有较好的解释能力，但在农业干旱监测与预警方面的能力表现欠佳。2009 年 Patel 等利用 $TVDI$ 对印度亚湿润地区土壤水分状况进行评价，研究结果表明 $TVDI$ 与土壤水分之间存在显著的强负相关关系，特别是当植被覆盖稀疏时。自 2009 年至今，众多学者在前人提出的干旱模型基础上进行了简单的修正，Rahimzadeh - Bajgiran 等利用植被干旱指数和修正后的空气温度建立了增强的 $TVDI$（$iTVDI$），监测了伊朗半干旱地区的土壤水分分布情况，并取得了较好的效果；Li 等在温度植被干旱指数（$TVDI$）的基础上做了改进提出了蒸发植被干旱指数模型（$EVDI$），这一指数的提出不仅弥补了温度植被干旱指数（$TVDI$）在植被覆盖较高地区的监测值比真实值较高的缺点，而且在干旱监测的准确性方面蒸发植被干旱指数模型（$EVDI$）比温度植被干旱指数（$TVDI$）要好一些。Dhorde 等利用叶面积指数（LAI）和地表温度（LST）的特征空间构建 $TVDI$，并与作物水分指数所证明的短期水分变化相一致，进一步扩展了 $TVDI$ 的应用领域。

我国利用遥感技术进行干旱监测的研究起步较晚，兴起于 20 世纪 80 年代，虽然起步相较于国外晚 10 年左右，但是通过我国学者的不断努力，在遥感干旱监测模型改进领域做了不少的探索和研究，大大提高了我国遥感干旱监测的技术水平，但是大部分改进模型仅适用于部分区域，对于大区域的适用性有待验证。

1987 年，刘兴文等通过计算土壤热惯量，开始了我国基于土壤热惯量的遥感干旱监测研究。1990 年，隋洪智等综合考虑了地面和大气等因素，对热惯量平衡方程进行了一定改进，随后 2005 年，李星敏等利用遥感数据获得了表观热惯量，并分析了地形与地表覆盖度对土壤水分与表观热惯量之间关系的影响。

高光谱遥感法是采用反射率等方法，根据土壤光谱曲线随土壤含水量的变化而变化的规律，建立相关指标来反演土壤含水量。Bowers 和 Hanks 对不同类型的土壤进行土壤含水量的研究，但没有建立具体的模型。Stone 和 Baumgardner 进一步证实了土壤含水量与反射率之间的关系。国内，朱永豪等研究了在自然条件下，不同波段、不同湿度黄棕壤的光谱反射率和水分的关系，并表明在不同的湿度下室内与室外光谱遵循不同的规律。刘伟东研究表明土壤光谱反射率在一定的土壤水分临界值之下时，随土壤湿度的增加降低，当超过临界值后，随土壤水分的继续增加而增加，这个临界值通常大于田间持水量。尽管高光谱遥感数据在土壤含水量的监测精度上得到大大的提高，但在大范围的干旱监测方面仍具有一定的局限性。

植被指数法是根据植被的光谱特征，将不同波段进行组合，形成了各种植被指数。由于植被指数随植被含水量减少而减少，因此，植被指数与植被含水量两者之间的相关性可用于干旱监测。1996 年，Gao 等在 $NDVI$ 的基础上，提出了归一化差分水分指数（$NDWI$），通过引入短波红外波段，更有效提取植被冠层的水分含量，在植被冠层受水分胁迫时，能及时地响应。2007 年，刘小磊等以江西夏季干旱监测为例，对 $NDVI$ 和 $NDWI$ 进行了比较分析，研究结果表明，$NDWI$ 对植被冠层水分信息比 $NDVI$ 更为敏感，在短期干旱监测中，$NDWI$ 指数能够准确地反映江西省夏季旱情的时空变化特征。

2003 年，王鹏新等对比了距平植被指数（AVI）、植被条件指数（VCI）、温度条件指数（TCI）和归一化温度指数（$NDTI$）等遥感干旱监测方法的优缺点，并在以往学者的研究基础上，提出了条件植被温度指数（$VTCI$）的遥感干旱监测方法，探讨了其应用前景。2006 年，孙威等进一步完善了 $VTCI$，并得出 $VTCI$ 与降水量间的相关性随着累计时间的增加而降低，从而表明了 $VTCI$ 与较近月份的降水量相关性更好，证实了冷边界和热边界确定方法的合理性。

2006 年张文宗等为了加强遥感监测土壤水分和干旱的技术水平，在对常用遥感监测土壤水分和干旱方法进行评价的基础上，根据土壤热力学理论，提出了能量指数模式，研究结果表明，能量指数模式更适合农作物土壤水分和干旱的监测，监测效果明显优于已经业务化的其他模式。

2009 年匡昭敏等利用 $EOS/MODIS$ 数据，利用植被条件指数（VCI）和温度条件指数（TCI），重新构建了干旱指数 ID 的遥感干旱监测模型，分析了 ID 与农业受旱情况的相关系数，从而确定了模型中各参数的权重系数，并将该干旱监测模型应用于监测 2005 年广西喀斯特干旱农业区秋季旱情，结果表明 TCI 和 VCI 都能够反映该区域的旱情变化，但 TCI 反映旱情的实际情况优于 VCI，以 VCI 和 TCI 构建的干旱模型适用于广西中部喀斯特干旱农业区的旱情遥感监测。2012 年杨波等以此为原理构建了适用于湖南省的干旱状态指数（DCI），将 VCI 和 TCI 的权重分别取值设置为 0.4 和 0.6 时为最优，并论证了干旱状态指数也适用于南方湿润地区的干旱监测。

2013 年郑有飞等从地表蒸散的角度出发对蒸散胁迫指数（ESI）进行改进，推导得到简化型蒸散胁迫指数（$SESI$），结果表明 $SESI$ 有效地简化了基于地表蒸散估算的遥感干旱监测方法，对土壤表层水分（10cm、20cm）有着良好的指示作用。该方法在春、秋季监测效果优于夏季，且不同时期 $SESI$ 的可比性优于 $TVDI$。

2016 年田国珍等在改进的地表能量平衡原理的基础上，利用作物缺水指数（$CWSI$）监测了山西省的干旱情况，结果表明 $CWSI$ 与土壤相对湿度和降水都显示了一致的时空分布规律，说明了 $CWSI$ 用于山西省干旱监测具有较高的时效性。2018 年汪左等利用 $MODIS$ 数据反演了安徽省的 $CWSI$，研究结果表明 $CWSI$ 能够很好地反映安徽省的旱情，并与植被覆盖度、气温和降水具有较好的一致性。

由此可见，随着遥感技术的不断发展，遥感干旱监测模型的研究也在不断取得良好的效果，但是仍然存在一些不足之处，例如大部分的遥感干旱监测模型仅适用于植被覆盖度较高的地区。此外，遥感干旱监测模型还存在一定的滞后响应，这方面仍然需要进一步加强，或者考虑使用多种遥感干旱监测方法一起监测，相互弥补各种遥感干旱监测模型的不足，使干旱监测工作能够更准确。缩略语见表 1-1。

表 1-1　　　　　　　　　　　缩　略　语　表

英　文　全　称	英文缩写	中文名称
moderate-resolution imaging spectroradiometer	MODIS	中分辨率成像光谱仪
thematic mapper	TM	专题制图仪
enhanced thematic mapper	ETM+	增强型专题制图仪
digital elevation mode	DEM	数字高程模型
normalized difference vegetation index	NDVI	归一化植被指数
enhanced vegetation index	EVI	增强植被指数
land surface temperature	LST	陆地表面温度
temperture vegetation drought index	TVDI	温度植被干旱指数
apparent thermal inertia	ATI	表观热惯量
vegetation supply water index	VSWI	植被供水指数
vegetation condition index	VCI	条件植被指数
temperature conditional index	TCI	条件温度指数
normalized multi-band drought index	NMDI	归一化多波段干旱指数
normalized difference water index	NDWI	归一化差值水体指数
vegetation temperature condition index	VTCI	条件植被温度指数
improved temperature vegetation drought index	iTVDI	改进型温度植被干旱指数

1.2.3　旱情多源信息综合监测技术

干旱作为一种复杂的现象，难以仅靠单一因子描述其发生、发展过程和影响范围，而如何综合众多干旱相关因子准确监测干旱成为干旱监测研究的重点与难点问题。综合多源信息的干旱监测法为解决该问题提供了切实可行的思路和方向，它是通过气象、遥感和野外实测等多源信息的综合，从中选取与干旱关联性较高的因子，通过多种建模方法构建多因素干旱模型，监测一种或多种类型的干旱。

国外已有部分学者尝试构建综合多源信息的干旱模型监测旱情[105-108]，近几年国内学者也致力于干旱综合监测模型的研究，在学习国外已有综合模型的基础上改进相关模型，以期更适应我国的旱情监测。目前，构建多源信息的干旱监测模型已经成为当前研究热点[109-111]。

综合干旱监测法是指通过集成多源信息，采用不同建模方法综合多个单一干旱指标，构建干旱综合监测模型，以期较为全面准确地监测旱情。目前常用综合干旱指数有数十种，从 20 世纪 60—80 年代的水平衡模型开始，到 20 世纪 90 年代末、21 世纪初多种模型的尝试与探索，发展至 2010 年后趋向于以线性组合、联合分布函数和数据挖掘法为主，历经 50 余年的发展。

基于多源信息的综合干旱监测模型能够集成遥感、气象站点和野外实测等多源数据的优势，综合考虑多种致旱因子，具有较高的干旱监测精度，在研究复杂干旱监测问题方面具有较大的应用潜力。然而现有综合模型大多难以体现干旱发生过程中作物对干旱的响应以及滞后效应，也无法反映干旱影响因素间的相互作用机制，进而难以准确揭示干旱发生的内在机理，加之干旱影响因素因地域、时间不同而不同，虽然当前研究尝试尽可能全面地顾及多个干旱相关因子，但特定地域、特定时段的干旱监测结果难以进行时空尺度拓展，使得干旱监测结果存在一定的偏差。此外，由于干旱的复杂性，往往无法采用统一的指标体系对旱情监测结果进行验证，导致监测结果难以进行统一比较，这为选取合适监测模型，准确监测干旱带来困扰[112,108-110]。

1.2.4　旱情的预测与预警

干旱灾害的频繁发生使得精准预测干旱的发生、发展、衰亡及消退的动态过程具有重要意义。干旱受水文、地理及气象等因素综合影响，是一个动态的累积过程，相比洪水、风暴以及地震等自然灾害更为复杂。国内外目前就气象干旱、农业干旱及其两者耦合的干旱预测方法较多，但水文干旱和经济干旱的预测研究只有少量的预测模型。

干旱预测方法可以概括为数值预测法和统计预测法两种。数值预测法是基于气象学原理建立预报模型，基于天气的数值预测模型建立一系列偏微分方程，根据初始场求解方程组，进而得到预测结果。该模型最大的优点是客观化和定量化，为优化计算机运行速度，建模时需要对预测模型进行简化，进而使得模型预测结果与实际存在一定的偏差，适用于大尺度系统的预测，且外延时间不可太长。目前应用最广的数值预测模型为模式输出统计量（ModelOutputStatistics，MOS），但该模型过于依赖数值模式性能，因此，部分学者将 Kalman 滤波技术引入 MOS 预测模型中，有利于中长期气象数值预测研究。另一种预测方法为统计预测法，该方法主要基于数理统计，通过分析预测因子和预测量之间的数量关系，建立数学模式来预测未来的干旱程度。目前运用较多的统计预测法多以干旱指标为基础，应用时间序列分析、多元回归分析、周期分析、谱分析等数理统计方法来建立预测模型，进而预测干旱。

数值预测法及统计预测法在气象干旱和农业干旱预测中的研究比较成熟，其中气象干旱预测比较常见的非线性预测方法主要有安顺清（1986）[113]、王良健（1995）[114] 以及程桂福等（2001）[115] 采用的灰色系统预测方法；李翠华（1990）[116]、王革丽（2003）[117] 等运用的时间序列分析方法；李祚泳（1997）[118]、朱晓华（2000）[119] 等采用的分形理论及张学成（1998）[120]、普布卓玛（2002）[121] 等采用的均生函数预测方法。农业干旱是气象条件、水文环境、土壤基质、水利设施、作物品种及生长状况、农作物布局以及耕作方式等因素的综合作用结果，其发生机理相比气象干旱更复杂，更全面。

以农业干旱预测为例，其涉及大气、作物及土壤等多个因子，主要有土壤水动力学模型、水量平衡模型、时间序列分析方法、神经网络方法和数理统计模型等。其中土壤含水量是农业干旱预测的重要指标，是建立土壤-大气-植物三者之间水分交换关系或土壤水分预测模型的关键因子，其预测模型可以分为两种：一是以作物不同生长状态下土壤墒情的实测数据作为判定指标建立预测模型。范德新（1998）[122] 以江苏南通市为研究区，建立了基于土壤含水量的农业区夏季土壤湿度预测模式；王振龙等（2000）[123] 建立了适用于安徽地区的土壤墒情预测模型；姚奎元等（1998）[124] 利用卫星监测的土壤含水量资料，建立了 7 种不同的土壤含水量预报模式；周良臣等（2005）[125] 利用多年实测气象资料和土壤水分资料，建立了 BP 人工神经网络模型来研究多个因素对土壤墒情的影响；杨绍辉等（2006）[126] 采用 ARIMA 模型进行土壤水分时间序列的拟合与趋势预测。二是利用土壤消退模式来拟定旱情指标，根据农田水量平衡原理，计算出各时段末的土壤含水量，进而预测农业干旱程度。鹿洁忠（1982）[127] 基于水量平衡开展了农田水分平衡和干旱的计算预测研究；李保国（1991）[128] 在鹿洁忠的研究基础上进行了完善，建立了二维空间的区域土壤水贮量预测模型；刘才良（1986）[129] 结合根系吸水层深度、灌溉条件以及相关气象要素，根据土壤水分运动基本方程，以水绕地为研究对象，来预报土壤剖面中含水量的变化；熊见红（2003）[130] 采用标准差法确定干旱指标，建立了适用于长沙市的土壤含水量干旱预测模型；康绍忠等（1997）[131] 综合考虑了土壤、大气和作物连续系统中的水分传输进程，提出了玉米农田土壤水分动态预报模型；舒素芳等（2002）[132] 综合考虑农田土壤水分的收支条件，建立了旱地农田土壤水分动态平衡模式，并模拟了旱地农田土壤水分动态平衡模式。

采用土壤含水量等单一指标进行干旱的预测存在一定的偏差，须结合作物指标等多个因子提高干旱预测结果。吴厚水（1981）[133]、安顺清等（1985）[134] 最早开展了以蒸发力和相对蒸散量计算作物水分亏缺情况的研究工作，建立了作物缺水指标；此后，康绍忠（1990）[135]、康绍忠（1991）[136] 和张正斌（1998）[137] 等分别采用了"气孔阻力法""叶温法"及"土壤含水量法"来计算作物的实际耗水量，并将它作为一种综合指标对作物的水分亏缺状况进行监测和预测；余生虎等（2004）[138] 以高寒草甸区为研究区，基于作物蒸散能力和土壤干湿程度相结合的综合指标建立了干旱预测方程；朱自玺（1987）[139] 基于作物需水量建立了冬小麦水分动态分析和干旱预测模型；胡彦华和熊运章（1983）[140] 建立了作物需水量优化预测模型；王密侠和胡彦华等（1996）[54] 建立了陕西省作物旱情预测系统。

国外在干旱预测研究方面的发展较国内相对成熟。20 世纪 80 年代末美国就开始用 NOAA 极轨气象卫星进行干旱监测，在全国建立了干旱监测系统网络；从 2000 年开始意大利就应用干旱预测系统来预测其南部水分的空间变化，该系统是以一个嵌入式的地理信息系统和一个与数据接收系统相连接的模型为基础。随着计算机技术的迅速发展和普及，以及人们对干旱预测精确性和实用性更为严格的要求，一种以计算机为硬件支持，结合多种类型、多种指标以及多种数学方法的干旱集成预测方法逐渐成了学者们研究的热点。干旱的集成预测方法以计算机为硬件支持，同时又集合了多种预测方法的优点，与单类型和单指标的预测模型相比，具有更高的精确性和实用性，因此集成预测方法的研究可以促使干旱预测进入大面积的实际应用阶段,代表着未来干旱预测研究的一个发展趋势。

干旱灾害预警是干旱风险管理的关键环节,是干旱强度和灾情程度的综合反映,是进行干旱监测、预测预警、灾害评估和预警应急响应的重要依据。根据联合国减灾战略秘书处的定义,预警就是通过确定的预案,向处于风险中的人们提供及时准确信息,以便采取有效措施进行规避风险,并做好灾害应急准备。2005年世界减灾大会通过了《2005—2015年兵库行动纲领》(Hyogo Frame work for Action),明确提到了预警的重要性,鼓励开发应对灾害的早期预警系统,提高减灾能力,降低灾后重建阶段的风险[141]。作为对实施《2005—2015年兵库行动纲领》预警内容的支持,2006年在德国波恩召开的第三届国际预警大会编写了《发展灾害预警系统》会议文件,讨论了自然危害和风险,以及如何通过预警将危害影响减至最小。2011年11月世界气象组织(WMO)和全球水伙伴(GWP)联合发布了干旱综合管理计划(Integrated Drought Management Programme),建议通过开展干旱监测、风险评估和预测预警,促进被动的危机管理转变为主动的风险管理,为全球范围的干旱管理提供科学基础。

受不同国家和地区气候、经济及抗旱水平等不同的影响,干旱预警指标需结合当地的实际情况选取。国际上公认的干旱预警指标主要包括:降水量百分率或降水量距平百分率指标、降水量分位数指标、标准化降水指标、湿润度和干燥度指标、土壤水分平衡为基础导出的干旱指标以及综合气象指标等[142]。美国干旱监测预警系统的建设始于20世纪末,其旱情监测等级划分采用了百分位数方法,基于干旱发生地点、时间及出现的频次等信息,不断建立和完善相应的旱情防护措施,提高干旱预警的水平,为全面提升防范和应对干旱灾害做出了积极的贡献。欧盟为应对严峻的干旱灾害威胁,于近年启动了规模宏大的"欧洲干旱观察"(European Drought Observatory,EDO)项目,基于互联网系统进行干旱监测与预测,为欧洲干旱的发生和演进提供及时权威的信息。该系统采用的监测指标包括标准化降水指数、土壤湿度、降雨量指数和遥感指标四大类,其干旱管理主要分成4个阶段:①干旱发生前的正常时期,重点进行干旱监测与预警准备工作;②干旱预警发布后,一系列相应的措施会被商讨和采纳;③干旱期间,各种应急处置方法会用于减灾;④干旱后期,在监测到干旱减缓的数据后停止行动。印度国家干旱预警系统由干旱预测和干旱监测两部分组成,早在1989年印度空间部和农业部就联合开发完成了国家农业旱情评估和管理系统,其中干旱预测由国家农业气象监测小组(Inter - Ministerial National Crop Weather Watch Group,cww)负责,一旦发现降水不足并达到一定的界限并可能产生大范围的干旱危害时,就会立即发布干旱监测预警公告,从而触发干旱应急计划,这一系统可以为全国的邦及县的农业干旱提供近似实时的危害程度、持续时间和地域分布的干旱监测与预警信息。

我国对于干旱预警预报主要侧重于气象干旱层面,缺乏对不同类型干旱相互作用、相互影响后干旱事件进行预警预报。由于干旱演进过程的缓慢性和判断发生时间的困难性,准确和及时的干旱预测预警仍然是广大科技工作者面临的严峻挑战,对旱情发展趋势的概率描述和干旱预警预测的不确定性分析成为众多学者面临的难题。从国际干旱预警系统的发展实践来看,我国在干旱预警水平发展方面还需要做一下提升:①把干旱预警作为降低干旱损失的有效措施,要扩大预警的传播面和辐射面,充分发挥信息通信技术在干旱预警中的作用，切实提升干旱预警的管理能力和服务水平；②干旱预警作为干旱灾害防御的一项基础性工程，其成效很大程度上取决于它的管理能力和服务水平；③健全的组织体系、完善的管理制度和可靠的服务保障，是发挥干旱预警系统作用的重要条件；④我国在干旱预警的组织体系、管理制度和服务措施的落实等方面还存在着较大差距，需要通过多种方式和手段加以推进，以弥补这方面的不足[14]。

科技的进步和发展、遥感技术的不断更新，为完善旱情监测预警体系提供了重要的研究基础，依靠强大的信息技术，将多指标进行集合预报，提高了旱情监测预警的精度。随着干旱预警方法的不断更新，利用历史和实时的气象、水文、墒情等多源信息，对研究区旱情进行大范围的集合预报已逐渐成为研究的热点及难点，是未来干旱预警预测研究的发展趋势。

针对牧区草原旱情预警预报方面的相关研究成果较少，托亚（2006）[143]通过对近30年的资料进行干旱特征的定量分析，构造出风干指数、温湿指数、沉降指数、降水指数等定量化指数，并应用这些指数建立了干旱持续期预报方程。郝文俊等（2009）[144]建立了干旱气象服务历史数据库，开发完成了内蒙古地区综合旱情监测评估和预警服务系统，为干旱分析服务提供了逐日滚动的干旱程度评估和预警的干旱等级指标，建立了干旱评估、预警模型。马齐云等（2016）[145]基于内蒙古锡林郭勒地区14个气象站的1961—2012年牧草生长季的标准化降水指数（SPI），采用滑动平均法、最小二乘法和Mann - Kendall趋势检验法研究各气象站点牧草生长季内降水量和SPI的变化趋势，并利用反距离权重法（IDW）分析该区域牧草生长季干旱的空间演变特征，最后结合加权马尔科夫模型对区域未来干旱状态进行预测。

上述研究均以单一气象干旱指标为基础，并未考虑不同下垫面条件的干旱特征而进行牧区草原综合旱情预测，存在一定的片面性，尤其针对牧区草原旱情预测预警仍需进行系统性的研究工作。

干旱是在某地理范围内因大气降水、径流、土壤蓄水、地下水等水循环过程中某一环节的自然供水源在一定时期持续少于某临界值，导致河流、湖泊、土壤、地下含水层或生态系统中水分亏缺的自然现象。由于降水的持续偏少和土壤水的持续消耗，引起河川径流减少、湖泊水位下降，出现径流干旱，若干旱进一步持续，会导致地下水水位下降，出现地下水干旱。干旱过程蕴含于水循环过程中，与下垫面因素密切相关，严重的干旱事件往往是气象干旱、土壤水干旱和水文干旱综合作用的结果。干旱在自然灾害系统论中常称为致灾因子，可用降水、径流、土壤蓄水或地下水低于长期平均水平的累积值（干旱强度）及该累积值的空间分布（干旱面积）、时间分布（干旱历时）等干旱特征变量来定量描述，主要有气象干旱、水文干旱。干旱指标是根据干旱影响因子度量干旱程度的指标，其构建的关键在于其时空可比性。

旱灾是干旱发展到一定程度后导致供水水源匮乏，对作物和植被正常生长、人类正常生活和生产、生态环境正常发挥功能造成不利影响的事件，是众多自然因素与社会因素综合作用的结果，属于水文气象灾害，它在持续时间、影响范围和影响程度方面位列自然灾害之首，严重威胁粮食安全、经济发展和社会稳定。全球气候变暖背景下水循环速率加快会降低水循环的稳定性，可能导致干旱等极端天气事件的发生频次增加和影响范围增大，加剧了水资源短缺的局面。

旱情是干旱的表现形式和发生过程，旱灾是因水分不足所造成的损失，是旱情发展的结果。发生旱灾肯定是由旱情的影响及产生的结果，但发生旱情不一定导致旱灾。旱情是指作物生育期内或某一时段的时间内，因水分供应不能满足需要，影响作物正常生长发育或正常生理活动受到抑制的现象。旱灾是指作物因受旱情影响，造成减产或绝收所形成的灾害。旱情可以发生在作物生育期的某个时段，也可发生在生育期全过程，可间断发生，也可连续发生。旱灾是旱情发展到一定程度必然导致的结果。旱灾一般发生在作物收获期，也可发生在作物生育期内，或某一生长阶段。

干旱预报预警主要是基于数理统计模型和物理机制模型对未来干旱的发生区域、强度、发展态势及可能的变化进行适时发布，以提前应对干旱可能带来的不利影响。常用的数理统计方法包括灰色预测模型、马尔科夫链预测法、人工神经网络预测法和支持向量机法等；近年来，伴随地面观测网络和陆面水文模型的不断发展、以及遥感数据产品的升级，使得获取大范围高时空分辨率的气象数据和开展大尺度陆面水文模拟成为可能。基于物理机制模型的预报技术是指将预报期内的气象信息作为模型输入，驱动具有流域产汇流特征的水文模型，模拟流域水文循环过程，实现干旱特征要素的预报。包括基于历史重采样的集合预报技术和基于陆气耦合模型的预报技术。

由于干旱发生、发展和消亡等不同阶段之间无明显界限，导致人们往往无法判断干旱的起始时间，难以对干旱进行预报预警。因此，准确及时的旱情预报预警仍是抗旱减灾研究面临的严峻挑战。开展旱情预报，提前数周或数月识别干旱的发生、预判干旱的发展及消退过程，对于及时制定科学有效的干旱应对策略、减少灾害造成的损失具有重大的意义。

1.2.5 旱灾风险评估

旱灾风险评估技术作为旱灾风险管理的核心内容和关键环节，逐渐成为旱灾研究的热点问题。联合国减灾战略组织、美国国家干旱中心等组织和机构对旱灾风险较早开展研究。Hayes 等提出了一个简洁灵活的干旱风险分析框架。联合国减灾战略组织在《与干旱灾害风险共存——降低社会脆弱性的新思路》以及《减轻干旱灾害风险的框架与实践——旨在促进〈兵库行动纲领〉的实施》等报告中较早系统阐述了旱灾风险的概念、风险评估程序与内容等。旱灾风险是对干旱事件发生的可能性及可能产生的不利影响的综合度量，具有不确定性、传递性、可调控性等特征。按照风险发生的形态，旱灾风险可分为静态旱灾风险和动态旱灾风险。相应地，旱灾风险评估可分为静态旱灾风险评估和动态旱灾风险评估。

静态旱灾风险评估包括基于随机理论的旱灾风险评估方法、基于区域灾害系统理论的旱灾风险评估方法以及基于物理形成机制的旱灾风险评估方法。如，Hao 等开展了基于信息扩散理论的气象要素风险分析。许凯等运用旱灾损失的概率分布曲线法、旱灾损失与干旱概率的关系曲线法评估农业旱灾风险。屈艳萍、吕娟等首次针对全国开展基于区域灾害系统论的农业旱灾风险评估研究，明确了旱灾危险性、暴露性及脆弱性分布，并提出了降低风险策略。屈艳萍等剖析了旱灾风险形成机制，首次提出了通过建立干旱频率-潜在损失-抗旱能力之间的定量关系实现对旱灾风险进行定量评估。

动态旱灾风险评估，是指基于实时旱情信息及未来一段时间可能的发展趋势分析等，提前预估某一地区未来一段时间干旱的可能影响，主要用于动态预估灾情发展、为动态决策提供量化依据等。孙洪泉、苏志诚等运用情景分析技术，构建基于作物生长模型的农业旱灾风险动态评估模型，实现未来一段时间内不同情景模式下的潜在旱灾损失预评估。

草原干旱灾害与传统农业干旱灾害既有区别又有联系，涉及大气、土壤、植被、牲畜和人类等多方面因素。目前内蒙古自治区草原干旱灾害风险评估主要根据有关自然灾害风险理论，从孕灾环境的敏感性、致灾因子的危险性、承灾体的暴露性和易损性以及防灾减灾能力4个方面进行综合评估。张巧凤应用层次分析法和专家评价法确定各指标层相关因子的权重，结合遥感数据、气象数据和社会经济数据通过直接使用或者模型计算等相关数据处理方法，整理锡林郭勒草原各旗县市相关因子的实际值，采用线性加权综合法和自然灾害风险评估模型评价各旗县市干旱灾害风险的时空特征并进行空间区划。乌兰等以内蒙古51个牧业旗县为研究区域，利用自然灾害风险指数法、专家打分法、熵权系数法和层次分析法，确定风险评估的指标及其权重，建立牧业干旱灾害风险评估模型，借助GIS技术，完成内蒙古牧区干旱灾害风险分布特征分析及其区划。但是上述研究没有考虑区域水资源时空分配及开发利用条件、水利工程条件、人畜饮水工程普及率以及抗旱应急水源工程建设程度等因素，所以在孕灾环境、承灾体和防灾减灾能力等方面的评价不够完善，缺少一些关键因素。

干旱是水循环中水分亏缺的一种自然现象，会导致农业减产、食物短缺，易引发贫困和社会不稳定及资源环境条件恶化，严重威胁国家供水安全、粮食安全和生态安全，由此可产生旱灾。旱灾是一种发生频繁、分布广泛、影响人口最多而研究非常薄弱的重大自然灾害。全球约有120多个国家受到旱灾的威胁，旱灾损失占自然灾害总损失的35%左右。据估算，每年因干旱造成的全球经济损失高达60亿～80亿美元，远远超过了其他气象灾害。IPCC第五次评估报告指出，未来随着全球平均温度上升，大部分地区发生高温极端事件的频率将增高，且在RCP8.5情景下，在许多中纬度地区和亚热带干燥地区，平均降水可能会减少，为了应对未来日益严峻的干旱形势，世界各国都在寻求应对良策，已经开展了大量工程和非工程减灾行动。旱灾风险评估是旱灾风险管理的核心内容。旱灾自古以来也是中国重大自然灾害，近年来在我国每年都会发生大的干旱，平均每2～3年会发生一次严重的旱灾，粮食减产大约有一半以上来自旱灾。近几十年来，我国干旱灾害的发生频率、影响范围和旱灾强度呈加重趋势，因气象灾害造成的经济损失约占所有自然灾害的71%，其中干旱灾害造成的损失达53%。随着全球气候变化和人类活动影响的加剧，旱灾的发生频率、致灾强度和影响范围都在显著增加，旱灾风险呈不断加大趋势。旱灾已成为制约许多国家和地区社会经济可持续发展的重要瓶颈因素之一。提高对"区域灾害系统"本质的认识，改进综合灾害风险评估技术方法，并建立可复制、易推广的综合灾害风险防范模式，已经成为当前促进经济社会可持续发展的重要任务。

21世纪以来，自然灾害已经成为人类社会可持续发展面临的重大挑战，政府和学术界也逐渐认识到以应急救灾为主的灾后管理模式已经难以应对当前和今后不断增加的灾害风险，开展有效的灾害风险管理是防灾减灾、御灾救灾能力提升的重要途径。随着由传统的消极被动抗旱、应急管理向积极主动抗旱、风险管理转变,旱灾风险管理逐渐兴起,其中旱灾风险评估是旱灾风险管理的核心内容。旱灾风险评估不仅符合"从被动抗旱向主动防旱,由单一抗旱向综合抗旱转变"的防旱减灾新理念,适应国际社会由危机管理向风险管理、资源可持续利用和生态环境保护模式转变。史培军等指出,在全国尺度上对中国自然灾害区域分异规律与区划、自然灾害风险区域时空格局等内容进行梳理,开展自然灾害区域分异规律、区划与综合风险区划的研究,对制定区域发展规划、综合减灾规划、生态文明建设规划等意义重大。

近年来,随着经济社会的发展,生产方式的转变,水资源短缺明显,内蒙古地区旱灾危害更加严重,政府在抗旱减灾救灾领域投入经费巨大。如 2014 年内蒙古政府下拨抗旱救灾资金 5000 万元,2015 年 7000 万元抗旱资金拨付到位,2017 年财政部紧急下拨内蒙古抗旱经费 3000 万元,农牧业生产救灾资金 1 亿元,2018 年内蒙古财政厅下达中央特大防汛抗旱补助资金 6200 万元。内蒙古干旱发生时间、频次、强度、范围均呈增加态势,干旱风险增大对国家粮食安全、生态文明建设、脱贫攻坚、边疆稳定与农牧民因灾返贫致贫都将产生深远影响。内蒙古草原位于中国自然灾害区划的中部灾害带,因此,针对内蒙古草原旱灾风险发生机理、突出草原旱灾脆弱性因素在减缓干旱不利影响中的作用、实行旱灾风险管理是防旱减灾理论和应用研究发展的趋势,无论是理论层面还是实践层面,建立旱灾风险识别与评估到调控的一整套旱灾风险管理理论和方法,对内蒙古草原牧区畜牧业高质量发展意义重大。

1.2.6 抗旱能力评价与防旱减灾对策

旱灾是影响全球农牧业发展的主要自然灾害之一,随着气候变暖的趋势愈演愈烈,全球干旱程度也在不断加重,因此对于抗旱能力评价的研究就显得尤为重要。但是从研究对象承灾体上看,主要以研究城市抗灾减灾能力的居多[146,147];从研究的灾种上看则主要是防震减灾能力评估[148,149]、防洪减灾能力评估[150-152]和电网应急能力评估[153];也有研究者开始尝试区域综合防灾减灾能力评估研究工作[154,155],不过研究成果相对较少。总的来说,对于农牧业抗旱减灾的国内外研究都还相对较少,尚处于摸索起步阶段。

自 20 世纪初开始,国外学者们针对不同的技术、目标、区域创立了许多具有代表性的干旱指数,这些指数及指标对于抗旱能力评价研究具有很强的实际指导意义。20 世纪 60 年代以前,国外学者主要以降水、蒸发为主要因素建立干旱指标,试图从气象学、气候学的角度来揭示干旱的成因与机理。例如:Munger 等 (1916)[156]以降水为主导因素,提出用绝对降雨量来衡量地区干旱程度的指数;BLUMENSTOCK 等 (1942)[157]在 1942 年选取干旱持续天数为主要参数,通过计算干旱天数的概率确定干旱频率,建立适用于短期内的干旱评价指数;McGUIRE 等 (1957)[158]在 1957 年以周为单位,计算了水分实际蒸发量与潜在蒸发量的关系,提出湿度适足值数用来反应土壤水分亏缺程度;这一时期的评价指标及指数计算方法简单、资料获取方便,但是普遍适用性较差,只能反应某一地区抗旱能力。20 世纪 60—90 年代,随着研究的不断深入,众多学者开始尝试从多因素综合角度开展抗旱能力研究。如:Palmer (1968)[159]综合降水、气温、蒸发、湿度径流或土壤水分等多种因素建立帕默尔指数,来评估地区的抗旱能力,具有一定的物理意义;Shafer 等 (1982)[160]通过分析径流、积雪、降水等因素来计算地表水平衡程度,提出地表水供给指数，对于水利工程相对发达的国际提升抗旱能力有参考使用价值；Kogan 等（1995）[161]利用红外波段、红光波段对作物表征进行监测，能够及时监测到干旱影响的范围，克服了点源监测在空间上不连续的弊端；Shiau（2006）[162]以 SPI 指数作为干旱评价指标，基于游程理论识别了干旱强度与干旱历时，并采用 6 种二维函数分析了干旱频率；Ganguli 等（2012）[163]以标准化降水指数为样本序列，采用双变量函数对印度干旱风险进行了估算。

21 世纪至今，随着抗旱能力评价研究的深入，我国学者也做出了巨大贡献。顾颖等（2005）[164]通过分析我国现有条件下农业抗旱影响因子，构建了农业抗旱能力综合评价指标体系，并首次对全国各省（自治区、直辖市）农业抗旱能力进行了等级评定，为防旱减灾策略的实施提供了背景资料；邓建伟等（2010）[165]基于单目标分析方法对甘肃省农业抗旱能力进行了评价，构建了适用于甘肃省的农业抗旱能力评价指标体系；陶鹏等（2011）[166]通过分析 2010 年中国西南五省特大旱灾，从风险可管理性、组织结构与政府间关系、经济发展和政治意愿等视角阐述了应急管理在面对旱灾时存在的失灵现象，并提出应对政策；金菊良等（2013）[167]通过分析水分收支现状和水量供需差异，构建了安徽省各地级市抗旱能力系数，计算出不同来水频率下的区域抗旱能力系数，进而对各地区区域抗旱能力进行定量评价；梁忠民等（2013）[168]借鉴抗御地震和洪水等自然灾害能力、自然资源承载力的定义，把灾害级别或量级大小联系在一起、强调人类的抵御活动及最大程度，基于抗旱能力的构成要素和定义剖析，构建了抗旱能力评估方法体系与抗旱能力基础理论研究框架；孙可可等（2014）[169]针对不同频率干旱发生时来水条件存在的差异与实际抗旱能力的不同，研究在变化的实际抗旱能力下，农业季节性干旱频率和旱灾损失率之间的定量关系，进而计算实际抗旱能力下农业旱灾损失风险曲线；康蕾等（2014）[170]选择我国五大粮食主产区作为研究区，采用特定时间尺度下的干燥度指标分析了研究区的自然干旱程度，并选择土壤质地、高低需水作物面积比、耕地有效灌溉率、农机动力系数、农林水利事务支出和人均 GDP 等 6 个指标，应用加权求和法评价了研究区的农业抗旱能力现状，进而分析了其自然干旱背景下的实际农业抗旱能力；王保顺等（2015）[171]以云南省多年旱灾为例，从导致灾害发生的人地关系不协调等因素入手，阐明了进行人地关系调控对于防旱抗旱减灾的必要性，进而提出了防旱抗旱减灾的应对策略；张宇亮等（2017）[172]为研究实际水利条件下农业干旱的发生规律，简化农业干旱事件的评估方法，提出基于区域农业用水量的干旱重现期计算方法；杨晓静等（2018）[173]基于自然灾害系统理论针对东北三省构建了农业旱灾风险评估模型，并分别从省份尺度和县市尺度对农业旱灾危险性、暴露性、脆弱性、抗旱能力及农业旱灾综合风险进行评估。

水利部牧区水利科学研究所于 90 年代对内蒙古牧区干旱灾害发生规律及防灾减灾对策做了开创性的研究，该研究采取调查研究与示范区试验相结合的方法，在统计分析大量牧区干旱历史资料的基础上，结合草原畜牧业生产的实际，提出单因子和综合因子两类多种指标的计算方法，率先进行了系统性干旱指数计算方法研究。该研究对丰富牧区灾变研究学科理论，提高灾变研究学术水平都有很大贡献。其后又针对我国北方牧区 12 个省（自治区），246 个牧业和半农半牧业县（旗）进行干旱指数和定量计算方法的研究。该研究系统地总结了北方牧区干旱特征和发生发展规律，讨论了干旱牧区在自然降雨状态下，牧草生产潜力与降水，土壤温度和水量供需平衡以及缺水延续时间等因素之间的关联性，初步确定了干旱指数和指标体系；提出不同地区和草原类型的干旱预测模型，为减少干旱风险，防灾减灾提供依据。此外，云小林通过对影响牧区抗旱能力诸多指标的深入分析研究，选出具有代表性的评价指标建立多层次评价指标体系，然后应用模糊决策的方法，建立了内蒙古自治区 10 个盟市的牧区草原抗旱能力综合评价模型，并应用模型进行了计算评价。

内蒙古自治区在抗旱能力评价以及防旱减灾对策研究方面仍存在很大的不足：①研究成果较少，缺少系统性以及针对性的研究；②研究时间不连续，研究工作及成果均集中在 1990—2001 年，2001 年以后的十几年此项研究基本处于停滞状态，文献检索未见有新的研究成果。

我国在防旱减灾对策与技术措施方面积累了比较丰富的经验，气象、水利、农业、畜牧业专家做了大量的工作。通过解决人畜饮水、饲草料灌溉及其他减灾对策措施方面，取得了突出的成绩。但是，干旱致灾有一个时间过程，不同于洪水、地震、滑坡和泥石流等灾害具有的突发性，是个逐渐发展的过程，其开始和终止不易觉察、划分，而且既有天然干旱的随机性，又具有与人类活动影响致干旱的人为性，或者是自然和人为两类事件的耦合作用。农牧业干旱更是多学科的复杂问题，从定义分类到成因、规律及对策措施，都有相对模糊性，因受资料与经济、科技水平因素的制约，工作难度比较大。尽管目前国内外的相关研究成果很多，但在干旱灾害研究领域里，仍面临大量的问题需继续深入研究探讨，特别是针对牧区旱灾这方面的研究工作尚属于起步阶段，开展综合性、针对性的减灾对策与措施体系研究意义重大。

综上所述，建立内蒙古牧区草原旱情监测预警系统以及进行防旱减灾对策研究可以进一步提升牧区草原旱情监测、预警和抗旱能力，为全区的抗旱、水利建设、水资源调配等提供科学依据和决策支持，对内蒙古牧区经济可持续发展、生态环境保护等都具有重要意义。

1.3　研究内容与技术路线

1.3.1　研究内容

（1）基于气象、土壤、卫星遥感、地理信息等数据，以历史旱情统计数据为参照，系统分析内蒙古牧区的干旱发生发展规律、时空分布特征和成因。

（2）通过基于地面和遥感监测的多种干旱指数适用性分析与耦合分析，将多种监测指数有机结合，建立适合内蒙古牧区不同地区不同草原类型的旱情监测评估指标体系。

（3）建立基于气象、土壤、卫星遥感以及野外监测调查资料的旱情监测业务化方法和模型，结合 3S 技术对干旱的发生、发展过程做全程监测；根据牧区草原旱情监测需求，利用神经网络理论对未来干旱做出趋势预测。

（4）构建适合于牧区草原旱情监测预警系统，可实现旱情监测预警、旱情灾情预测评估、抗旱能力综合评价、数据共享、用户管理和系统管理等功能，提高牧区草原旱情监测预警、预测评估信息化水平，强化牧区草原旱情信息分析处理的能力和信息保证能力。

1.3.2 技术路线

1.3.2.1 干旱灾害动态灾情预测与评估

1. 灾情预测与评估内容

牧区干旱灾害动态灾情预测与评估内容包括干旱灾害范围、干旱灾害强度、干旱灾害人畜受灾情况以及干旱灾害草场损失 4 个部分。

2. 灾情预测与评估流程

干旱灾害的灾情评估是在干旱发生到干旱结束的整个过程中，对已经出现的灾情进行动态评估。其基本流程是：在干旱发生后一定时限内，迅速对灾情做出初步评估；随着灾害的发展，每隔一段时间，利用遥感数据及时对最新旱情做出适时评估，其目的在于提供旱情信息，以便及时采取抗旱措施，消除旱象，为抗灾、救灾和灾害应急提供依据。牧区干旱灾情预测与评估流程见图 1-1。

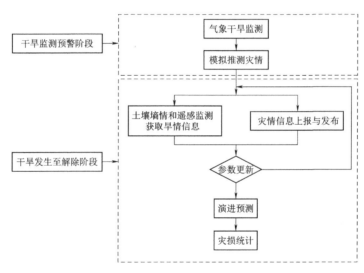

图 1-1　牧区旱情预测与评估流程

（1）灾情评估启动条件。将牧区干旱预警应急等级按照灾害严重性和紧急程度，分为特旱、重旱、中旱、轻旱四级。干旱预警由自治区人民政府抗旱防汛指挥部负责管理。因此，当民政部门接到气象干旱预警信息时，启动灾情评估，将上报气象干旱预警信息作为输入参数，推测总体的受灾情况。

（2）模拟推测灾情。气象干旱预警发布后，利用基础数据库中的历史灾情数据和气象数据利用基于气象因子的统计回归法通过模拟计算推测干旱的发展进程。

（3）基于土壤墒情和遥感数据的灾情监测评估。利用卫星遥感数据能够大面积监测土壤和植被缺水情况，利用覆盖全区的土壤墒情监测数据可以直接反映区域土壤干湿状况，同时能够校正遥感监测干旱指数。采用多个遥感监测指数结合土壤水分数据综合评估干旱发生区的旱情等级，然后采用区域干旱指数从总体上评定整个牧区的干旱程度。

（4）灾情信息上报与发布。充分协调农业、水利、国土资源、气象、统计等部门，综合分析核定灾情。实时上报的灾情信息用于更新和补充干旱受灾范围、旱灾灾情强度等；同时可以修正评估模型的参数。通过综合土壤墒情和遥感数据，对灾害造成的各个方面的损失进行全面评估，输出的灾情产品包括旱灾强度和灾情要素评估的全部类别，包括受灾范围、灾害强度、人畜受灾情况、草场受灾面积等。

3. 干旱灾害灾情评估模型

（1）干旱灾害范围与强度分析模型。

1）在干旱灾害发生初期，通过降雨量数据以及历史灾情资料，利用气象因子统计回归法模拟推测灾情。

2）在干旱灾害发生中期，通过降雨量数据、土壤墒情数据和遥感数据，利用牧区干旱综合指数法评估干旱灾害范围与强度。

（2）干旱灾害人畜受灾评估模型。

1）通过确定干旱区草原的受灾比例，乘以区域内牧业人口和牲畜数量来确定受灾人畜数量。

2）以干旱区气象、基础地理信息、社会经济、历史灾情等资料为基础，基于BP人工神经网络构建干旱灾害人畜受灾快速评估模型。以月均降水量、地形高程、水系密度、人口数量、牲畜数量、路网密度和GDP为网络输入，以受旱人畜数量为网络输出。

（3）干旱灾害草原受灾评估模型。

1）根据历史资料，建立草原受灾面积与干旱期内降水量的相关关系，根据当前的降水量来对当前的草原受灾面积做出快速评估。

2）根据历史资料，建立草原受灾面积与干旱期内遥感监测植被指数的相关关系，根据当前的遥感监测植被指数对当前的草原受灾面积做出快速评估。

3）根据历史资料，建立草原受灾面积与干旱期内土壤水分数据的相关关系，根据当前的土壤墒情对当前的草原受灾面积做出快速评估。

1.3.2.2 技术路线

本书研究的技术路线分为两大部分，即牧区草原旱情监测预警系统研究和防旱减灾对策研究。牧区草原旱情监测预警系统研究包括旱情监测预警系统数据库、旱情监测预警预报、旱灾动态灾情预测与评估和抗旱能力综合评价；防旱减灾对策研究包括牧区防旱减灾对策研究与分区抗旱措施研究。技术路线详见图1-2。

1.3.3 创新点

（1）本书将地面干旱指数与遥感干旱指数有机结合进行综合评价牧区草原旱情等级与时空分布特征，区别以往地面干旱指数或者遥感干旱指数的单一评价。

（2）综合考虑水利工程条件以及水资源分布等因子建立牧区抗旱能力综合评价指标体系，与目前气象部门的抗旱评价具有显著差异，更切合实际，并针对评价结果，提出全区防旱减灾对策以及分区抗旱措施，打破以往抗旱研究重理论而忽略对策与措施。

（3）建立干旱灾害范围与强度分析模型、干旱灾害人畜受灾评估模型和干旱灾害草原受灾评估模型，3个模型联动对牧区干旱灾害进行动态灾情评估与预测。

（4）目前灾损多定性评估，本研究将建立牧区草原旱情监测预警系统，实现灾损定量化评估并在4个试点进行示范。

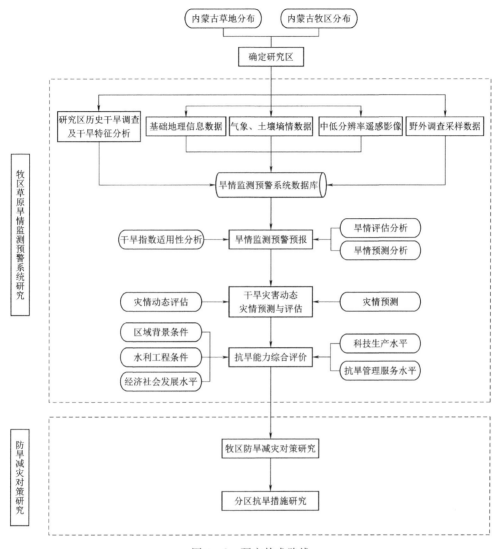

图 1-2 研究技术路线

第 2 章　研 究 区 概 况

2.1　地 理 位 置

内蒙古牧区总面积 96.84 万 km^2，占自治区总面积的 81.9％。北部与蒙古国和俄罗斯交界，东部与黑龙江、吉林、辽宁 3 省接壤，西部以甘肃省为邻，南部与河北、山西、陕西、宁夏 4 省（自治区）相连，横跨我国三北（东北、华北、西北）地区。全区的牧区包括呼伦贝尔市、兴安盟、通辽市、赤峰市、锡林郭勒盟、乌兰察布市、鄂尔多斯市、巴彦淖尔市、包头市、阿拉善盟 10 个盟（市）的 33 个牧业旗（县）和 21 个半牧业旗（县）。内蒙古自治区牧业旗（县）、半牧业旗（县）见表 2－1。

表 2－1　　　　　　　　全区牧业旗（县）、半牧业旗（县）一览表

分　区	盟市名称	旗县市名称	
		牧　业	半牧业
东部牧区	呼伦贝尔市	鄂温克自治旗、新巴尔虎右旗、新巴尔虎左旗、陈巴尔虎旗	扎兰屯市、阿荣旗、莫力达瓦旗
	兴安盟	科尔沁右翼中旗	科尔沁右翼前旗、扎赉特旗、突泉县
	通辽市	科尔沁左翼中旗、科尔沁左翼后旗、扎鲁特旗	库伦旗、奈曼旗、开鲁县、科尔沁区
	赤峰市	阿鲁科尔沁旗、巴林右旗、巴林左旗、翁牛特旗、克什克腾旗	敖汉旗、林西县
中西部牧区	锡林郭勒盟	锡林浩特市、阿巴嘎旗、苏尼特左旗、苏尼特右旗、东乌珠穆沁旗、镶黄旗、西乌珠穆沁旗、正镶白旗、正蓝旗	太仆寺旗
	乌兰察布市	四子王旗	察右中旗、察右后旗
	鄂尔多斯市	鄂托克前旗、鄂托克旗、杭锦旗、乌审旗	东胜区、准格尔旗、达拉特旗、伊金霍洛旗
	巴彦淖尔市	乌拉特中旗、乌拉特后旗	乌拉特前旗、磴口县
	包头市	达茂旗	
	阿拉善盟	阿拉善左旗、阿拉善右旗、额济纳旗	
合计	10	33	21

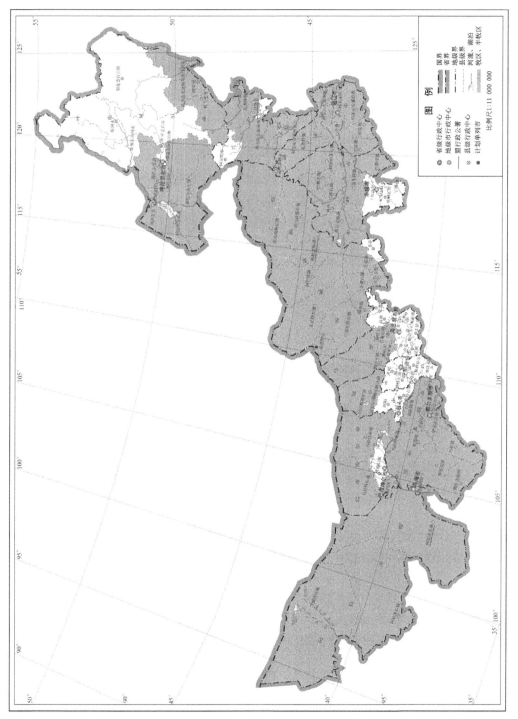

图 2 - 1 内蒙古自治区牧区/半牧区分布图

2.2　自　然　条　件

2.2.1　地形地貌

内蒙古牧区地处亚洲中部蒙古高原的东南部，总体特征是地形地貌复杂，以沙漠、沙地、高原、山地为主。大兴安岭、阴山、贺兰山和龙首山等山地，由东北向西南呈弧形横贯于中部，海拔 1000～2000m。北部为内蒙古高原，东南部为嫩江右岸平原、西辽河平原，南部为鄂尔多斯高原，其间分布有库布其、乌兰布和、腾格里、巴音温都尔、巴丹吉林五大沙漠和呼伦贝尔、科尔沁、乌珠穆沁、浑善达克、毛乌素五大沙地。

2.2.2　土壤植被

内蒙古牧区自东向西可划分为森林灰化土地带、森林草原黑钙土地带、典型草原栗钙土地带、荒漠草原棕钙土地带和草原化荒漠漠钙土地带。东部牧区土壤以黑钙土为主，拥有丰富的森林植物及草甸、沼泽与水生植物；中部以栗钙土、草甸土为主，兼有森林、草原植物和草甸、沼泽植物；西部以棕钙土、漠钙土、灰棕漠钙土、风沙土为主，植被以草原与荒漠旱生型植物为主，含有少数的草甸植物与盐生植物。草原分布在高原丘陵和沙地周边，在干旱气候条件下，由东向西形成温带半湿润森林草原和草甸草原，温带半干旱典型草原，温带干旱、半干旱荒漠草原，温带干旱、极干旱草原化荒漠和荒漠草原。

2.2.3　水文气象

内蒙古牧区地处中纬度内陆蒙古高原南缘，气候为温带大陆性季风气候。降雨稀少、蒸发强烈，多风沙，日照、光热资源相对丰富，属干旱、半干旱地区。多年平均降水量为50～450mm，自东向西递减，除东部降水量在 400mm 以上外，其余大部地区降水量为200～300mm，河西内陆区降水量仅 50～150mm。降水年内分布不均，6—8 月降水量占全年降水量的 70%以上；多年平均水面蒸发量为 500～2400mm，由东向西递增，西部地区在 2200mm 以上，其余大部分地区 100～1200mm；多年平均气温为－4～8℃，≥10℃积温为 2000～4000℃，由东向西逐渐增加。无霜期一般为 80～150d。日照时数为 2800～3200h。冻土层深度一般为 100～150cm，东部地区最深可达 280cm 以上。

2.2.4　河流水系

内蒙古牧区内水系大多为外流河，主要分布在东部地区，有额尔古纳河、嫩江、西辽河、大凌河，南部黄河穿境而过，外流水系较大的支流共有 27 条，流域面积 55.9 万 km^2。内陆河水系分布在中、西部地区，有乌拉盖河、塔布河、艾不盖河、额济纳河等，内陆河水系共有支流 25 条，流域面积 7.8 万 km^2。牧区湖泊、淖尔约有 1000 余个，多为矿化度较高的盐碱湖，少量淡水湖多分布在东、中部地区。水面面积大于 100km^2 的湖泊有呼伦湖、贝尔湖、达里诺尔湖、查干诺尔湖等。除呼伦湖、贝尔湖为外流湖外，其余均属内陆湖泊。

2.3　社 会 经 济 状 况

内蒙古牧区是以蒙古族为主体的少数民族聚居区。根据内蒙古牧区 33 个牧业旗（县）和 21 个半牧业旗（县）《2016 年国民经济和社会发展统计公报》资料，2016 年末牧区总人口

1227.57万人，占自治区总人口48.7%，其中农牧业人口710.02万人，人口分布极不均衡，由东向西、由南向北逐渐减少；2016年末牧区国内生产总值9767.43亿元，农牧民人均收入11028元，较城镇人均收入29932元仍有较大差距。牧区主要经济指标见表2-2。

表2-2　　　　　　　　　　　　2016年牧区主要经济指标表

分区	盟　市	人口/万人		一产增加值/亿元	二产增加值/亿元	三产增加值/亿元	GDP/亿元	人均收入/元	
		总人口	农牧业人口					城镇	农牧区
东部牧区	呼伦贝尔市	132.37	78.09	163.52	422.52	210.03	796.06	26934	13882
	兴安盟	120.97	88.94	90.21	124.81	121.26	336.28	22335	8303
	通辽市	300.96	183.54	259.22	696.47	578.31	1534.00	25564	10831
	赤峰市	227.85	155.47	168.53	432.11	274.29	874.93	23324	8445
	小计	782.15	506.04	681.49	1675.90	1183.88	3541.27	24872	10125
中西部牧区	锡林郭勒盟	95.63	43.90	99.88	513.30	228.38	841.56	35249	13304
	乌兰察布市	66.02	41.74	29.08	47.11	60.91	137.10	24316	8555
	包头市	9.70	4.97	14.48	128.61	69.75	212.84	34370	12691
	鄂尔多斯市	188.53	62.93	104.19	2445.89	1726.72	4276.80	40071	15347
	巴彦淖尔市	66.53	43.05	63.30	232.58	76.66	372.54	26027	14263
	阿拉善盟	19.75	7.84	12.57	229.39	98.99	340.95	34527	16467
	小计	445.42	203.98	338.24	3615.23	2272.70	6226.16	35720	13269
合　计		1227.57	710.02	1019.72	5291.13	3456.58	9767.43	29932	11028

2.4　历　史　旱　情　状　况

2.4.1　内蒙古干旱灾害

地处内陆的内蒙古地区，大气中的水汽主要来自太平洋和印度洋上的水汽输送，这些水汽经过数千公里的长途跋涉，辗转消耗，到达内蒙古上空已所剩无几，所以干燥少雨是内蒙古气候的主要特点。内蒙古地区属于干旱半干旱区，年降水量稀少，且时空分配不均，尤其是春季降水量仅占年降水量的12%左右，不能满足作物生长需水，故春旱严重，几乎每年都要发生。由于降水在季节上分配不均，不少年份，夏旱秋旱也经常发生。无论是农区或者牧区，干旱出现的规律多为十年九旱，三年一重旱。全区春旱严重，春、夏连旱，或春、夏、秋连旱，间或二三年连旱时有发生。因此，干旱灾害是内蒙古地区发生次数最多，分布范围最广泛，影响程度最严重的一种气象灾害。

内蒙古地区历史上干旱及其灾害的发生，存在着阶段性，且并非均匀地出现。根据《中国气象灾害大典·内蒙古卷》（温克刚，沈建国，2008年，气象出版社）和《内蒙古水旱灾害》（内蒙古自治区水利局，1993年）等资料记载，在15世纪末到16世纪30年代比较旱，60年中发生干旱灾害32年，发生重旱11年；16世纪40年代到70年代，气候比较湿润，40年中多雨年份占16年；16世纪80年代到17世纪40年代，气候又变干，70年中旱灾发生了34年，其中重旱11年。自17世纪50年代到60年代为较湿润期，20年中多雨年份就占10年；70年代至80年代气候又变干，20年中旱灾发生了12年，重旱发生了 4 年。19 世纪初到 20 年代，气候较湿润，30 年中多雨年份为 16 年，占 53.3%；19 世纪 30 年代到 19 世纪末，气候一直处于干旱期，70 年中干旱发生 29 年，重旱发生了 12 年，占 17.1%；20 世纪初至 50 年代气候比较湿润，60 年中多雨年份占 24 年；20 世纪 60 年代以来一直到 1990 年气候又处于干期，30 年中干旱发生了 14 年，其中重旱发生 6 年。总体看，500 年来发生干旱灾害 190 年，占 38.0%，平均 2～3 年发生一次，发生重大干旱年为 53 年，占 10.6%，平均 8～9 年发生一次。

（1）1991—2000 年，内蒙古地区气候总体上较干旱，10 年中几乎每年都有春旱发生，覆盖范围包括呼伦贝尔市西部、锡林郭勒盟中西部、兴安盟东北部、赤峰市北部、通辽市北部、乌兰察布市北部、鄂尔多斯市中南部等地区。呼伦贝尔市西部、锡林郭勒盟西部以及乌兰察布市北部发生夏旱概率较高，全区 10 年中有 8 年发生了不同程度的夏旱，其中 1992 年、1995 年、1997 年、1999 年和 2000 年夏旱范围较大，且旱情较重。2000 年，全区东部四盟市、包头市以及鄂尔多斯市发生了严重的夏旱。全区春、夏旱或春夏连旱对农作物和牧草生长影响严重，平均每年有 50 万～100 万 hm² 农田和草场受灾，造成粮食减产 20 亿～30 亿 kg。

（2）2001—2016 年，16 年中，多雨年份占 7 年，正常年份占 2 年，少雨年份占 6 年，由于降水时空分布不均，每年都有不同范围不同程度的旱灾发生，特别是 2014 年、2015 年、2016 年连续 3 年全区发生了严重干旱，致使多个盟市发生灾情，农牧业损失严重，人民群众生产生活受到严重影响。

2014 年 6 月，全区平均降水量为 124.7mm，较上一年同期少 42.3mm，鄂尔多斯市西部、巴彦淖尔市东南部、乌兰察布市大部、锡林郭勒盟大部、赤峰市、通辽市有轻度以上气象干旱，乌兰察布市中东部、锡林郭勒盟偏西部、赤峰市大部、通辽市南部有中到重旱。7 月，中西部部分地区迎来高温天气，干旱面积进一步扩大。8 月上旬全区多阵性降水，量级较小，旬累计降水量为 1～77mm。其中，通辽市中部、锡林郭勒盟西部、阿拉善盟西北部等地区降水量不足 10mm，通辽市科左中旗无降水。截至 8 月 18 日统计，旱灾已造成全区 350 万人受灾，农作物受灾面积 177.9 万 hm²，草场受灾面积 2621 万 hm²；饮水困难大牲畜 290 万头，死亡大牲畜 523 头，死亡羊 7847 只，灾害造成直接经济损失 62 亿元，其中农业损失 53.86 亿元。

2015 年，全区气温较常年偏高，降水量接近常年，但少于 2014 年。夏季中西部大部分地区发生干旱，全年旱灾损失较重，造成直接经济损失 81 亿元，高于近 10 年平均值。据自治区气象局资料显示，2015 年，全区平均气温为 5.9℃，较常年偏高 0.8℃，为 1961 年以来同期第五高。同时，全区全年的平均降水量为 325.5mm，较常年多 6.6mm，但比上年同期少 12.2mm。特别是夏季，全区降水量只有 177.3mm，大部分地区较常年偏少 25%～88%，同时，受温度持续升高影响，致使气象干旱持续并发展，中西部大部分地区出现严重旱情。据统计，2015 年，全区除乌海市外，共有 11 个盟（市）、66 个旗（县）、405 万人遭受旱灾，农作物受灾面积 217.20 万 hm²，其中成灾面积 120.28 万 hm²，绝收面积 25.4 万 hm²，草牧场受旱面积 2776 万 hm²，旱灾造成直接经济损失达 81 亿元，其中农业损失 70 亿元。

2016 年夏，由于气温较往年偏高，降水偏低，同时受 2014 年、2015 年两年干旱影响，内蒙古东部草原遭遇 1953 年以来最严重旱灾，据内蒙古民政厅统计，截至 9 月 5 日，旱灾已造成呼伦贝尔市、赤峰市、通辽市、锡林郭勒盟、兴安盟、乌兰察布市、包头市、巴彦淖尔市、阿拉善盟 9 盟（市）59 个旗（县、区）的 410.8 万人受灾，农作物受灾面积 277.05 万 hm²，其中绝收面积 48.94 万 hm²；草场受灾面积 3562.7 万 hm²，饮水困难大牲畜 457.38 万头（只），直接经济损失 139.20 亿元。

内蒙古自治区 2001—2016 年的旱灾损失情况详见表 2-3。

表 2-3 内蒙古自治区 2001—2016 年的旱灾损失统计表

年份	农作物受灾情况			人员受灾情况		牲畜受灾情况	直接经济损失/亿元
	受灾面积/万 hm²	成灾面积/万 hm²	绝收面积/万 hm²	受灾人口/万人	饮水困难人口/万人	饮水困难牲畜/万头（只）	
2001	312.00	206.70	74.00				
2002	189.90	116.70	24.80				
2003	237.20	167.30	54.80				
2004	216.10	140.50	31.60	562.00	95.00	135.00	49.70
2005	138.20	96.60	30.00	311.00	76.40	85.00	11.20
2006	187.87	138.18	28.18	527.40	109.90	128.00	68.30
2007	318.36	230.70	79.80	866.90	112.40	210.00	127.20
2008	165.80	93.80	3.00	386.50	91.00	167.00	45.60
2009	389.01	192.26	66.00	877.40	235.00	339.00	201.10
2010	143.41	85.90	51.10	658.40	110.70	433.78	100.50
2011	113.12	48.36	12.90	392.00	63.60	262.01	45.40
2012	45.36	18.87	1.05	146.60	43.10	185.99	5.30
2013	58.26	43.28	2.43	228.30	25.30	220.93	18.20
2014	131.36	74.00	18.35	482.10	125.50	270.37	85.90
2015	217.20	120.28	25.40	404.70	62.20	311.27	81.50
2016	277.05	195.79	48.94	410.80	61.24	457.38	139.20

注 表中数据摘自《中国气象灾害年鉴》《中国水旱灾害公报》和内蒙古气象灾害统计数据。

2.4.2 牧区历史干旱灾害

内蒙古牧区地域广阔，东西跨度较大，大兴安岭北段地区属于寒温带大陆性季风气候，巴彦淖尔—海勃湾—巴彦高勒以西地区属于温带大陆性气候。气候特点是春季气温骤升、多大风天气，夏季短促而炎热、降水集中，秋季气温剧降、霜冻往往早来，冬季漫长严寒、多寒潮天气。全年太阳辐射量从东北向西南递增，降水量由东北向西南递减。据《中国气象灾害大典·内蒙古卷》（温克刚，沈建国，2008 年，气象出版社）、《内蒙古十通·内蒙古自然灾害通志》（邢野，2001 年，内蒙古人民出版社）、《内蒙古牧区旱灾演变及抗旱能力评价研究》（云小林，中国农业科学院学位论文，2006 年）和《内蒙古牧区干旱灾害发生规律及防灾减灾对策研究》（水利部牧区水利科学研究所，1995 年）统计，内蒙古各年干旱灾情起伏较大，并且总的来看是 20 世纪 80 年代以后旱灾较 80 年代以前更加频繁，旱灾程度加重。其中：

（1）20 世纪 60 年代，内蒙古的受旱牲畜平均每年有 524.7 万头（只），70 年代虽有减少，但到 80 年代受旱牲畜升高到平均每年 650.1 万头（只），90 年代受旱牲畜进一步增加到平均每年 1871.3 万头（只），这是 80 年代以来草场干旱程度和频率进一步加大的直接后果。21 世纪初的 2000 年和 2001 年，受旱牲畜达到历史最高值，每年突破 4000 万头（只），几乎是 60 年代的 8 倍。

（2）进入 21 世纪，随着草原禁牧、退耕还林还草政策的实施，牧区草原生态环境有了明显的改善，草场退化得到了有效的遏制。但由于牧区气候、地理等因素，该区域干旱灾害每年都有发生。例如：2001 年内蒙古全区大部地区春旱较重，夏季部分地区特别是中西部及呼伦贝尔市西部牧区，出现初夏旱及严重伏旱，受旱草场 5733.3 万 hm²，饮水困难牲畜 1200 万头（只），死亡牲畜 85 万头（只）。2005 年春季，鄂尔多斯市杭锦旗、鄂托克旗、鄂托克前旗部分苏木乡镇遭受严重旱灾，截至 6 月底未出现有效降水，草场处于严重干旱状态。截至 7 月 8 日，民政部门统计仅鄂托克旗就有 10 个乡苏木镇的 152 万 hm² 草场、0.8 万 hm² 农田遭旱灾，3.7 万人、120 万头（只）牲畜出现饮水困难，有 2.7 万头（只）牲畜死亡，农牧业直接经济损失约 5 千万元。2008 年呼伦贝尔市新巴尔虎右旗 1—5 月有效降水只有 9.9mm，持续发生干旱，旱灾涉及全旗 6 个苏木（镇）、牧场、51 个嘎查草场面积已达 163.1 万 hm²，占可利用草场的 90%，受灾牲畜 190.1 万头（只），死亡牲畜 2.2 万头（只）。受灾牧业户 3468 户。全旗 90% 以上的可利用草场未能返青，牲畜无草可采，饲草严重短缺。截至 7 月 14 日，鄂尔多斯市鄂托克旗因干旱受灾人口达 7.1 万人，饮水困难人口 4.5 万人；1.71 万 hm² 农作物受灾，其中成灾 1.31 万 hm²，绝收面积达 3.74 千 hm²；受灾草场面积 176.8 万 hm²，受灾牲畜 130 万头（只），因灾死亡 3.8 万头（只），经济损失达 3000 多万元。

（3）近十几年牧区都以局部地区和季节性干旱灾害为主要特点，历年灾害损失也属于偏低水平并呈总体下降趋势，但是近 3 年连续发生在我区的大范围旱灾属于中华人民共和国成立以来罕见，对农牧业生产、人民生活都造成了严重影响，尤其是对干旱缺水的牧区更是导致大面积草场受灾，人畜饮水困难，牧业损失重大。

2014 年夏季内蒙古发生近 3 年最严重干旱。进入 6 月后，内蒙古大部降水普遍偏少，尤其是 7 月中下旬高温天气过程持续时间长、分布范围广、出现时段集中，致使干旱发生、发展迅速，干旱范围不断扩大。干旱严重区域主要分布于阿拉善盟大部、鄂尔多斯市西部、巴彦淖尔市西北部、包头市西北部、乌兰察布市中部、锡林郭勒盟西北部及赤峰市大部地区，上述地区大部分为牧区。受此次旱灾影响，全区草场受灾面积 3384.7 万 hm²；饮水困难牲畜 270.37 万头（只）；直接经济损失 85.90 亿元，其中牧业损失 14 亿元。

2015 年夏季，内蒙古大部地区受降水偏少、温度持续升高影响，气象干旱持续并发展，中西部地区受灾较重。旱情对牧草生长、人畜饮水和旱作农区的作物生长等产生较为严重的影响。旱灾共造成草牧场干旱面积 2776 万 hm²；饮水困难牲畜 311.27 万头（只）；直接经济损失 81.50 亿元，其中牧业损失 11 亿元。

2016 年夏，内蒙古中、东部草原遭遇 1953 年以来最严重旱灾，范围包括呼伦贝尔市、兴安盟、通辽市、赤峰市、锡林郭勒盟以及乌兰察布市牧区、半牧区。因旱草场受灾面积 3563 万 hm²，饮水困难牲畜 457.38 万头（只），直接经济损失 139.20 亿元，其中牧业损失超过 15 亿元。

2.4.3 牧区干旱时空分布特征

1. 牧区干旱时间特征

在年总降雨量变化不大的情况下，年内分布不均，使得内蒙古草原牧区干旱与极端气候事件频发，严重旱灾平均 10 年左右出现一次。近 70 年来，农区干旱发生频率为 59.5%，牧区为 63.6%，明显高于农区。牧区干旱发生频率高，危害程度大，是牧区各种自然灾害之首。根据《内蒙古自治区水旱灾害》《中国气象灾害大典·内蒙古卷》《中国气象灾害年鉴》和《中国水旱灾害公报》等文献记载，全区十年九旱、四年三中旱、三年一重旱。西部牧区（阿拉善盟、巴彦淖尔市牧区）轻旱以上累计频率在 95% 以上，中旱以上累计频率在 90%~95%，重旱发生频率在 70%~75%。十年十旱，十年九中旱、四年三重旱。中部牧区（鄂尔多斯市、乌兰察布市、锡林郭勒盟牧区）轻旱以上累计频率在 85%~95%，中旱以上累计频率在 60%~75%，重旱发生频率在 20%~50%。十年九旱，六年四中旱、三年一重旱。东部牧区（呼伦贝尔市、兴安盟、通辽市、赤峰市牧区）轻旱以上累计频率在 80%~95%，中旱以上累计频率在 50%~65%，重旱发生频率在 15%~25%。十年九旱，六年四中旱、三年一重旱。

2. 牧区干旱空间分布特征

内蒙古牧区轻旱易发生地区有呼伦贝尔市新巴尔虎左旗和鄂温克族自治旗、赤峰市大部分牧区、通辽市扎鲁特旗、巴彦淖尔市乌拉特中旗，其中，新巴尔虎左旗轻旱发生频率最高，为 28.07%；中旱发生频率较高地区分布在呼伦贝尔市新巴尔虎右旗北部、兴安盟扎赉特旗、锡林郭勒盟苏尼特左旗和巴彦淖尔市乌拉特后旗，其中，巴彦淖尔市乌拉特后旗中旱发生频率最高为 17.78%；重旱发生频率最高地区集中在呼伦贝尔市新巴尔虎右旗大部、通辽市扎鲁特旗、阿拉善盟阿拉善左旗。其中，阿拉善盟阿拉善左旗东部重旱发生频率最高，达到 11.48%；特旱发生频率最高地区集中在阿拉善盟额济纳旗一带，频率为 21.43%。

总体上看，各级干旱易发生地区集中在呼伦贝尔市西部牧区、赤峰市中北部牧区、通辽市北部牧区、锡林郭勒盟中西部牧区以及阿拉善盟西部牧区。内蒙古牧区不同等级干旱发生频率见图 2-2。

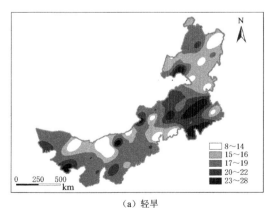

（a）轻旱

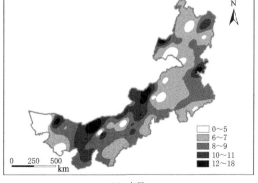

（b）中旱

图 2-2（一） 不同等级干旱频率分布

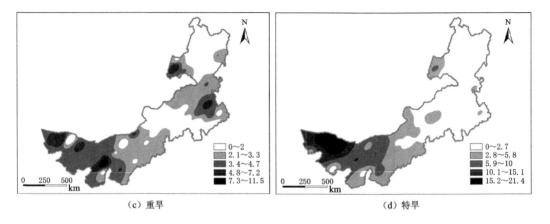

图 2 - 2（二）　不同等级干旱频率分布

2.5　大气环流背景及旱灾成因分析

2.5.1　自然因素

内蒙古干旱气候系统是由该区域内的大气、岩石、土壤、生物、湖泊和河流等子系统有机组成的，它是一个相对稳定、独立的系统。包含了一些可被人类活动和宇宙因子触发的潜在不稳定因素。与其他区域气候系统相比，内蒙古干旱气候系统更脆弱，它对人类活动的响应也更敏感。

内蒙古自治区地处中高纬度，高原面积大，距离海洋较远，受山脉影响，气候以温带大陆性季风气候为主。内蒙古干旱气候系统形成的区域因素总体概括如下：

（1）内蒙古干旱气候区位于中亚大陆腹地，海洋暖湿气流不易到达。

（2）青藏高原的地形动力作用使内蒙古干旱气候区向北偏离副热带至中低纬度地区。

（3）青藏高原的热力作用使位于青藏高原北部的西北干旱区反气旋环流盛行，形成了不利于降水发生的下沉气流区。

（4）干旱区给自由大气输送的水分极少，由此造成的潜热释放也极少，使干旱区自由大气表现为"干汇"和"湿汇"，会加强不利于降水发生的自由大气下沉趋势。

（5）干旱区大气沙尘严重，使大气稳定度增强，抑制了降水条件（上升运动）的发展。

（6）西北干旱区的沙漠或戈壁下垫面对太阳加热响应迅速，使得地面的蒸发力也很强，加重了干旱化的程度。

同时，干旱气候还与形成干旱气候的后 3 个因素之间存在正反馈关系。所有这些地区性因素造成内蒙古干旱区面积大、旱情更重，且逐年加剧等特点。

2.5.1.1　大气环流的影响

内蒙古属于温带大陆性气候，大部分地区冬季漫长、严寒、少雪，春秋季节转换时，常处于"南高北低"的形势，多受蒙古（或贝加尔湖）气旋影响，或冷暖空气交替出现，大部分地区多风少雨；夏季副热带高压北抬，南来水汽逐渐增多，雨水相对较多，但又常因冷空气活动偏北，冷暖空气在内蒙古交汇的机会少，加之副热带和大陆高压的影响，干旱少雨。只有当北来冷空气和南方暖湿气流都形成有利的天气形势，常常会造成内蒙古地区较大的降水天气过程。但是，受地理位置的限制，这种有利的降水天气系统并不常见，较大的系统每年也只有2～3次，特别有利的降水天气系统几年才能遇到一次。由于地形地理位置和大气环流的基本背景，决定了内蒙古降水较少，水资源贫乏。

2.5.1.2 地理位置与地形地貌的影响

1. 远离海洋，大陆性气候显著

由于内蒙古地区距海洋较远，海洋性暖湿气团经长途跋涉，水汽沿途大量消耗，到达内蒙古上空已成强弩之末。大兴安岭—阴山山脉—河套一带已是东南季风的最北界限，因此，造成了内蒙古降水较少，年际变化大，降水保证率低的特点。呼伦贝尔高原，锡林郭勒高原的东部、南部、阴山丘陵区、土默川平原、鄂尔多斯高原东部的年湿润度为0.3～0.6，属于半干旱地区；锡林郭勒高原中部、乌兰察布高原南部、鄂尔多斯高原中、西部的年湿润度为0.13～0.3，属于干旱地区；锡林郭勒高原西北部、乌兰察布高原北部边疆、巴彦淖尔高原大部、阿拉善高原的年湿润度在0.13以下，属于极干旱地区。自治区干旱、半干旱地区的面积占全区总面积的五分之四左右。

2. 大兴安岭、阴山山脉对内蒙古干旱的影响

大兴安岭呈东北—西南向贯穿于内蒙古东部，阴山山脉呈东西向横亘于内蒙古中部，两条山脉在多伦县、克什克腾旗境内交汇，形成了弧形的内蒙古高原边坡带。这样的地形配置使大兴安岭以东、阴山山脉以南地区，夏季受海洋气流影响明显，空气中水汽含量较多，降水量也较多；而大兴安岭以西、阴山山脉以北地区，由于山脉阻挡，夏季风难以到达，因此，空气中水汽较少，降水量也较少，干旱程度较重。

另外，青藏高原的隆起对内蒙古中、西部干旱气候的形成起了相当重要的作用。一方面，它阻挡了西南暖湿气流的向北输送；另一方面，由于青藏高原的热力作用和侧向摩擦作用，在青藏高原北侧形成了副涡度中心，盛行下沉气流。正是上述两个原因，致使内蒙古中、西部地区严重干旱。

2.5.1.3 气候变化的影响

过去50年来，内蒙古年平均气温、生长季平均气温、年极端最高气温和年极端最低气温均呈上升趋势，其上升速率分别为0.39℃/10a、0.33℃/10a、0.24℃/10a和0.54℃/10a；增温最显著的区域主要发生在东北部。内蒙古大部地区年降水量和生长季降水量呈减少态势，仅阿拉善盟大部降水略有增加。年平均日照时数呈明显的下降趋势，下降速率为14.6h/10a，且明显低于全国平均水平。平均风速明显减小，减小速率达0.2m/(s·10a)，与中国平均风速总的变化趋势一致，且减小速率略大于全国水平。主要受气候变化的影响，内蒙古干旱发生频次呈现出增加趋势，特别是近10年来。其中，全区大部地区温度升高、主要农区和牧区降水量减少、地下水补充作用有限，加之生长季降水时空分布不均等，成为内蒙古干旱发生发展的主要气候因素。

2.5.1.4 下垫面植被稀疏对干旱的反馈作用明显

下垫面的植被情况可以影响太阳辐射作用和大气环境的形势，对干旱有明显的影响。

内蒙古中西部地区地表植被稀疏，锡林郭勒盟林地面积占全盟总面积的 1.3%，巴彦淖尔市占 2.36%，阿拉善盟仅为 0.59%。全区沙漠和沙地面积共计 17 万 km²，约占自治区总面积的 15%。全区土壤沙化面积 4.27 万 km²，占自治区总面积的 3.69%。这样的下垫面加剧了自治区干旱和半干旱气候，形成降水少、蒸发大、风沙大、温差大的气候特征。

2.5.2 社会因素

2.5.2.1 人口增长，工农业发展，水资源供求矛盾日益突出

1949 年内蒙古自治区总人口为 609.5 万人，总用水量为 30 亿 m³，1990 年人口增长到 2149.4 万人，总用水量增加为 140.8 亿 m³，到 2011 年总用水量达到 184.70 亿 m³，2015 年总用水量达到 185.78 亿 m³。人口的增长，导致用水量的增加不仅是每年饮用水量的增加，更主要的是生产粮食灌溉用量增加，内蒙古自治区是干旱、半干旱地区，发展农业、增产粮食主要靠发展灌溉。人口的快速增加，工农业的迅猛发展，导致需水量的增加，是水资源供需矛盾日益突出，缺水越来越严重。

2.5.2.2 人类活动导致生态环境破坏严重，加剧了干旱的发展

1. 森林砍伐，造成水土流失

森林具有涵养水源，延缓洪涝，减轻干旱及调节气候等的作用。自治区的山地森林东部有大兴安岭，中部有苏木山、冀北山地、晋北山地、蛮汗山、大青山、乌拉山、狼山及贺兰山等，这些山地森林保护着自治区的嫩江平原、西辽河平原、岱海盆地、土默川平原、河套平原。而上述地区是自治区的工农业生产基地和人口的集中居住区，过去由于片面追求经济效益或局部利益而滥砍滥伐，造成水土大量流失，耕地沙化，旱涝灾害频繁发生。

2. 不合理的开垦使草场退化和土壤沙化

自治区历史上几次不合理的大规模开垦和草场普遍超载过牧，致使草场严重退化，土壤严重沙化，锡林郭勒盟阿巴嘎旗 1961 年开垦草场 1.53 万 hm²，严重地破坏了这一带草原的生态系统，使气候变得更加干燥，沙尘暴天气明显增多，1953—1961 年（开垦前），沙尘暴日数平均每年为 2.6d，而 1961—1970 年（开垦后）增加到 8.3d。以 20 世纪 50 年代末和 70 年代末两次航片对比分析，通辽市全市范围内不同类型的沙漠化土地从 50 年代末占总土地面积的 20%左右，增加到 70 年代末的 54.93%，达到 4855.5 万亩，其中土地沙化发展严重的科左后旗，强烈发展和正在发展的沙化土地已占到全旗土地面积的 70%，全市天然草场退化面积为 3648.5 万亩，占可利用天然草场面积的 71.7%。鄂尔多斯高原草场的沙化面积，解放初期为 66.7 万 hm²，到 80 年代初，由于在绝大部分没有灌溉条件的地区盲目开垦，加之耕作粗放，很少施肥，耕作单一，长期靠掠夺性经营，因此，导致土壤肥力下降，水分流失加剧，草场沙化面积迅速扩展了近 10 倍，达到 600 万 hm²以上。由于受特殊的地形、地理位置及天气系统等条件所限，干旱在内蒙古是一种客观的自然现象。然而，一些人为因素如地下水严重超采、盲目的砍伐森林、垦荒过牧、水土流失等又加剧了干旱的发展。

第3章 牧区旱情监测评估

3.1 干旱监测指数

3.1.1 气象干旱监测评估指数

传统干旱监测评估方法比较多，其中降水距平百分率（P_a）、标准化降水指数（SPI）、相对湿润度指数（MI）、综合气象干旱指数法（CI）、土壤相对湿度法（R）和帕默尔干旱指数法（$PDSI$）等是干旱等级评估中常用的方法。

（1）降水量距平百分率（P_a）：

$$P_a = \frac{P - \overline{P}}{\overline{P}} \tag{3-1}$$

式中：P_a 为计算期内降水量距平百分比，%；P 为计算期内降水量，mm；$\overline{P}$ 为计算期内多年平均降水量，mm，宜采用近 30 年的平均值。

降水量距平百分率是指某时段的降水量与常年同期气候平均降水量之差与常年同期气候平均降水量相比的百分率，可计算任意时段不同地区的干旱情况，但一般适用于统计月尺度、季尺度和年尺度的干旱情况。

（2）标准化降水指数（SPI）：

$$SPI = S \frac{t - (c_2 t + c_1)t + c_0}{[(d_3 t + d_2)t + d_1]t + 1.0}$$

其中

$$t = \sqrt{\ln \frac{1}{F^2}} \tag{3-2}$$

式中：F 为概率；S 为系数，且当 $F > 0.5$ 时，$S = 1$；当 $F \leq 0.5$ 时，$S = -1$。式中各系数取值：$c_0 = 2.515517$，$c_1 = 0.802853$，$c_2 = 0.010328$，$d_1 = 1.432788$，$d_2 = 0.189269$，$d_3 = 0.001308$。

标准化降水指数是根据降水累计频率分布来划分干旱等级的，反映了不同时间和地区的降水气候特点，是单纯依赖于降水量的干旱指数，它是基于在一定的时空尺度上，降水的短缺会影响到地表水、库存水、土壤湿度、积雪和流量变化而制定的。它可由气象部门的地面观测站点提供。适用于任意时段不同地区旱情的计算。

（3）相对湿润度指数（MI）：

$$MI = \frac{P - E}{E} \tag{3-3}$$

式中：P 为计算期内降水量，mm；E 为计算期内可能蒸散量，mm，一般用 Penman - Monteith 或 Thornthwaite 方法计算。

相对湿润度指数是某时段降水量与同一时段长有植被地段的最大可能蒸发量相比的百分率，适用于分析月时间尺度不同地区的旱情。

（4）综合气象干旱指数（MCI）：

$$MCI = \alpha Z_3 + \gamma M_3 + \beta Z_9 \tag{3-4}$$

当 $C_i > 0$ 时，$P_{10} \geqslant P_a$；$P_{30} \geqslant 1.5P_a$，并 $P_{10} \geqslant P_a/3$；或 $P_d \geqslant P_a/2$，则 $C_i = C_i$；否则 $C_i = 0$。

当 $C_i < 0$，并 $P_{10} \geqslant E_0$ 时，则 $C_i = 0.5C_i$；当 $P_y < 200\text{mm}$，$C_i = 0$。$P_a = 200\text{mm}$，$E_0 = E_5$，当 $E_5 < 5\text{mm}$ 时，则 $E_0 = 5\text{mm}$。

式中：Z_3、Z_9 为近 30d 和 90d 标准化降水指数 SPI；M_{30} 为近 30d 相对湿润度指数；E_5 为近 5d 的可能蒸散量，用 Thornthwaite 方法计算；P_{10} 为近 10d 降水量，P_{30} 为近 30d 降水量，P_d 为近 10d 一日最大降水量，P_y 为常年年降水量；α、γ 和 β 为权重系数，分别取 0.4、0.8 和 0.4。

综合气象干旱指数是以标准化降水指标、相对湿润度指标和降水量为基础建立的一种综合指数，适用于逐日实施干旱监测分析。

（5）土壤相对湿度干旱指数（R）：

$$R = \frac{w}{f_c} \times 100\% \tag{3-5}$$

式中：w 为土壤平均重量含水量，%；f_c 为土壤田间持水量，%。

土壤相对湿度是指某一土层的土壤平均重量含水量占田间持水量的比例，运用该指标评估农业干旱时，宜采用 0~40cm 深的土壤相对湿度作为干旱评估指标。

（6）帕默尔（Palmer）干旱指数（PDSI）。帕默尔干旱指数是综合考虑了前期降水、水分供给、水分需求、实际蒸散量、潜在蒸散量等要素，以水分平衡为基础而建立的一个气象干旱指数[174-181]，其计算步骤如下：

1）统计水文账，由长期气象资料序列计算出月水分平衡各分量的实际值、可能值及平均值，包括蒸散量 E、潜在蒸散量 E_p、径流量 F、潜在径流量 F_p、补水量 R、潜在补水量 R_p、失水量 L 和潜在失水量 L_p。

2）计算各气候常数和系数，包括蒸散系数 α、补水系数 β、径流系数 γ、失水系数 δ 和气候特征值 k。

3）计算出水分平衡各分量的气候适宜值，包括气候适宜蒸散量 $\hat{E}$、气候适宜补水量 $\hat{R}$、气候适宜径流量 $\hat{F}$、气候适宜失水量 $\hat{L}$ 和气候适宜降水量 P'。

4）计算水分盈亏值 d（$d = P - P'$）和水分距平指数 z（$z = kd$）。

5）建立帕默尔干旱指数计算公式。

6）对权重因子 K 进行修正，计算最后的水分距平指数 Z。

7）干期（或湿期）结束计算。

3.1.2 遥感干旱监测评估指数

目前，国内外利用遥感技术对干旱进行监测常用的主要有 3 种方法：热惯量法、微波遥感法和遥感指数法。3 种方法选择使用的遥感信息源不同，使用的波段也不相同，各自有其适用范围和局限性。

3.1.2.1 热惯量法

热惯量法主要通过热红外遥感影像反演的下垫面温度,建立与土壤水分含量、土壤热惯量的关系模型和土壤表层与一定深度土壤含水量的关系模型来研究土壤的含水量。在实际应用中,常用表观热惯量 ATI 代替热惯量 P[182]。该方法主要是利用水分特殊的热性能进行土壤水分监测,它适用于裸露地面或植被生长较稀疏地面的干旱遥感监测[183],但对植物覆盖较为复杂的地区反演误差较大。

3.1.2.2 微波遥感法

微波遥感具有优于多光谱的全天候、能够穿透云层干扰的特点,近年来人们做了许多利用微波遥感监测土壤水分的探讨研究。微波遥感监测干旱又分为主动法和被动法两种。主动微波遥感主要根据地表的回波信号进行土壤湿度预测。具有较高空间分辨率,但受地表粗糙度,植被影响大。被动微波遥感监测面积大,周期短,受粗糙度影响小,并且对土壤水分更为敏感,算法更为成熟。但作物根系一般为 $10\sim20cm$,而当前微波遥感只能反演表层土壤的湿度,因此,该方法应用于农牧业旱情监测还存在一定的局限性。

3.1.2.3 植被指数法

植被长势受到许多因素的影响。在干旱年份,水对植被长势起关键作用。水分亏损,植被长势不好,叶面积指数和叶片内的叶绿素含量下降,对太阳近红外光的反射能力降低,卫星遥感得到的植被指数会明显降低,以此来表明干旱程度,就是监测干旱的植被指数法。

1. 归一化植被指数(Normalized Difference Vegetation Index,$NDVI$)

$NDVI$ 的定义为[184]

$$NDVI = \frac{CH2 - CH1}{CH2 + CH1} \tag{3-6}$$

式中:$CH1$、$CH2$ 分别表示 NOAA/AVHRR 的第 1、第 2 通道反照率。

2. 距平植被指数(Anomaly Vegetation Index,AVI)

为了监测大范围作物干旱,中国气象局国家卫星气象中心还发展了距平植被指数法。提出距平植被指数(Anomaly Vegetation Index,AVI)概念的目的是将 $NDVI$ 的变化与天气、气候研究中距平的概念联系起来,对比分析 $NDVI$ 的变化与短期气候变化之间的关系。AVI 的定义为[185]

$$AVI = NDVI_i - NDVI_{avg} \tag{3-7}$$

式中:$NDVI_i$ 为某一特定年第 i 个时期(如旬、月等)$NDVI$ 的值;$NDVI_{avg}$ 为多年该时期 $NDVI$ 的平均值。

正距平反映植被生长较一般年份好,负距平表示植被生长较一般年份差,即旱情出现。一般而言,距平植被指数为 $-0.1\sim-0.2$ 表示旱情出现,$-0.3\sim-0.6$ 表示旱情严重[186]。

3. 条件植被指数(Vegetation Condition Index,VCI)

VCI 的定义为[187]

$$VCI = \frac{NDVI_i - NDVI_{min}}{NDVI_{max} - NDVI_{min}} \tag{3-8}$$

式中：$NDVI_i$ 为某一特定年第 i 个时期的 $NDVI$ 值；$NDVI_{max}$ 和 $NDVI_{min}$ 分别代表所研究年限内第 i 个时期 $NDVI$ 的最大值和最小值。

式（3-8）的分母部分是在研究年限内第 i 个时期植被指数的最大值和最小值之差，它在一定意义上代表了 $NDVI$ 的最大变化范围，反映了当地植被的生境；分子部分在一定意义上表示某一特定年第 i 个时期的当地气象信息，若 $NDVI_i$ 和 $NDVI_{min}$ 之间差值小，表示该时段作物长势很差。VCI 不仅描述了土地覆盖和植被时空变化，而且反映了天气气候条件对植被的影响。

4. 标准植被指数（Standard Vegetation Index，SVI）[188]

SVI 对植被状态偏离历年平均植被状态（Normal）的程度进行归一化，归一化过程采用概率函数的形式实现。

平均植被状态是根据多年同一时期的 $NDVI$ 数据集确定的，并以多年 $NDVI$ 平均值表征。

SVI 是首先通过计算研究区每个像元的 Z 值：

$$Z_i = \frac{NDVI_i - NDVI_{avg}}{\sigma_i} \tag{3-9}$$

式中：Z_i 为某一特定年第 i 个时期的 Z 值；σ_i 为多年 $NDVI$ 的标准差；其余同上。

从式（3-9）可以看出 Z 值已经反映了 i 时的植被相对生长状况，但由于 Z 值的变化范围很大，不同的土地覆盖类型 Z 值概率密度函数也存在很大的差异，因此在空间域内不具有可比性。

当研究区域较大时，具有足够的样本数，Z_i 的总体分布往往呈正态分布，这样就可根据 Z 的概率密度分布函数确定标准植被指数，即

$$SVI = \int_{Z_{min}}^{Z} N(\overline{Z}, \sigma) \mathrm{d}Z \tag{3-10}$$

根据式（3-10）SVI 被归一化（$0 < SVI < 1$），并且当 Z 值越大，SVI 值越大，说明植被相对生长状况良好，相反，当 Z 值越小，说明植被相对生长状况越差。

5. 植被指数差异法

除过以上几种植被指数法以外，植被指数差异法也是干旱遥感监测的基本方法之一。利用近两年植被指数差异可以反映在土地利用变化不大和耕作条件无明显差异的情况下水分条件对植被生长的影响。其表达式为[189]

$$\Delta NDVI_j = NDVI_j - NDVI_{j-1} \tag{3-11}$$

式中：$\Delta NDVI_j$ 为 j 像元两年植被指数的差；$NDVI_j$ 为当年的植被指数值；$NDVI_{j-1}$ 为比较年像元 j 的植被指数。

$\Delta NDVI_j$ 越大表明两年植被指数的差异越大，水分差异也就越明显；反之，$\Delta NDVI_j$ 越小则说明这两年植被指数的差异越小，水分的供应相当。此方法要求被监测区域晴空，同时获得的图像清晰，两幅图像须在进行严格配准校正后才能获得较好的检测结果。

3.1.2.4 基于地表温度（LST）的遥感指数法

基于地表温度（LST）的干旱监测方法的研究和应用目前主要有条件温度指数法（TCI）、归一化温度指数法（NDTI）、作物缺水指数法（CWSI）、土壤干旱指数

（$SWSI$）和水分亏缺指数法（WDI）等。

（1）温度状态指数（Temperature Condition Index，TCI）

基于温度状态指数（TCI）的干旱监测方法强调了温度与作物生长的关系，即高温对植物生长不利。TCI 的计算方法为

$$TCI = \frac{T_{max} - T_i}{T_{max} - T_{min}} \qquad (3-12)$$

式中：T_i 为某一像素在某一特定年第 i 个时段的地表温度；T_{max} 和 T_{min} 分别表示在所研究年限内第 i 个时段内该像素地表温度的最大值和最小值。TCI 的值越小，表示该时段作物长势越差。

（2）归一化温度指数（Normalized Difference Temperature Index，$NDTI$）

$NDTI$ 可以消除土地表面温度季节变化的影响，其定义为

$$NDTI = \frac{LST_\infty - LST}{LST_\infty - LST_0} \qquad (3-13)$$

式中：LST_∞ 为当地表阻抗无限大时模拟的地表温度，此时，实际蒸散 $ET = 0$；LST_0 为当地表阻抗为零时模拟的地表温度，此时，实际蒸散 $ET = $ 潜在蒸散 ET_p；LST 为通过传感器观测的地表温度；LST_∞ 和 LST_0 可以认为是在特定气象条件和地表阻抗下地表温度的上限（干条件）和下限（湿条件），地表的干湿状况主要通过实际地表温度距干湿条件的距离反映出来；从理论上说，归一化温度指数不仅考虑像元间植被指数的差异，还考虑了气温、太阳辐射、风速、相对湿度等气象条件的影响，干旱监测结果应更为合理[190]。但在实际计算时，由于缺少卫星过境时配套的高分辨率气象数据，使归一化温度指数模型在实际中很难得到推广应用。

（3）作物缺水指数（Crop Water Stress Index，$CWSI$）

作物缺水指数最初是由 Jackson（1981）[191] 以能量平衡为基础提出的。$CWSI$ 定义为[192]

$$CSWI = \frac{\gamma\left(1 + \dfrac{r_c}{r_a}\right) - \gamma^*}{\Delta + \gamma\left(1 + \dfrac{r_c}{r_a}\right)} \qquad (3-14)$$

式中：γ 为干湿球常数，Pa/℃；r_a 为空气动力学阻力，s/m；r_c 为冠层对水汽向空气中传输时的传输阻力，s/m；Δ 为饱和水汽压与温度关系的斜率；$\gamma^* = \gamma(1 + r_{cp}/r_a)$，$r_{cp}$ 为植被以潜在蒸腾速率蒸腾时的冠层阻力，s/m。

由于蒸散作用与能量和土壤水分含量关系密切，当能量较高、土壤水分供给充足时，蒸散作用较强，冠层温度处于较低状态；反之，土壤水分亏缺时，蒸散作用较弱，冠层温度较高。该指数是以植物叶冠表面温度和周围空气温度的测量差值，以及太阳净辐射的估算值计算出来的，实质上反映出植物蒸腾与最大可能蒸发的比值。因此，在较均一的环境条件下可以把作物缺水指数与平均日蒸发量联系起来，作为植物根层土壤水分状况的估算指标，即

$$CSWI = 1 - \frac{ET}{ET_0} \qquad (3-15)$$

式中：ET 为植被实际蒸散量，mm/d，是太阳净辐射、阻抗和冠气温差的函数；ET_0 为植被潜在蒸散量，mm/d，可由彭曼公式求出。

由式（3-15）可以看出，$CWSI$ 越大，反映土壤供水能力越差，即土壤越干旱；反之，亦然。目前，可通过 NOAA/AVHRR 和 MODIS 等获取植被冠层的热红外温度以及地表反照率，从而可以计算出实际蒸散量。

（4）土壤干旱指数（Soil Water Stress Index，$SWSI$）

在裸土条件下，利用 $CWSI$ 理论同样可以得到评价裸土条件下衡量土壤湿度的指标，有研究者称其为土壤干旱指数（$SWSI$）[193,194]：

$$SWSI = 1 - \frac{E}{E_p} \tag{3-16}$$

式中：E 为实际土壤蒸发；E_p 为土壤潜在蒸发。与 $CWSI$ 相似，$SWSI$ 可以表达为

$$SWSI = \frac{\gamma \left(1 + \frac{r_s}{r_a}\right) - \gamma^*}{\Delta + \gamma \left(1 + \frac{r_s}{r_a}\right)} \tag{3-17}$$

式中：r_s 为土壤水汽扩散阻力。

（5）水分亏缺指数（Water Deficit Index，WDI）

$$WDI = 1 - \frac{ET}{PET} \tag{3-18}$$

式中：ET、PET 分别代表实际蒸散量和潜在的蒸散量。

Moran 等[195]建立的水分亏缺指数（WDI）对 Idso 和 Jackson 等提出的 $CWSI$ 应用范围进行了扩展，克服了 $CWSI$ 只能应用于观测点尺度的郁闭植被冠层条件的缺陷。WDI 结合陆气温差（陆地表面温度和气温的差值）和植被指数估算田间相对水分状况。当以陆气温差和植被覆盖度为横纵坐标时，在研究范围足够大，并且范围内具有所有植被覆盖条件和土壤水分含量范围的条件下，数据点会形成一个梯形。由于光谱植被指数能够反映植被覆盖度的相对大小，因此可以直接利用光谱植被指数替代植被覆盖度。

（6）蒸散比（Evapotranspiration Fraction，EF）

蒸散比（EF）是 Nishida 等（2003）[196]提出用来评价陆地表面水分状况的参数，并成功用于制作 MOD16 数据产品。蒸散比在数值上等于实际蒸散量与可获得能量比值，即

$$EF = \frac{LET}{Q} \tag{3-19}$$

$$Q = H + LET = R_n - G \tag{3-20}$$

式中：ET 为蒸散发量；LET 为实际蒸散量；Q 为潜热通量或显热通量的形式传输到大气的能量；H 为显热通量；G 为土壤热通量；以上参数单位均为 W/m^2。

Nishida 等（2003）提出蒸散比算法中，将陆地表面简单地看作只有植被和裸土，在忽略土壤与植被之间的能量传输［认为二者是退耦合（$Uncoupling$）的］条件下，分别计算植被蒸发比（EF_{veg}）和土壤蒸发比（EF_{soil}），并最终通过以下关系计算蒸发比：

$$EF = f_{veg} \frac{Q_{veg}}{Q} EF_{veg} + (1 - f_{veg}) \frac{Q_{soil}}{Q} EF_{soil} \tag{3-21}$$

式中：Q_{veg}、Q_{soil}分别为Q植被分量和土壤分量；f_{veg}为植被覆盖度，$f_{veg}=\dfrac{VI-VI_{min}}{VI_{max}-VI_{min}}$，$VI$为植被指数；$EF_{veg}$、$EF_{soil}$分别为植被蒸发比和土壤蒸发比。

3.1.2.5 植被指数法与温度法相结合的综合指数

由于气候类型、地理位置、植物品种和分布范围的不同等均不同程度地对$NDVI$产生影响，所以，利用$NDVI$进行监测很难通过统一的定量标准来判断作物长势以及监测干旱灾害的程度；地表温度是基于地表（冠层）温度与土壤含水量之间的内在关系，但遥感地表温度的测量受到地气之间的传导、对流和辐射等热交换方式等多种因素影响。因此，相关专家学者通过研究提出将二者结合起来应用于干旱遥感监测能够取得更好的效果。

（1）温度植被干旱指数（Temperature Vegetation Dryness Index，$TVDI$）

Sandholt等[197]首先提出了温度植被干旱指数（$TVDI$）的概念。其表达式为

$$TVDI=\frac{T_S-T_{Smin}}{T_{Smax}-T_{Smin}} \tag{3-22}$$

式中：T_{Smin}表示最小地表温度，对应的是湿边；T_S是任意像元的地表温度；$T_{Smax}=a+bNDVI$，为某一$NDVI$对应的最高温度，即干边；a、b是干边拟合方程的系数。在干边上$TVDI=1$，在湿边上$TVDI=0$。$TVDI$值越大，土壤湿度越低，表明干旱越严重。

（2）条件植被温度指数（Vegetation Temperature Condition Index，$VTCI$）

$VTCI$定义如下[198]：

$$VTCI=\frac{T_{NDVIimax}-T_{NDVIi}}{T_{NDVIimax}-T_{NDVIimin}} \tag{3-23}$$

式中：$T_{NDVIimin}$和$T_{NDVIimax}$分别为研究区域内具有相同$NDVI$值的像元的最低温度和最高温度，其中：

$$T_{NDVIimax}=a_1+b_1 I_{NDVIi}；T_{NDVIimin}=a_2+b_2 I_{NDVIi} \tag{3-24}$$

式中：T_{NDVIi}为$NDVI$值为I_{NDVIi}的一个像元的温度，系数a_1、b_1、a_2、b_2可通过绘制研究区域的LST和$NDVI$的散点图近似地获得。

$VTCI$是在$NDVI$和LST的散点图呈三角形区域分布的基础上提出的，是在假设研究区域内土壤表层含水量从萎蔫含水量到田间持水量的基础上进行干旱监测的，适用于区域尺度的干旱监测。应用$VTCI$最重要的一点是确定$NDVI$和LST特征空间的热边界和冷边界。$VTCI$的取值范围为[0，1]。一般地说，$VTCI$的值越小，干旱程度越严重；$VTCI$的值越大，干旱程度越轻或者没有旱情发生。

（3）植被供水指数（Vegetation Supplication Water Index，$VSWI$）

$VSWI$定义如下：

$$VSWI=\frac{NDVI}{T_S} \tag{3-25}$$

式中：T_S为植被叶表温度。$NDVI$为归一化植被指数，$VSWI$代表作物受旱程度的相对大小，$VSWI$值越大，表明作物冠层温度较低，植被指数较高，作物生长越趋于正常，反之亦然。

$VSWI$适用于植物蒸腾较强的季节。$VSWI$被广泛地应用到干旱的遥感监测中，最常

用的是利用 NOAA/AVHRR 的数据资料进行 $VSWI$ 值计算，其中式中的 T_s 为第 4 通道反演的温度。

3.1.2.6　土壤指数法

（1）垂直干旱植被指数（Perpendicular Dryness Index，PDI）[199]

植被对红光有强烈吸收，对近红外有强烈反射，而裸地反射率从红光到近红外变化很小。植被覆盖越低，红光反射越高，近红外反射则越小。水体对红光和近红外波段吸收都很强，土壤含水量是影响土壤反射率的主要因素，土壤含水率越高反射率越低，反之亦然。因此，利用可见光、近红外波段一定形式的组合可以对土壤水分进行估算，监测干旱的发生发展。

可以利用 $Nir - Red$ 特征空间上的任意一点 $E(R_{red}，R_{nir})$ 到直线 L 的距离来描述干旱的状况，建立一个基于 $Nir - Red$ 光谱空间特征的干旱监测模型，即垂直干旱指数（PDI）：

$$PDI = \frac{1}{\sqrt{M^2 + 1}}(R_{red} + M R_{nir}) \tag{3-26}$$

式中：R_{red}、R_{nir} 为经过大气校正的红光、近红外波段反射率；M 为土壤线斜率。PDI 值越大表示地表越干旱，反之亦然。

（2）改进型垂直干旱植被指数（Modified Perpendicular Dryness Index，$MPDI$）

PDI 更适用于裸土的干旱监测，在植被区，监测精度会受到影响。针对这个问题，Ghulam 等引入植被覆盖度，提出了改进型的垂直干旱指数（$MPDI$）[200]。

杨学斌等（2011）[201] 采用 PDI 和 $MPDI$ 两种干旱监测方法在内蒙古地区基于 TM 影像进行了干旱监测。通过对比分析 PDI、$MPDI$ 随实测土壤含水量的变化趋势发现，两种干旱指数变化的总体趋势一致，但 $MPDI$ 的波动范围相对较大，表明 $MPDI$ 对植被覆盖区的土壤含水量更敏感。这主要是因为 $MPDI$ 考虑了植被覆盖的影响，引入了植被覆盖度的概念，有效地解决了 PDI 中没有考虑植被覆盖的情况。通过对 PDI 和 $MPDI$ 两种干旱指数的验证和分析发现，在干旱监测中，$MPDI$ 比 PDI 的适用性更广，更适合于在一定植被覆盖度的区域应用。

（3）地表含水量指数（Surface Water Capacity Index，$SWCI$）

土壤是含有多种成分的复杂的自然综合体，其光谱特征受水分、有机质、土壤母质等多种因素的影响。土壤光谱特征在母质等其余因素相对稳定的情况下受水分的影响比较明显。虽然，不同土壤类型随水分变化有所差别，但通常随土壤水分的增加，土壤反射率表现出降低的趋势，因此，这为利用遥感方法监测土壤水分提供了可能。杜晓等[202] 在分析水的吸收曲线和土壤反射率曲线特征的基础上构建了地表含水量指数（$SWCI$）模型：

$$SWCI = \frac{b_6 - b_7}{b_6 + b_7} \tag{3-27}$$

式中：b_6、b_7 分别为 MODIS 数据的第 6、第 7 波段反射率值。这两个波段都处于水汽吸收区，对水分反射率的变化比较敏感。综合考虑土壤和植被的混合差异，将 MODIS 第 6、第 7 波段组合得到的指数在一定程度上可以反映出地表含水量的多少。因为水吸收曲线及土壤反射率曲线的影响，第 6 波段（b_6）无论在裸土还是植被的反射率都大于第 7 波段

(b_7)，且两者都含有近似相同的大气辐射和散射值，因此，$b_6 - b_7$ 能表现出水在植被和土壤中的含量多少，并能最大限度地削减大气的影响。将 $b_6 + b_7$ 作为分母，使结果限定在 $-1 \sim 1$，且增强了指数的可比性。

$SWCI$ 通过利用水的吸收对土壤和植被反射率波谱的综合影响，直接获取其地表水分含量指标，因而其对浅层土壤墒情的表达好于 $NDVI$，这对提高浅层土壤墒情的精度是比较有益的[203]。

3.2 内蒙古牧区干旱的时空分布特征

干旱的频繁发生对草原荒漠化和农牧业生产带来了诸多不利影响[204-206]。由于干旱涉及的时空分布多样，范围广泛，使得单一的干旱定义很难满足各行业、各部门的需求。鉴于对干旱研究的角度和侧重点不同，美国气象学会在总结各种干旱定义的基础上，将干旱分成 4 类：气象干旱、农业干旱、水文干旱和社会经济干旱[207-208]，各类干旱之间密切相关，同时也存在差异。干旱的类型在一定程度上反映了干旱发展的不同阶段。通常情况下大气降水的亏缺造成了气象干旱的最先出现，随后导致土壤湿度下降造成作物减产从而产生农业干旱。与此同时，地表和地下水资源亏缺、河流径流减少引起水文干旱，在气象干旱结束后仍有可能持续较长时间。当气象干旱持续时间长、影响范围大时，会出现多种干旱并存，这将严重影响国民经济发展，造成社会经济干旱。无论是农业干旱、水文干旱还是社会经济干旱，从本质上讲都是气象干旱的影响结果，都比气象干旱发生得晚，可以通过气象干旱监测做到早期预警[209]。例如，定量评估农业干旱对气象干旱响应的滞后时间[210] 及这种关系在季节尺度上的差异，揭示大气环流对这种滞后效应的确切影响[211] 都有助于对不同类型的干旱进行提前预警。鉴于气象干旱在各干旱类型中的基础地位，对它进行准确、有效的监测可为其他三类干旱的研究提供研究背景和参考依据，对农业生产、社会发展、环境保护具有积极意义。

气象干旱监测主要基于气象站观测的降水量年际变化来判定是否发生干旱，对于同一地区的特定月份，其气候类型决定了降水多寡。然而由于异常气象干旱事件的发生，会导致降水量比多年平均值偏低，同时会导致气温等其他气象因子有异于正常年份[207]。因此，通过统计气象降水和气温等数据的异常大小及发生概率，即可定量判定气象干旱的发生强度。近年来，国内外学者从不同角度发展了大量的气象干旱监测指数。目前，已有大约 100 种干旱监测指数[212]。据世界气象组织统计，常用的气象干旱指数达 55 种之多，如降水距平百分率（precipitation anomaly percentage，P_a）、Palmer 干旱指数（palmer drought severity index，$PDSI$）、标准化降水指数（standardized precipitation index，SPI）、标准化降水蒸散指数（standardized precipitation evapotranspiration index，SPI）、综合气象干旱指数（compound index，CI）、Z 指数和连续无雨日数等[213]。

3.2.1 标准化降水指数

3.2.1.1 标准化降水指数计算原理

标准降水指数是近 30 年来被广泛应用的气象干旱指数之一。McKee 在 1993 年提出 SPI 指数，并应用该指数进行美国科罗拉多州干旱状况的监测。经研究证明，SPI 指数能够有效地反映各个区域和各个时段的干旱状况，并且该指数比更具有统计学意义上的一致性。能够在不同时间尺度上计算，计算方法简单，资料容易获取，且能够消除降水的使用差异，但该指数没有考虑温度、蒸发等其他因素对干旱的影响。因此标准化降水指数在国内外干旱监测中得到了广泛的应用[214-215]。

一定时期内的月降水量变化不服从正态分布，而是一种 Gamma 分布，因此计算标准化降水指数时，需将偏态概率分布的降水量进行正态标准化处理，其计算方法如下。

（1）假设某时段降水量为随机变量 x，则其 Γ 分布的概率密度函数为

$$f(x) = \frac{1}{\beta^\gamma \Gamma(\gamma)} x^{\gamma-1} e^{-x/\beta}, x > 0 \tag{3-28}$$

$$\Gamma(\gamma) = \int_0^\infty x^{\gamma-1} e^{-x} \mathrm{d}x \tag{3-29}$$

式中，$\beta > 0$，$\gamma > 0$，分别为尺度和形状参数，可用极大似然估计方法求得

$$\hat{\gamma} = \frac{1 + \sqrt{1 + 4A/3}}{4A} \tag{3-30}$$

$$\hat{\beta} = \overline{x} / \hat{\gamma} \tag{3-31}$$

$$A = \lg \overline{x} - \frac{1}{n} \sum_{i=1}^{n} \lg x_i \tag{3-32}$$

式中：x_i 为降水量历史资料样本数据；$\overline{x}$ 为降雨量的多年平均值。

确定概率密度函数中的参数后，对于某一年的降水量 x_0，可求出随机变量 x 小于 x_0 事件的概率为

$$P(x < x_0) = \int_0^x f(x) \mathrm{d}x \tag{3-33}$$

利用数值积分可以计算式（3-28）代入式（3-36）后的事件概率近似估计值。

（2）降水量为 0 时的事件概率由式（3-34）估计：

$$P(x = 0) = m/n \tag{3-34}$$

式中：m 为降水量为 0 时的样本数；n 为总样本数。

（3）标准化指数（SPI）是在计算出某时段内降水量的 Γ 分布概率后，再进行正态标准化处理，最终用标准化降水累积频率分布来划分干旱等级，见表 3-1[216]。依据 GB/T 20481—2017《气象干旱等级》，基于 Γ 拟合函数的 SPI 计算公式如下：

$$SPI = S \frac{t - (c_2 t + c_1)t + c_0}{[(d_3 t + d_2)t + d_1]t + 1.0} \tag{3-35}$$

其中

$$t = \sqrt{\ln \frac{1}{G(x)^2}}$$

式中：$G(x)$ 为与 Γ 函数相关的降水分布概率；x 为降水量资料样本；S 为概率密度正负系数，当 $G(x) > 0.5$ 时，$S = 1$；当 $G(x) \leqslant 0.5$ 时，$S = -1$。

$G(x)$ 由 Γ 分布函数概率密度积分公式计算：

$$G(x) = \frac{1}{\beta^\lambda \Gamma(\gamma)} \int_0^x x^{\gamma-1} e^{-x/\beta} \mathrm{d}x, x > 0 \tag{3-36}$$

式中：γ、β 分别为 Γ 分布函数的形状和尺度参数，用极大似然估计法求得：$c_0 = 2.515517$，

$c_1 = 0.802853$，$c_2 = 0.010328$，$d_1 = 1.432788$，$d_2 = 0.189269$，$d_3 = 0.001308$。

表 3-1 标准化降水指数干旱等级分类标准

级别	SPI	等级	级别	SPI	等级
1	$-0.5 < SPI$	无旱	4	$-2 < SPI \leqslant -1.5$	重旱
2	$-1 < SPI \leqslant -0.5$	轻旱	5	$SPI \leqslant -2$	特旱
3	$-1.5 < SPI \leqslant -1$	中旱			

3.2.1.2 内蒙古近60年标准化降水指数计算

随着时间的变化，SPI 值在不同时间尺度上的敏感性明显不同。时间尺度越小，干湿变化越显著，SPI 值变化很大，甚至在正负之间波动。相反，时间尺度越大，干湿交替越平稳；只有一些连续的降水或无雨会使其变化，这是合理的监测长期干旱状况。根据图 3-1从 1970—2019 年，SPI 在不同时间尺度上呈现出轻微的上升趋势。$SPI-1$ 在零值附近剧烈波动，充分反映了内蒙古月旱涝的频繁交替。$SPI-3$ 和 $SPI-6$ 的波动周期较长，反映了干湿季节的变化规律。$SPI-12$ 相对稳定，能够反映干旱的年际变化特征。$SPI-12$显示的干旱情况与历史上干旱年份内蒙古的情况相似，如 1972 年、1980 年、1989 年、1994 年、2000—2002 年和 2005—2008 年，严重的干旱影响了大面积的粮食产量和牲畜数量的减少，给农牧民的生活造成了很大的困难。与干旱等级分类表，随着时间尺度的增

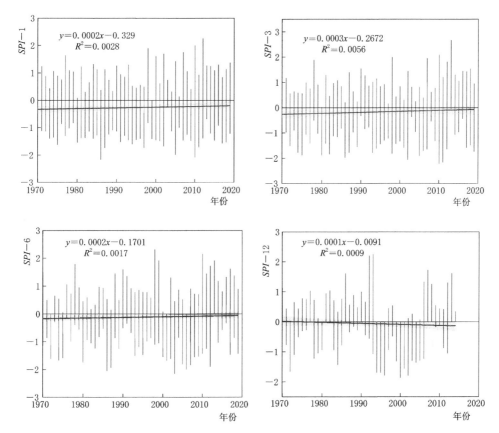

图 3-1 内蒙古 1970—2019 年期间 SPI 的时间序列，分别为 1 个月、3 个月、6 个月和 12 个月

加，SPI 干旱频率降低，持续时间延长。1971—1999 年期间，内蒙古干旱发生频率低，持续时间短，危害性小。2000 年后，内蒙古地区进入干旱频繁阶段，持续时间较长。

3 个月尺度的 SPI 可以用来反映干旱的季节性变化特征。本研究分别选取 3—5 月、6—8 月、9—11 月和 12 月至次年 2 月的 SPI 平均值分别表征内蒙古春、夏、秋、冬季的干旱状况。

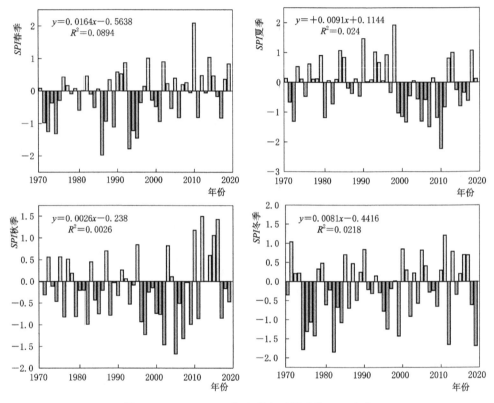

图 3-2 1970—2019 年内蒙古不同季节 SPI 变化

由图 3-2 可知，春季，SPI 变化倾向率为 $0.1/10a$，春季 SPI 值总体上呈缓慢上升趋势，SPI 值为 $-2.1 \sim 2.01$。50 年间，内蒙古春季发生雨涝的年数多于发生干旱的年数，旱涝级别差异不明显，50 年间春季出现了 2 年中度以上的湿润年份，分别为 1998 年和 2009 年其 SPI 值分别为 1.08 和 2.01。

夏季，SPI 变化倾向率为 $0.09/10a$，夏季 SPI 值总体上呈缓慢下降趋势，SPI 值为 $-2.3 \sim 1.89$。50 年间，内蒙古夏季发生雨涝的年数多于发生干旱的年数，旱涝级别差异不明显，50 年间夏季出现了 2 年中度以上的湿润年份，分别为 1991 年、1998 其 SPI 值分别为 1.53、1.89，出现了 1 年极旱的干旱年份为 2010 年其 SPI 值为 -2.3。

秋季，SPI 变化倾向率为 $0.02/10a$，秋季 SPI 值总体上呈缓慢下降趋势，SPI 值为 $-1.71 \sim 1.47$。50 年间，内蒙古秋季发生干旱的年数多于发生雨涝的年数，旱涝级别差异不明显，50 年间秋季出现了 4 年中度以上的干旱年份，分别为 1997 年、2002 年、2005 年、2007 年其 SPI 值分别为 1.22、-1.45、-1.67、-1.31，出现了 3 年中度以上的湿润年份为 2012 年其 SPI 值最大为 1.49。

冬季，SPI 变化倾向率为 0.08/10a，冬季 SPI 值总体上呈缓慢上升趋势，SPI 值为 -1.71~1.26。50 年间，内蒙古冬季发生干旱的年数多于发生雨涝的年数，旱涝级别差异不明显，50 年间冬季出现了 10 年中度以上的干旱年份，出现了 1 年中度以上的湿润年份为 2012 年其 SPI 值为 1.2。

由图 3-3 可知：

(1) 春、夏：内蒙古地区春旱与夏旱频率分布基本一致，为 20%~35.89%，平均 28.46%，呈明显的东北低西南高的分布特点。东北的大部分地区的干旱频率都集中在 20%~28%，中部大部分地区的干旱频率集中在 28%~30%，其中中部锡林浩特附近，东乌珠穆沁旗，呼和浩特，则出现较低的干旱频率，干旱频率小于 25%，内蒙古西部的干旱频率集中在 30%~36%，主要原因是西部的西区包含阿拉善沙漠，常年处于干旱的状态。

(2) 秋、冬：内蒙古地区秋与冬旱频率分布基本一致，总体略高于于春旱和夏旱，发生频率为 18%~42%，平均 30.31%，呈明显的东北高西南低的分布特点。秋旱和冬旱频

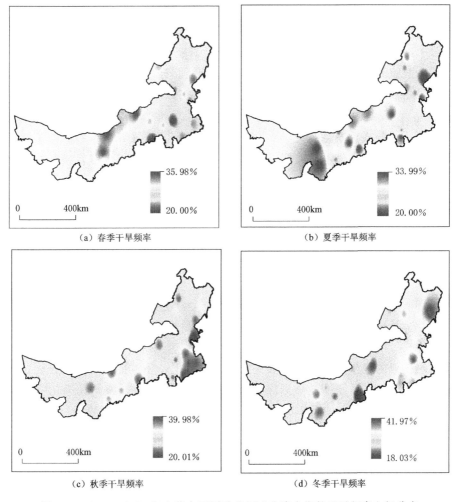

（a）春季干旱频率

（b）夏季干旱频率

（c）秋季干旱频率

（d）冬季干旱频率

图 3-3　1970—2020 年内蒙古不同季节标准化降水指数干旱频率空间分布

率高的地区主要分布在内蒙古西部的乌拉特后旗,中部的正镶白旗,以及中南部的通辽地区,以及东北部的大兴安岭地区,其干旱频率在 40% 以上。西部和中部大部分地区干旱频率较小,在 30% 以下,个别地区低于 20%。

总体来说,内蒙古地区春夏两季的干旱频率明显低于秋冬两季,春夏两季干旱频率呈现明显的东北低西南高的分布特点,秋冬两季干旱频率呈现出明显的东北高西南低的分布特点;四季中干旱频率大于 30% 的区域大都集中在东北地区,说明西部地区干旱频发区较多;内蒙古干旱频率大多集中在 25%~35%,说明内蒙古区域干旱发生频率相对较高。

3.2.2　标准化降水蒸散指数

3.2.2.1　标准化降水蒸散指数计算原理

$SPEI$ 在考虑了降水统计分布的同时,也考虑了地表潜在蒸散,较为概括地模拟了地表水分平衡模式,更加综合地反映了干旱的时间变化过程。该指数时间尺度灵活,对于月尺度、季尺度等短期偶发性水分失衡引起的干旱或是长时间尺度下的干旱发展情况均有很好的评估。目前,标准化降水蒸散指数已被应用到干旱评估、水文干旱分析等领域,2010年 Begueria 等发布了 1901—2016 年的全球标准化降水蒸散指数数据集[217],李伟光等也利用该方法对中国 1951—2009 年的干旱趋势进行了研究,这些研究结果表明,标准化降水蒸散指数较适于监测全球变暖背景下干旱的变化特征。标准化降水蒸散指数是通过计算逐月降水量和潜在蒸散发量差值的正态标准化处理而获得[1],计算步骤如下:

$$D = P - PET \tag{3-37}$$

式中:D 为降水量与潜在蒸散量之差;P 为月平均降水量;PET 为月平均蒸散量。其中降水量可由个气象站的月降水量数据直接获取,而潜在蒸散量很少有直接观察数据,所以利用 Thornthwaite 模型进行估算。Thornthwaite 估算潜在蒸散量是以月平均温度为主要依据,并考虑纬度因子(日照长度)建立经验公式:

$$PET = 16 \times \left(\frac{10T_i}{H}\right)^A \tag{3-38}$$

$$H = \sum_{i=1}^{12} \left(\frac{T_i}{5}\right)^{1.514} \tag{3-39}$$

$$A = 6.75 \times 10^{-7} H^3 - 7.71 \times 10^{-5} H^2 + 1.792 \times 10^{-2} H + 0.49 \tag{3-40}$$

式中:T_i 为第 i 月平均气温;A 为常数;H 为年热量指数,当月平均气温 $T_i \leqslant 0℃$ 时,月热量指数 $H=0$,可能蒸散量 $PET=0$。

对于时间序列的降水量与潜在蒸散量数据之差数据,还需进行正态化处理,然后计算标准化降水蒸散指数,由于原始数据序列 D 中可能存在负值,因此标准化降水蒸散指数采用了具有 3 个参数的 Log-logistic 概率分布,概率分布的累积函数为

$$F(X) = \left[1 + \left(\frac{\alpha}{X-\gamma}\right)^\beta\right]^{-1} \tag{3-41}$$

式中,α、β、γ 分别采用线性矩的方法拟合获得

$$\alpha = \frac{(\omega_0 - 2\omega_1)\beta}{\Gamma(1+1/\beta)\Gamma(1-1/\beta)} \tag{3-42}$$

$$\beta = \frac{2\omega_1 - \omega_0}{6\omega_1 - \omega_0 - 6\omega_2} \tag{3-43}$$

$$\gamma = \omega_0 - \alpha \Gamma(1 + 1/\beta) \Gamma(1 - 1/\beta) \tag{3-44}$$

$$\omega_s = \frac{1}{n} \sum_{i=1}^{n} (1 - F_i)^s D_i \quad (s = 0, 1, 2) \tag{3-45}$$

$$F_i = \frac{i - 0.35}{n} \tag{3-46}$$

式中：Γ 为伽马分布函数；i 为具体月份；ω_0、ω_1、ω_2 为原始数据序列 D_i 的概率加权矩；n 为参与计算的月份数，在此基础上对累积概率密度进行标准化：

$$P = 1 - F(X) \tag{3-47}$$

当累积概率 $P \leqslant 0.5$ 时：

$$\omega = \sqrt{-2\ln P} \tag{3-48}$$

$$SPEI = \omega - \frac{c_0 + c_1\omega + c_2\omega^2}{1 + d_1\omega + d_2\omega^2 + d_3\omega^3} \tag{3-49}$$

式中：常数项 c_0、c_1、c_2、d_0、d_1、d_2 分别为 2.515517、0.802853、0.010328、1.432788、0.189269、0.001308。标准化降水蒸散指数的干湿等级划分见表 3-2。

当累积概率 $P > 0.5$ 时：

$$P = 1 - P \tag{3-50}$$

$$SPEI = \omega - \frac{c_0 + c_1\omega + c_2\omega^2}{1 + d_1\omega + d_2\omega^2 + d_3\omega^3} \tag{3-51}$$

表 3-2　　　　　　　　　　　标准化降水蒸散指数干旱等级分类标准

级别	SPEI	等级	级别	SPEI	等级
1	$-0.5 < SPEI$	无旱	4	$-2 < SPEI \leqslant -1.5$	重旱
2	$-1 < SPEI \leqslant -0.5$	轻旱	5	$SPEI \leqslant -2$	特旱
3	$-1.5 < SPEI \leqslant -1$	中旱			

3.2.2.2　内蒙古近 60 年标准化降水蒸散指数计算

不同时间尺度下 SPEI 值范围主要在 $-1.5 \sim 1.0$，随着时间尺度的增大，时间序列曲线波动越小，干湿交替变化周期加长（图 3-4）。月尺度的 SPEI 值（SPEI-1）序列曲线波动较大，内蒙古干旱仍呈现明显的加重趋势，主要反映内蒙古水分亏缺的细节性变化。季尺度（SPEI-3）反映的也是短期干旱，相较于 SPEI-1 波动减小，反映了内蒙古干旱状况的季节性变化。半年尺度（SPEI-6）反映的是中长期的干旱过程，1999—2002 年、2005 年、2007 年、2014 年表现出较为严重干旱。年尺度（SPEI-12）的 SPEI 更明显地反映出内蒙古地区干旱趋势变化，1999 年前后的水分状况形成了鲜明的对比，1999 年以前，研究区土壤水分状况良好，1999 年之后土壤水分亏缺，多为中度干旱和严重干旱。研究结果表明，内蒙古地区 1970—2018 年干旱整体变化为湿润干旱湿润，21 世纪后，内蒙古地区干旱强度显著增加，在年尺度和季节尺度上与中国气象灾害等有关文献资料(表 3-3)描述比较吻合。

表 3-3　　　　　　　　　　　　2000—2019 年内蒙古地区干旱事件统计

发生时间	发生范围	干旱程度
2000 年春季、夏季	大部分地区	重旱
2001 年	全部	重旱
2004 年春季、夏季	东部、北部地区	中到重旱
2005 年春季、夏季	中部地区	中旱
2006 年 1—5 月	中、东部地区	中到重旱
2006 年秋季	中、西部地区	大范围秋旱
2008 年	中、东部地区	中到重旱
2009 年	东北部地区	特旱
2010 年夏季	全区	重旱
2010 年 9 月至 10 月上旬	中、东部地区	重旱
2011 年夏季	中、西部和呼伦贝尔地区	中旱到重旱
2016 年夏季	中、东部地区	中旱
2017 年春季、夏季	东部地区	重到特旱

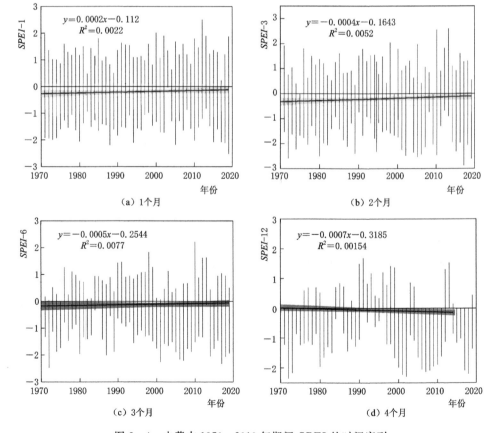

图 3-4　内蒙古 1970—2019 年期间 *SPEI* 的时间序列

不同时间尺度的 $SPEI$ 代表了不同影响程度的干旱状况，1 个月时间尺度的 $SPEI$ 能识别气象干旱，3～6 个月时间尺度的 $SPEI$ 代表了农业方面的干旱，6～12 个月时间尺度的 $SPEI$ 可以作为水文干旱指数用于监测地表水资源。本次研究统计了每个气象站点区域干旱事件数（$SPEI<-0.5$），通过各时间尺度的年均干旱月数的柱状图（图 3-5）进行展示。经统计，近 49 年年均干旱月数约为 3.9 个月，干旱月数数量呈显著增加趋势。1999 年之前，每年平均仅 2.6 个月的干旱期，而在 1999 以后每年平均干旱期增加为 5.8 个月，特别是 2000 年、2001 年和 2007 年，最高年均干旱期达 9 个月。以 1999 年为分界线，1970—1999 年总体上气象干旱、农业干旱和水文干旱的干旱程度逐渐降低，1999 年之后干旱程度大体表现为水文干旱＞农业干旱＞气象干旱，水文干旱的严重程度大幅上升。2000—2012 年，$SPEI-12$ 和 $SPEI-6$ 水文干旱的干旱月数分别约为 9.5 个月和 7.3 个月，远远超过时间尺度较小的 $SPEI$（$SPEI-3$ 为 6 个月，$SPEI-1$ 的干旱月数为 5.6 个月）。原因可能在于内蒙古地区 1999 年以前因水分亏缺先发生气象干旱，随着水分的持续蒸发导致地表下渗的水分不足，作物根茎缺水，从而引发农业干旱；更长时间序列的水资源减少致使河流、水库和地下水位下降，最终表现为 1999 年之后水文干旱加重。

图 3-5 为内蒙古地区春、夏、秋和冬季 $SPEI-3$ 值的变化曲线，以 1999 年为分界线进行分段拟合。从图中可以看出，春旱的整体变化趋势不显著，主要为突发性干旱，$SPEI$ 以 0.2/10a 速下降趋势（$r=-0.39$），1989 年、1994 年、2009 年、2017 年和 2018 年春旱较为严重，2010 年水分盈缺状况较好；在夏季，$SPEI$ 序列在 1970—1998 年为缓慢上升阶段，当时内蒙古整体水分状况优于其他 3 个季节，在 1998 年达到最大值 1.2 后 $SPEI$ 值突降为 -0.8，随后以 0.4/10a 的速率上升（$r=0.34$）；秋季干旱变化情况与夏季有类似之处，较其他 3 个季节，秋季总体偏干，1970—1999 年呈干旱化趋势，直至 2005 年干旱状况趋于缓和，随后以 0.64/10a 的速率湿润化（$r=0.50$）；冬季干旱波动幅度大，变化趋势不明，在 1973 年、1981 年和 2011 年干旱程度达到最大，在过去的 20 年中 $SPEI$ 有上升，表明 2000 年后的冬旱有一定缓和。

由图可知，春季，$SPEI$ 变化倾向率为 0.009/10a，春季 $SPEI$ 值总体上呈缓慢上升趋势，$SPEI$ 值为 -2.1～2.01。50 年间，内蒙古春季发生雨涝的年数多于发生干旱的年数，旱涝级别差异不明显，50 年间春季出现了 2 年中度以上的湿润年份，分别为 1993 年和 2009 年其 $SPEI$ 值分别为 1.08 和 2.01。

夏季，$SPEI$ 变化倾向率为 0.09/10a，夏季 $SPEI$ 值总体上呈缓慢下降趋势，$SPEI$ 值为 -2.13～1.78。50 年间，内蒙古夏季发生雨涝的年数多于发生干旱的年数，旱涝级别差异不明显，50 年间夏季出现了 4 年中度以上的湿润年份，分别为 1990 年、1993 年、1996 年、1998 年，其 $SPEI$ 值分别为 1.25、1.20、1.36、1.67，出现了 1 年极旱的干旱年份为 2010 年其 $SPEI$ 值为 -2.13。

秋季，$SPEI$ 变化倾向率为 -0.03/10a，秋季 $SPEI$ 值总体上呈缓慢下降趋势，$SPEI$ 值为 -2.20～1.61。50 年间，内蒙古秋季发生干旱的年数多于发生雨涝的年数，旱涝级别差异不明显，50 年间秋季出现了 8 年中度以上的干旱年份，出现了 2 年中度以上的湿润年份，分别为 1997 年和 2012 年，其中 2012 年为 $SPEI$ 值最大为 1.61。

冬季，$SPEI$ 变化倾向率为 -0.08/10a，冬季 $SPEI$ 值总体上呈缓慢下降趋势，

$SPEI$ 值为 $-2.26 \sim 1.75$。50 年间，内蒙古冬季发生干旱的年数多于发生雨涝的年数，旱涝级别差异不明显，50 年间冬季出现了 8 年中度以上的干旱年份，出现了 2 年中度以上的湿润年份为 2005 年其 $SPEI$ 值为 1.75。

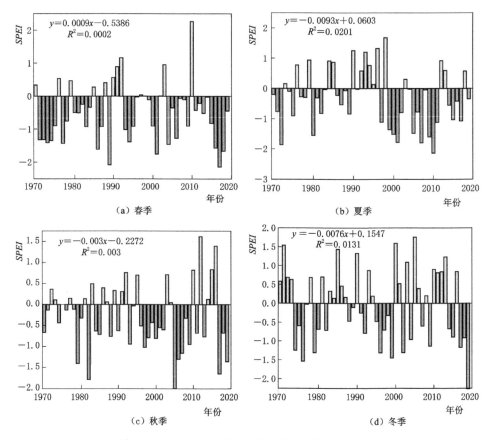

图 3-5　1970—2019 年内蒙古不同季节 SPEI 变化

　　为了表示内蒙古各个时间尺度下的干旱事件，以 $SPEI-3$ 值中的 5 月、8 月、11 月、次年 2 月份别代表春季（3—5 月）、夏季（6—8 月）、秋季（9—11 月）、冬季（12 月至次年 2 月）的干旱状况，$SPEI-6$ 代表的是半年的干旱情况，每年的 10 月和次年的 2 月份别代表了前半年和后半年的干旱情况，$SPEI-12$ 代表的是年干旱状况，12 月代表年干旱的 $SPEI$ 值。由 $SPEI-1$ 统计得出，1970—2018 年无旱月份占 80%，轻度干旱月份占比为 15.7%，中度干旱月份占比为 3.6%，严重干旱和极端干旱月份较少，且集中在 2000 年和 2007 年左右。从图中可以看出发生春旱、夏旱、秋旱和冬旱，的年数分别为 9 年、10 年、10 年和 9 年。其中 2001 年为全年性干旱，持续时间长且程度严重，夏季 $SPEI$ 值达 -1.22，表现为中度干旱，春季和秋季干旱程度次之，分别为 -0.87 和 -0.85，冬季表现为轻度干旱。另外，1999 年、2000 年和 2017 年中春季、夏季和秋季均有不同程度干旱，2011 年除春季外也均有不同程度干旱。$SPEI-12$ 时间分布状况表明内蒙古在 1999 年、2000 年、2001 年、2005 年、2006 年、2007 年、2009 年、2011 年和 2017 共 9 年发生干旱，此结果与佟斯琴等的研究结论相符。表明 1999 年之后发生的干旱持续时间更长，

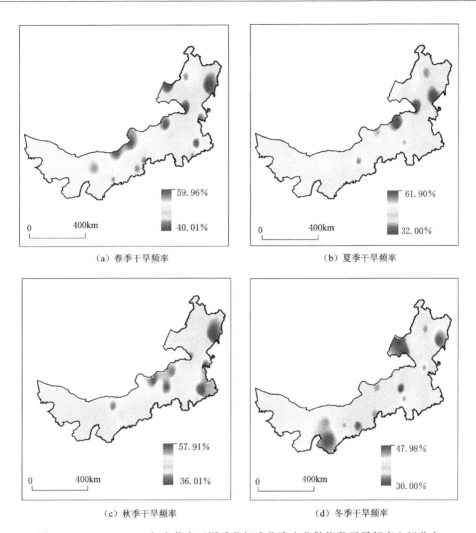

（a）春季干旱频率　　　　　　　　　　（b）夏季干旱频率

（c）秋季干旱频率　　　　　　　　　　（d）冬季干旱频率

图 3-6　1970—2020 年内蒙古不同季节标准化降水蒸散指数干旱频率空间分布

发生频率也更大。

由图 3-6 可知：

（1）春、冬旱：内蒙古地区春旱与冬旱频率分布基本一致，为 30%～60%，平均为 50.4%，呈明显的东北低西南高的分布特点。东北的大部分地区的干旱频率都集中在 30%～38%，中部大部分地区的干旱频率集中在 30%～35%，其中中部锡林浩特附近，东乌珠穆沁旗，呼和浩特，则出现较低的干旱频率，干旱频率小于 35%，内蒙古西部的干旱频率集中在 40%～50%，主要原因是西部的西区包含阿拉善沙漠，常年处于干旱的状态。

（2）夏季、秋季：内蒙古地区夏与秋旱频率分布基本一致，总体略高于于春旱和冬旱，发生频率在 32%～62%，平均 53.14.31%，呈明显的东北高西南低的分布特点。夏旱和秋旱频率高的地区主要分布在内蒙古西部的乌拉特后旗，中部的正镶白旗，以及中南部的通辽地区，以及东北部的大兴安岭地区，其干旱频率在 45% 以上。西部和中部大部分地区干旱频率较小，在 40% 以下，个别地区低于 30%。

总体来说，内蒙古地区夏秋两季的干旱频率明显高于春冬两季，春夏秋冬四季干旱频率呈现出明显的东北低西南高的分布特点；四季中干旱频率大于50%的区域大都集中在西南地区，说明西部地区干旱频发区较多；内蒙古干旱频率大多集中在40%~45%，说明内蒙古区域干旱发生频率相对较高。

3.2.3 帕默尔干旱指数

3.2.3.1 帕默尔干旱指数计算原理

帕默尔干旱指数是气象干旱指数发展史上的一个重要里程碑，其最早由 Palmer 在 1965 年提出，它不仅考虑当时的水分条件，而且考虑前期水分状况、持续时间，因此是个定量描述旱情的较好的指标，其基本要点是：干旱是水分持续亏缺的结果，干旱强度是水分亏缺和持续时间的函数；水分亏缺以本月降水量与本月气候适宜降水量之差的修正值来表示，而持续时间因子则以在前月旱度基础上再加上本月水分状况对旱度的贡献来体现。基于帕默尔干旱指数可以对不同地区、不同时间的干旱情况进行对比。因此它在美国已成为一种半官方的干旱监测指标，美国国家海洋和大气管理局与美国农业部定期发布全美帕默尔干旱指数预报图，此外一些学者和机构也发布了全球的帕默尔干旱指数数据集[181,218-219]。

计算帕默尔干旱指数时，首先需要根据土壤水分平衡原理计算出气候适宜时降水量与实际降水量的差，进而得出帕默尔水分异常值，水分供应达到气候适宜时的水分平衡方程为

$$\hat{P} = \hat{E}T + \hat{R} + \hat{R}O - \hat{L} \tag{3-52}$$

式中：$\hat{P}$ 为气候适宜时降水量；$\hat{E}T$ 为气候适宜时蒸散量；$\hat{R}$ 为气候适宜时补水量；$\hat{R}O$ 为气候适宜时径流量；$\hat{L}$ 为气候适宜时失水量，分别由式（3-53）~式（3-56）计算：

$$\hat{E}T = \alpha PE \tag{3-53}$$

$$R = \beta PR \tag{3-54}$$

$$\hat{R}O = \gamma PRO \tag{3-55}$$

$$\hat{L} = \delta PL \tag{3-56}$$

式中：PE 为可能蒸散量；PR 为土壤可能水分供给量；PRO 为可能径流量；PL 为土壤可能水分损失量；α 为蒸散系数；β 为土壤水供系数；γ 为径流系数；δ 为土壤损失系数，其中 PE 由 Thornthwaite 方法计算，其他数据计算如下：

$$PR = AWC - (S_s + S_u) \tag{3-57}$$

$$PRO = AWC - PR = (S_s + S_u) \tag{3-58}$$

$$PL = PL_s + PL_u \tag{3-59}$$

$$\alpha = \frac{\overline{ET}}{\overline{PE}} \tag{3-60}$$

$$\beta = \frac{\overline{R}}{\overline{PR}} \tag{3-61}$$

$$\gamma = \frac{\overline{PO}}{\overline{PRO}} \tag{3-62}$$

$$\delta = \frac{\overline{L}}{\overline{PL}} \tag{3-63}$$

$$PL_u = (PE - PL_s)S_u/AWC \tag{3-64}$$

式中：AWC 为土壤有效持水量；S_s 为初始上层土壤有效持水量；S_u 为初始下层土壤有效持水量；$\overline{ET}$ 为平均实际蒸散量；$\overline{PE}$ 为平均可能蒸散量；$\overline{R}$ 为平均土壤实际水分供给量；$\overline{PR}$ 为平均土壤水分可能供给量；$\overline{RO}$ 为平均实际径流量；$\overline{PRO}$ 为平均可能径流量；$\overline{L}$ 为平均实际土壤水分损失量；$\overline{PL}$ 为平均可能土壤水分损失量。

帕默尔干旱指数假定土壤为上下两层模式，当上层土壤中的水分全部丧失，下层土壤开始失水，而且下层土壤的水分不可能全部失去。在计算蒸散量、径流量、土壤水分交换量的可能值与实际值时，需要遵循一系列的规则和假定，土壤有效持水量也作为初始输入量。在计算帕默尔干旱指数过程中，实际值与正常值相比的水分距平 d 表示为实际降水量（P）与气候适宜时降水量（$\hat{P}$）的差：

$$d = P - \hat{P} \tag{3-65}$$

为了使帕默尔干旱指数成为一个标准化的指数，水分距平求出后又将其与指定地点给定月份的气候权重系数 K 相乘，得出水分异常指数 Z，也称 Palmer Z 指数，表示给定地点给定月份实际气候干湿状况与其多年平均水分状态的偏离程度。

$$Z = dk \tag{3-66}$$

帕默尔干旱指数基于干旱严重程度是持续时间和水分亏缺量的函数这一基本原理，通过前一时期的干湿值 X_{i-1} 和当前时期内的水分亏缺值 Z_i，建立递推公式：

$$X_i = \frac{b}{m+b}X_{i-1} + \frac{Z_i}{m+b} \tag{3-67}$$

式中：m、b 为常数，帕默尔干旱指数的干湿等级划分见表 3-4。

表 3-4　　帕默尔干旱指数的干湿等级划分

级别	PDSI	等级	级别	PDSI	等级
1	$PDSI > 4$	极端湿润	6	$-2 < PDSI \leqslant -1$	轻微干旱
2	$3 < PDSI \leqslant 4$	严重湿润	7	$-3 < PDSI \leqslant -2$	中等干旱
3	$2 < PDSI \leqslant 3$	中等湿润	8	$-4 < PDSI \leqslant -3$	严重干旱
4	$1 < PDSI \leqslant 2$	轻微湿润	9	$PDSI \leqslant -4$	极端干旱
5	$-1 < PDSI \leqslant 1$	正常			

3.2.3.2　内蒙古近 60 年帕默尔干旱指数计算

计算内蒙古区域气象站点的帕默尔干旱指数的平均值，得到 1970—2019 年干旱强度的年际变化。内蒙古地区年际降水量变幅较大，且分布不均匀，使得该地区多次发生不同程度的干旱。从图 3-7 和图 3-8 可以看出，内蒙古整体区域是向干旱化发展的。1970—1980 年间 PDSI 的值为正，说明我国在 20 世纪 70 年代基本上处于湿润期。1980—2010

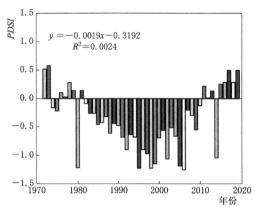

图 3-7 1970—2020 年内蒙古帕默尔干旱
指数的年际变化

年间内蒙古整体区域是明显的干旱期，2010年后内蒙古整体区域呈现出明显的湿润化趋势，这种趋势在 2019 年达到最大，但是在 2013 年则出现明显的反转。

由图 3-9 可知：

（1）春旱：春季帕默尔干旱指数（PDSI 值）在-1.5（1994 年）～1.5（2008 年）呈增加的趋势（春旱减轻）。其中 21 世纪初 PDSI 指数基本上保持在正值，说明 21 世纪初内蒙古区域干旱发生较少，大部分地区处于湿润或正常状态，但在 2004 年有一个突然地下降，内蒙古平均 PDSI 指数为-0.03，从 1970 年开始到 1999 年前期，帕默尔干旱指数在-1.5～0.4 之间波动变化（干旱程度波动变化），$SC-PDSI$ 指数呈现出明显的下降趋势（干旱加重）。2010—2019 年帕默尔干旱指数大部分处于负值，整体还在-0.5 以下，说明此期间容易发生春旱。

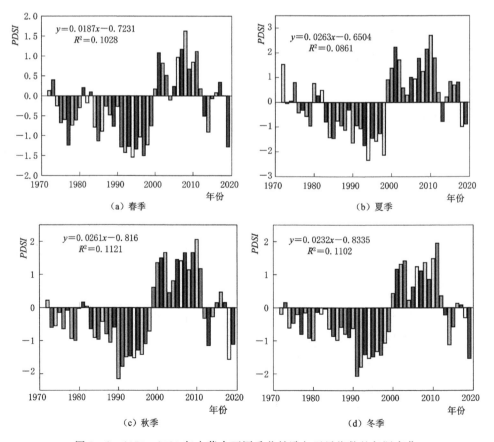

图 3-8 1970—2020 年内蒙古不同季节帕默尔干旱指数的年际变化

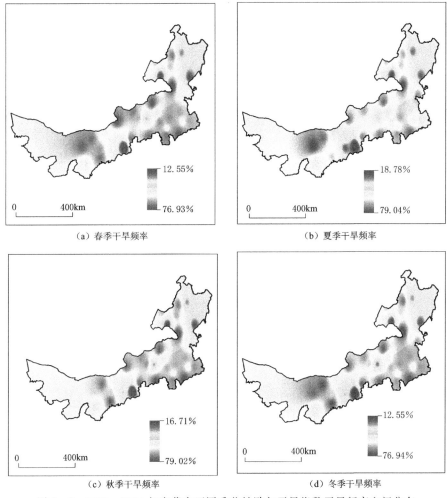

（a）春季干旱频率　　　　　　　　（b）夏季干旱频率

（c）秋季干旱频率　　　　　　　　（d）冬季干旱频率

图 3-9　1970—2020 年内蒙古不同季节帕默尔干旱指数干旱频率空间分布

（2）夏旱：夏季帕默尔干旱指数（PDSI 值）在－2.3（1995 年）～2.4（2009 年）之间波动减小（夏旱加重）。其中 21 世纪年代初 PDSI 指数在 0 以上呈现出先增大后减小的趋势，说明内蒙古比较湿润，1976—2009 年帕默尔干旱指数在－0.2.3～0.82 呈现出波动变化，1980—1982 年又经历了一段湿润期，帕默尔干旱指数大都是正值，2013—2019 年 PDSI 指数急剧减小之后一直保持在－0.5 以下波动变化，其中在 2004 年和 2019 年是近 10 年的最低值和次低值，2016 年和 2017 年帕默尔干旱指数有所回升，但 PDSI 仍是都小于 0.02。

（3）秋旱：秋季 PDSI 指数在－2.3（1990 年）～2.1（2009 年）波动变化。在 1970—2009 年的 30 年里仅有 2 年的帕默尔干旱指数大于 0，其中有两次大的波动，分别是现在 1980 年和 1990 年，从 1990 年开始的连续 9 年内 PDSI 指数连续增加，之后在短暂的增加之后又开始下降，到 2009 年达到历史最高值，在 2009 年经历了 4 年相对严重的干旱之后 PDSI 指数又呈现出增大趋势。

（4）冬旱：冬季帕默尔干旱指数（PDSI 值）在－2.2（1991 年）～1.71（2012 年）波

动增加,其中 2000—2012 年的 PDSI 指数基本上保持在正值,2012 年之后呈现出先减小后增大的趋势,2014—2017 年保持在 0 附近波动变化。

(1)春、冬旱:内蒙古地区春旱与冬旱频率分布基本一致,为 12%～79%,平均为 40.7%,呈明显的东北低西南高的分布特点。东北的大部分地区的干旱频率都集中在 16%～40%,中部大部分地区的干旱频率集中在 50%～60%,其中中部锡林浩特附近,东乌珠穆沁旗,呼和浩特,则出现较低的干旱频率,干旱频率小于 30%,内蒙古西部的干旱频率集中在 60%～80%,主要原因是西部的西区包含阿拉善沙漠,常年处于干旱的状态,其中毛乌素沙地则呈现较小的干旱频率,其主要原因是由于该地区,进行了大量植被恢复工程。

(2)夏、秋:内蒙古地区夏与秋旱频率分布基本一致,总体略低于于春旱和冬旱,发生频率为 16%～79%,平均为 38.62%,呈明显的东北低西南高的分布特点。夏旱和秋旱频率高的地区主要分布在内蒙古西部的乌拉特后旗,中部的二连浩特,以及中南部的通辽地区,其干旱频率在 60% 以上。东北部的大兴安岭地区和小兴安岭地区干旱频率较小,在 30% 以下,个别地区低于 20%。

总体来说,内蒙古地区夏秋两季的干旱频率明显低于春冬两季,夏秋两季干旱频率与春冬两季干旱频率都呈现出明显的东北低西南高的分布特点;四季中干旱频率大于 50% 的区域大都集中在东北地区,说明西部地区干旱频发区较多;内蒙古干旱频率大多集中在 33%～50%,说明内蒙古区域干旱发生频率较高。

3.2.4 降水距平指数

3.2.4.1 降水距平指数计算原理

降水量距平百分率是表征某时段降水量较常年值偏多或偏少的指标之一,能直观反映降水异常引起的干旱,计算公式如下:

$$P_a = \frac{P - \overline{P}}{\overline{P}} \times 100\% \qquad (3-68)$$

式中:P_a 为降水量距平百分率,%;P 为某时段降水量,mm;$\overline{P}$ 为计算时段同期气候平均降水量,mm。

$$P = \frac{1}{n} \sum_{i=1}^{n} P_i \qquad (3-69)$$

式中:P_i 为某时段降水量,mm;n 为年数,$i=1$,2,3,$\cdots$,n。国家气象干旱等级标准根据降水量距平百分率,将干旱等级划分为 5 级(表 3-5)。

表 3-5 降水量距平百分率的干旱等级划分

等级	类型	降水量距平百分率		
		月尺度	季尺度	年尺度
1	无旱	$P_a > -40$	$P_a > -25$	$P_a > -15$
2	轻旱	$-60 < P_a \leq -40$	$-50 < P_a \leq -25$	$-30 < P_a \leq -15$
3	中旱	$-80 < P_a \leq -60$	$-70 < P_a \leq -50$	$-40 < P_a \leq -30$
4	重旱	$-95 < P_a \leq -80$	$-80 < P_a \leq -70$	$-45 < P_a \leq -40$
5	特旱	$P_a \leq -95$	$P_a \leq -80$	$P_a \leq -45$

3.2.4.2 内蒙古近60年降水距平指数计算

内蒙古地区年际降水量变幅较大，且分布不均匀，使得该地区多次发生不同程度的干旱，其中大部分集中在1999—2011年。由图3-10可以看出，1972年、1980年和1982年发生了一定程度的旱情；1999—2001年发生了连续性大旱，特别是2001年，P_a值达-26.56，为历年最低；2005—2007年、2009年和2011年又发生了比较严重的连续性干旱。按照P_a年尺度干旱等级划分标准，50年中，有10年发生了干旱，频率为20%，其中P_a值在$-15\sim20$的有6年（1972年、1980年、1999年、2005年、2009年和2011年），在-20以下的有3年（2000年、2001年和2007年）。所以，发生频率高、连续性强是该地区干旱年际变化的主要特征。

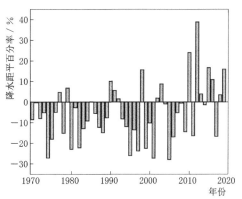

图3-10 1970—2020年内蒙古全年降水距平百分率的年际变化

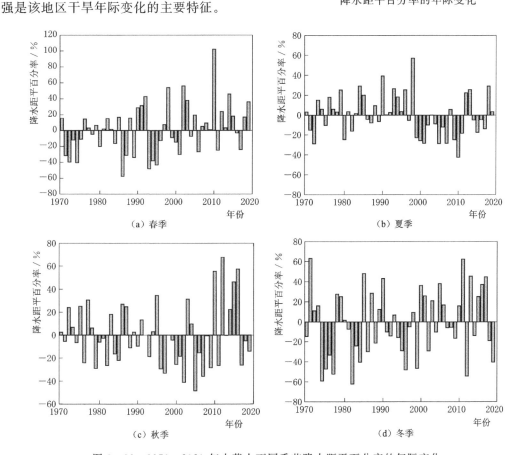

图3-11 1970—2020年内蒙古不同季节降水距平百分率的年际变化

由图3-11可以看出，春季P_a序列表明，在50年间，发生春旱年份有13年，分别是1971年、1972年、1974年、1986年、1989年、1993—1995年、2001年、2006年、2011

年和 2017 年，发生频率为 26%。P_a 值在 -25~40 的有 39 年（1970 年、1982 年、1988 年、1991 年、1997 年、2005 年和 2008 年等）；P_a 值在 -40 以下的有 4 年（1974 年、1986 年、1993 年和 1995 年）。由此可知，春旱集中发生在 1986—1995 年，其中 1986 年为极旱年。

夏季 P_a 序列表明，在 50 年间，发生夏旱年份有 5 年，分别是 1972 年、2000 年、2001 年、2007 年和 2010 年，其频率为 10%。1999—2011 年夏季降水量较同期偏低，P_a 基本为负值。总体来看，夏旱发生频率较低，且干旱等级较低。

秋季 P_a 序列表明，在 50 年间，发生秋旱年份有 9 年，分别是 1979 年、1996 年、1997 年、2002 年、2005 年、2007 年、2009 年、2011 年和 2017 年，频率为 18%。秋旱发生年份较为分散，其中 2005 年为极旱年，P_a 为 -48.41。

冬季 P_a 序列表明，在 50 年间，发生冬旱年份有 14 年，分别是 1974—1977 年、1982 年、1984 年、1986 年、1995 年、1996 年、1998 年、1999 年、2002 年、2012 年和 2019 年，其为 28%。P_a 值在 -25~40 的有 37 年（1975 年、1983 年、1985 年、1994 年、1998 年等）；P_a 值在 -40 以下的有 9 年（1974 年、1975 年、1977 年、1982 年、1984 年、1996 年、1999 年、2012 年和 2019 年）。冬旱旱情普遍较重，且多发生在 2000 年以前，于 1973—1985 年间较为集中。

总体上，研究区冬旱发生频率最高，夏旱发生率最低。其中，1973—1974 年和 1985—1986 年为冬春连旱；1976 年为秋冬连旱；2001 年为春夏连旱；2007 年为夏秋连旱。

由图 3-12 和图 3-13 可以看出，呼伦贝尔市中东部、兴安盟北部地区、锡林郭勒盟南部以及乌兰察布市东南部地区发生旱灾概率较小。而呼伦贝尔市西南部、赤峰市大部、

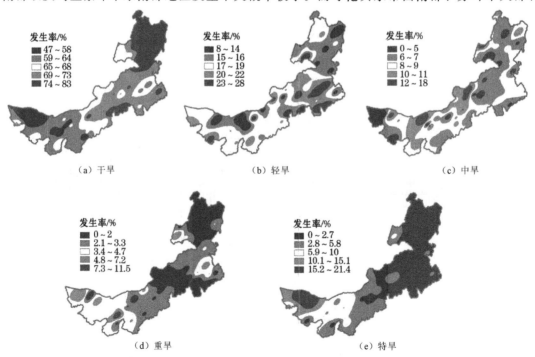

（a）干旱　　　　　　　　　　（b）轻旱　　　　　　　　　　（c）中旱

（d）重旱　　　　　　　　　　（e）特旱

图 3-12　研究区不同等级干旱频率分布

通辽市北部、锡林郭勒盟中西部、巴彦淖尔市东部以及阿拉善盟西南部较易发生轻旱。此外，呼伦贝尔市西北部、兴安盟东部、锡林郭勒盟西部、巴彦淖尔市西部和阿拉善盟西北部容易受到中旱影响。研究区重旱发生频率最高地区集中在呼伦贝尔市西部、通辽市北部、阿拉善盟东西部。其中，阿拉善盟吉兰泰地区重旱发生频率最高，达到 11.48%。就特旱而言，研究区特旱多集中在阿拉善盟额济纳旗一带，3 个气象站拐子湖、额济纳旗和吉诃德特旱发生频率位列前 3，分别为 21.43%，19.64% 和 17.86%。

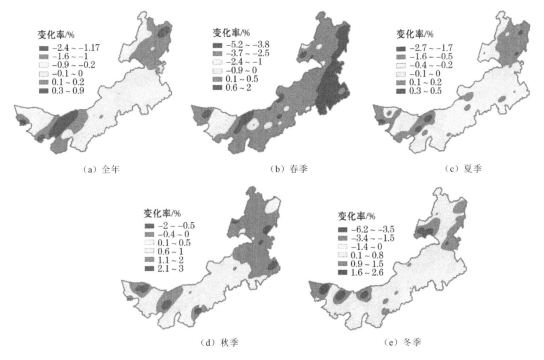

(a) 全年　　　　　　　　(b) 春季　　　　　　　　(c) 夏季

(d) 秋季　　　　　　　　(e) 冬季

图 3-13　研究区降水量距平百分率变化趋势率分布

　　总体上看，研究区发生轻旱和特旱概率较高，中旱次之，重旱最低。各级干旱易发地区集中在呼伦贝尔市西部、赤峰市中北部、通辽市北部、锡林郭勒盟中西部以及阿拉善盟西部地区，这和研究区内降水空间分布规律一致，即多年平均降水量偏低地区比较容易发生气象干旱。

　　从 P_a 变化趋势率来看，呼伦贝尔市中东部、巴彦淖尔市西部和阿拉善盟东部呈上升趋势，即干旱程度有所降低，而由兴安盟南部向西至包头市和鄂尔多斯市、阿拉善盟中西部的干旱程度有所升高。春季 P_a 变化趋势率升高区域主要在兴安岭以东地区、巴彦淖尔市西部和阿拉善盟东北部，而趋势率下降区域主要在巴彦淖尔市临河区和阿拉善盟西部。夏、春两季 P_a 变化趋势率范围基本相同，但其趋势率升高区域较春季缩小，至呼伦贝尔市东部和兴安盟北部。秋季 P_a 变化趋势率升高区主要集中在巴彦淖尔市以东，阿拉善盟东北部以及西北部地区，而呼伦贝尔市、兴安盟、通辽、赤峰大部、锡林郭勒盟东部和鄂尔多斯市东南部秋季 P_a 变化趋势率下降，说明该区域秋旱逐渐增多。冬季 P_a 变化趋势率升高区为呼伦贝尔市东西部、兴安盟大部、锡林郭勒盟中东部、乌兰察布市中部以西至阿拉善盟额济纳旗。该区域范围较大,说明区域内发生冬旱的几率正逐渐降低。上述年际和季节 P_a 变化趋势率空间分布与降水量变化趋势率空间分布相吻合。说明研究区气象干旱发生的决定性因素为降水。

3.2.5　综合气象干旱指数

3.2.5.1　综合气象干旱指数计算原理

MCI 指数即改进后的综合气象干旱指数,目前国家及省级气象干旱监测业务中应用十分广泛,其计算公式为

$$MCI = r(aSPIW_{60} + bMI_{30} + cSPI_{90} + dSPI_{150}) \tag{3-70}$$

式中:$SPIW_{60}$ 为近 60d 标准化权重降水指数;MI_{30} 为近 30d 相对湿润度指数;SPI_{90} 和 SPI_{150} 分别为近 90d 和 150d 标准化降水指数;a、b、c、d 分别为各指数的权重系数,根据国家气候中心规定,北方地区其分别取值为 0.3、0.5、0.3、0.2;r 为季节系数,其按不同月份(1—12 月)分别为 0.4、0.4、0.8、1.0、1.0、1.2、1.2、1.2、0.9、0.8、0.4、0.4。国家气象干旱等级标准根据综合气象干旱指数,将干旱等级划分为 5 级(表 3-6)。

表 3-6　　　　　　　　　综合气象干旱指数的干旱等级划分

等级	类　型	MCI	等级	类　型	MCI
1	无旱	$-0.5 < MCI$	4	重旱	$-2.0 < MCI \leqslant -1.5$
2	轻旱	$-1.0 < MCI \leqslant -0.5$	5	特旱	$MCI \leqslant -12.0$
3	中旱	$-1.5 < MCI \leqslant -1.0$			

3.2.5.2　内蒙古近 60 年综合气象干旱指数计算

从干旱站次比来看(图 3-14),1970—2019 年,内蒙古年度干旱发生范围在波动中呈不断减少的变化趋势;干旱站次比在 0~100% 变化,平均为 46.21%,年际差异较大,最低值出现在 1974 年,干旱站次比为 2.77%,最高值出现在 2010 年,为 100%。研究时间段内,共有 10 年发生局域性干旱,20 世纪 70 年代和 90 年代初分别有一年发生部分区域性干旱;区域性干旱多发生在 20 世纪 70 年代、90 年代和 21 世纪初,有 9 年出现区域性干旱;研究区共有 13 年发生全域性干旱(一半以上的站点发生干旱)。

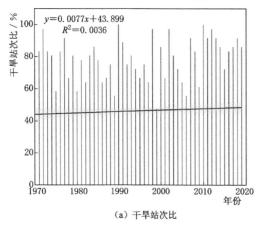

(a) 干旱站次比

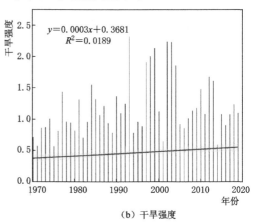

(b) 干旱强度

图 3-14　1970—2020 年内蒙古干旱站次比与干旱强度的年际变化

从干旱发生强度来看，1970—2019年干旱强度在0~2.4变化，平均值为0.71，属轻度干旱，整体上干旱强度有增加的趋势。其中13年发生轻旱，13年发生中旱，1年发生重旱，干旱站次比和干旱强度的多年变化曲线总体上保持一致，即二者正相关。综上，1970—2019年内蒙古年度干旱以全域性干旱（25%）和局域性干旱（19.23%）为主，强度主要表现为轻度和中度干旱（40.38%）。

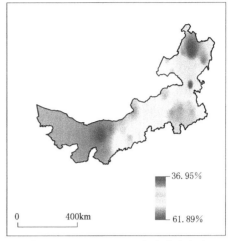

图3-15　1970—2020年内蒙古年度干旱频率空间分布

由图3-15可以看出，1970—2020年发生频率在36.95%~61.89%，平均为46.12%。最易旱区分布在内蒙古西部阿拉善、毛乌素沙地一带，频率为55%以上；从西部的一带向中部延伸的大面积土地为易旱区，发生频率在30%~40%；轻旱区主要发生在呼伦贝尔、大兴安岭和小兴安岭一带，干旱频率在37%以下。

为直观、形象地描述季节干旱的时间变化特征，将内蒙古1970—2020年季节干旱站次比和强度变化曲线分别绘图，如图3-16和图3-17所示。

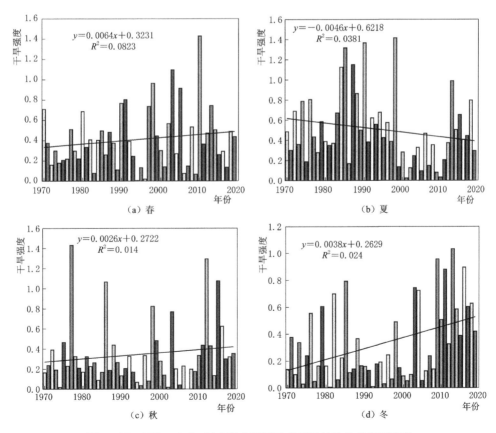

图3-16　1970—2020年内蒙古不同季节干旱站次比的年际变化

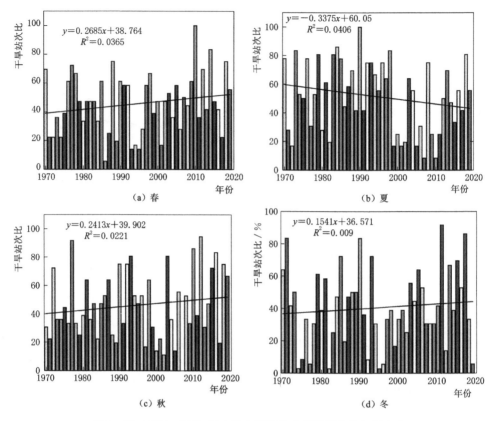

图 3-17　1970—2020 年内蒙古不同季节干旱强度的年际变化

（1）春旱。

由图 3-16 和图 3-17 可知，1970—2020 年春旱站次比呈增加趋势，在 0~100% 波动，平均为 45.61%，春旱站次比最大值出现在 1973 年、1979 年、2010 年和 2012 年。有 15 年发生全域性春旱，8 年发生区域性干旱，6 年发生局域干旱，其余年份无明显干旱发生。

春季干旱强度在 0~1.43，平均为 0.41，整体呈减轻趋势。有 17 年发生轻旱，14 年发生中度及以上干旱，其中 2010 年、2012 年发生了重旱。1970—2020 年春季发生区域性干旱和全域性干旱的比例分别为 15.38% 和 28.35%，干旱强度表现为轻度（46.15%）和中度（21.23%）。

（2）夏旱。

1970—2020 年夏旱站次比呈较少趋势，在 0~100% 变化，平均为 33.30%，夏旱站次比最大值出现在 1990 年，所有站点均发生了干旱。有 13 年发生了全域性夏旱，8 年发生区域性夏旱，5 年发生局部区域性夏旱，7 年发生局域性夏旱。

夏季干旱强度波动在 0~1.42，平均为 0.504，整体呈减轻趋势。其中 1990 年发生重度夏旱，13 年发生中旱，17 年发生轻旱。总体上，夏季干旱强度变化呈下降趋势；与春旱类似，1970—2020 年夏季发生区域性干旱和全域性干旱的比例分别为 26.34% 和 26.34%，干旱强度表现为轻度（48.08%）和中度（27.34%）。

（3）秋旱。

1970—2020年秋旱站次比呈较缓慢增加趋势，增长速率为0.241%，其值在0~100%变化，平均为46.05%，1977年秋旱站次比最大为91.67%。有11年发生了全域性秋旱，12年发生局域性干旱。

秋季干旱强度波动在0~1.41，平均为0.306，整体呈增加趋势。其中2012年发生重度秋旱，有6年的干旱强度大于1，为中旱，有18年未发生明显强度的干旱。总体上，秋季干旱强度变化呈上升趋势；与春旱类似，1970—2020年秋季发生区域性干旱和全域性干旱的比例分别为24.07%和21.36%，干旱强度表现为轻度（52.36%）和中度（10.08%）。

（4）冬旱。

1970—2020年冬旱站次比呈较缓慢增加趋势，增长速率为0.038%，其值在0~100%变化，平均为40.5%，2012年冬旱站次比最大为91.67%。有9年发生了全域性秋旱，17年发生局域性干旱。

冬季干旱强度波动在0~1.13，平均为0.329。其中2012年发生重度冬旱，有1年的干旱强度大于1，为中旱，有19年未发生明显强度的干旱。总体上，冬季干旱强度变化呈上升趋势；与春旱类似，1970—2020年冬季发生区域性干旱和全域性干旱的比例分别为25.39%和22.45%，干旱强度表现为轻度（46.37%）和中度（19.68%）。

为直观、形象地描述季节干旱频率空间分布，将内蒙古1970—2020年季节干旱频率变化分布绘制于图3-18中。

（1）春旱。

由图3-18可知，1970—2020年春旱发生频率为34.01%~61.96%，平均为44.58%。其中内蒙古的呼伦贝尔、通辽一带干旱发生的频率最低，其频率为22%~30%，为最轻旱区；内蒙古中部一带处于干旱易发区，发生频率为40%~50%；而内蒙古西部一带的阿拉善地区春旱发生频率较高，其频率在50%以上，为易旱区。总体上，1970—2020年内蒙古春旱发生频率呈现西南高东北低的分布态势。

（2）夏旱。

1970—2020年夏旱发生频率为40.02%~65.98%，平均为51.27%。最易旱区分布在内蒙古西部阿拉善、毛乌素沙地一带，频率为60%以上；从西部的一带向东北延伸的大面积土地为易旱区，发生频率为45%~50%；轻旱区主要发生在呼伦贝尔、大兴安岭和小兴安岭一带，干旱频率为42%以下。可见，夏季是内蒙古干旱的多发季节且发生频率高。

（3）秋旱。

研究区秋旱发生频率为46.66%，介于34.01%~71.99%，其中易旱区分布比较集中，主要集中在内蒙古的中部和西部地区，干旱频率发生为50%~65%。轻旱区分布在内蒙古东部地区，干旱发生频率仅为35%。

（4）冬旱。

与春旱类似，冬旱发生频率大体呈由西南向东北递减趋势，干旱发生频率平均为41.01%，干旱频率在22%~61.99%。内蒙古西部的干旱频率为30%~40%，为冬旱易发区；低发区位于东部的大兴安岭一带，干旱发生频率较低，仅为20%左右。

内蒙古春季冷暖空气活动频繁，温度起伏较大，常有大风、沙尘天气出现。此时西太

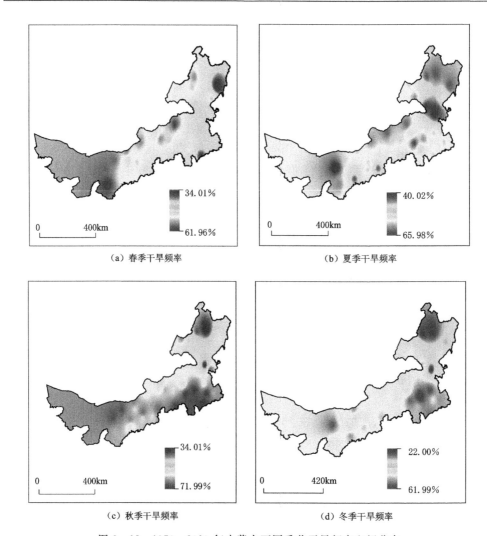

图 3-18 1970—2020 年内蒙古不同季节干旱频率空间分布

平洋副热带高压偏南，水汽难以输送至内蒙古地区，全区干旱一致偏重。夏季，随着西太平洋副热带高压第二次、第三次北跳，中国的雨带北移，内蒙古地区的降水开始增多，但由于地形影响，降水分布极不均匀，阴山山脉和贺兰山呈"人"字形分布阻挡了印度洋水汽向北输送，造成阿拉善盟、鄂尔多斯西部、巴彦淖尔市、包头市北部、锡林郭勒盟西北部干旱强度较重；大兴安岭呈东北西南走向，阻挡太平洋水汽向西北输送，造成呼伦贝尔市西北部干旱强度偏重。秋季由于西太平洋副热带高压南撤，内蒙古地区受变性的西伯利亚单一气团控制，降水逐渐减少，气温下降迅速，但此时牧草枯黄，农作物收获，干旱对农牧业的影响也显著降低。

3.2.6 温度植被干旱指数

3.2.6.1 温度植被干旱指数计算原理

对于地貌情况复杂的内蒙古，干旱的反演因同时受到了土壤水分和植被覆盖率的影响而变得困难。就辐射率固定的裸土而言，地表温度的高低决定了其水分蒸发速率；就植被覆盖区而言，土壤水分含量与地表温度之间不存在直接关系，但当土壤水分含量不能满足潜在蒸散时，植被冠层温度为抑制进一步蒸散而升高，从这个角度看，冠层温度能间接反映土壤水分含量。地表温度和植被指数散点图中，散点基本三角形或梯形分布，Sandholt利用简化的 $T_s - NDVI$ 特征空间提出了温度植被干旱指数。

植被指数—地表温度构建的特征空间，不仅可以用来研究分析植被覆盖度与植被类型及植被生长状况，而且可以监测土壤含水量及土壤湿度变化情况。从图 3-19 中可以看出，研究区植被覆盖类型从 A 点无植被覆盖条件下地表温度的比较高的地区，到 B 点湿润裸土地区，再到 C 点植被覆盖度高的湿润地区，土壤湿度从低到高。AC 为干旱条件下的低蒸散线也就是干边；BC 为湿润情况下潜在蒸散线也就是湿边，这 3 点组成了三角形特征空间的 3 种极端情况。

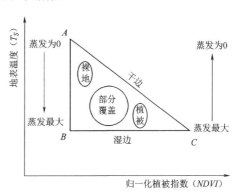

图 3-19　植被指数与地表温度特征空间

选用修正的土壤调整植被指数和地表温度的三角形特征空间中，可以提取到干、湿边方程：

$$T_{Smax} = a_1 + b_1 \cdot NDVI \tag{3-71}$$

$$T_{Smin} = a_2 + b_2 \cdot NDVI \tag{3-72}$$

式中：T_{Smax} 为特征空间拟合干边；T_{Smin} 为特征空间拟合湿边；a_1、b_1、a_2、b_2 为干、湿边拟合方程系数。$TVDI$ 依靠图像数据由植被指数和地表温度计算得到，其定义为

$$TVDI = \frac{T_s - T_{Smin}}{T_{Smax} - T_{Smin}} \tag{3-73}$$

$TVDI$ 指数的取值范围为 0～1，与土壤表层含水量成呈负相关，与干旱程度呈正相关。即 $TVDI$ 值越小，土壤水分越高，相对干旱程度越低；相反，相对干旱程度越高。以 $TVDI$ 指数作为干旱等级划分标准可将干旱划分为 5 个等级（表 3-7）。

表 3-7　　　　　　　　　温度植被干旱指数的干旱等级划分

等级	类型	$TVDI$	等级	类型	$TVDI$
I	湿润	$0 < TVDI \leqslant 0.2$	IV	轻旱	$0.6 < TVDI \leqslant 0.8$
II	正常	$0.2 < TVDI \leqslant 0.4$	V	重旱	$0.8 < TVDI \leqslant 1$
III	干旱	$0.4 < TVDI \leqslant 0.6$			

3.2.6.2　内蒙古温度植被干旱指数计算

从图 3-20 内蒙古 $TVDI$ 年际变化值可知，近 20 年间内蒙古发生不同程度干旱，各年 $TVDI$ 均值为 0.57，说明内蒙古整体处于中旱或轻旱状态；$TVDI$ 值呈不规则波动变化，峰值出现在 2010 年，表明 21 年中 2010 干旱程度最高，$TVDI$ 值为 0.64，其次是 2006 年、2007 年、2008 年、2009 年和 2011 年，$TVDI$ 值均在 0.5 以上。谷值出现在 2003 年、2005 年和 2018 年，2003 年以来年均 $TDVI$ 最小值为 0.36，处于正常的状态。

2000—2020年内蒙古地区年均$TVDI$以$0.004/10a$的趋势不显著小幅上升（$R^2=0.0013$）。综上所述，2000—2020年，66.7%的年份整体表现为轻度干旱，33.3%的年份表现为中度干旱，干旱程度整体呈轻微加重趋势。

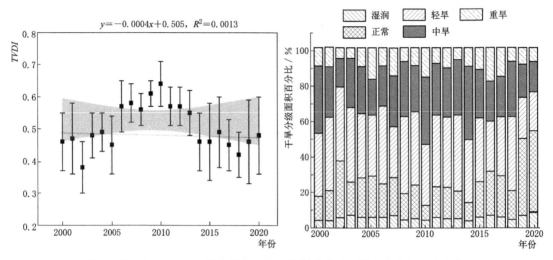

图3-20　2000—2020年内蒙古$TVDI$年际变化和干旱程度分级面积变化

为了更直观地反映内蒙古旱情的覆盖情况及其严重程度，本节采用干旱覆盖度作为评价指标，覆盖面积范围为0~20%的年份定义为局域性干旱年，干旱覆盖面积占研究区面积20%以上且低于50%的年份定义为区域性干旱年，面积占比大于50%的年份定义为全域性干旱年。内蒙古干旱程度分级的面积变化结果表明，中旱所占面积比重最大，其次为重旱。2000年内蒙古主要以正常区和轻旱区为主，2000年以后主要以重旱区和中旱区为主，在2010年中旱和重旱面积达到最大，2010年后中旱和重旱总面积略有减少。

2000—2020年内蒙古地区干旱覆盖面积（包括轻度干旱、中度干旱和重度干旱）多年平均占比为85.1%，最大值达95.7%（2007年），最小值为72.7%（2000年）。轻度干旱覆盖面积（仅包括轻度干旱）多年平均值为8.8%，最大值达42.7%（2000年），最小值为2.2%（2013年），整体呈下降趋势，除2000外研究区均表现为局域性干旱；中度干旱覆盖面积（仅包括中度干旱）多年平均值为41.1%，最大值达50.8%（2013年），最小值为11.2%（2000年），发生局域性中度干旱年数为1年（2000年），发生区域性干旱的年数为15年（2001—2005年、2007—2012年、2014—2017年），发生全域性干旱的年数为2年（2006年、2014年）；重度干旱覆盖面积（仅包括重度干旱）多年平均值为35.2%，最大值达47.5%（2007年），最小值为18.7%，发生局域性中度干旱年数为1年（2000年），发生区域性干旱的年数为16年（2001—2009年、2011—2017年），发生全域性干旱的年数为1年（2010年）。综上可知，内蒙古地区在2000—2020年间干旱状况较为严重，旱情持续时间长、发生范围广，干旱程度主要以中度干旱为主，干旱发生主要以区域性干旱为主。

根据内蒙古2000—2020年$TVDI$的多年平均空间分布格局（图3-21），内蒙古整体以轻度干旱为主，且干旱程度差异较为明显，东北部地区旱情最为复杂，各等级旱情均有体现，西南部地区以重旱为主，中部以中旱为主。*TVDI* 高值区，主要集中分布在呼伦贝尔草原、锡林郭勒盟的乌兰盖高壁以及赤峰市的奈曼旗，其中大兴安岭以西的呼伦贝尔草原干旱尤为突出；低值区主要集中分布在牙克石、根河等林地和山地；在内蒙古中部和西部区域的河套平原和鄂尔多斯高原相对研究区其他区域旱情较轻。

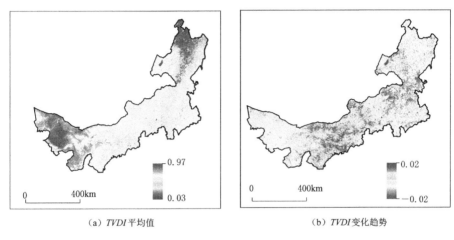

（a）*TVDI* 平均值　　　　　　　　　（b）*TVDI* 变化趋势

图 3-21　2000—2020 年内蒙古年均 *TVDI* 平均值和年均 *TVDI* 变化趋势

　　内蒙古 2000—2020 年 *TVDI* 平均值年际变化 Slope 介于 −0.02～0.02，研究区旱情主要呈增加趋势（即 Slope＞0）。旱情增加趋势明显的区域主要分布在兴安盟南部、通辽市、赤峰市和鄂尔多斯的库布齐沙漠，其中，鄂尔多斯高原北部旱情增加趋势最为严重，通辽市和赤峰市接壤处次之，阿荣旗、扎兰屯等农业生产旗旱情也有轻微加重趋势；内蒙古旱情呈减弱趋势（即 Slope＜0）的区域中呼伦贝尔北部、乌兰察布和兴安盟北部等地旱情有明显缓和，尤其以呼伦贝尔北部区域为典型代表，镶黄旗一带旱情亦有轻微减弱趋势。

3.2.7　植被供水指数

3.2.7.1　植被供水指数计算原理

　　当植被供水正常时，植被指数在生长期内就会保持在一定的范围。如果遇到干旱就会导致植被供水不足，植被的生长就受到影响进而导致植被指数降低；当植被受干旱胁迫时，为减少水分损失，叶面气孔会部分关闭，导致植被冠层温度升高。植被供水指数是以遥感数据处理计算得到的冠层表面温度和植被指数作为因子，能在一定程度上反映作物生长季受旱状况。本节选取归一化植被指数探究其对内蒙古干旱情况的反映程度。国家卫星气象中心推荐的计算公式为

$$VSWI = \frac{NDVI}{T_s} \tag{3-74}$$

　　VSWI 值越小，表明区域受旱越严重，反之则表明没有受到干旱的影响。植被供水指数监测干旱没有一个统一现成的干旱等级划分标准，本研究根据像元值的统计分布得出 *VSWI* 的干旱分级（表 3-8）。

表 3-8   植被供水指数的干旱等级划分

等级	类　型	VSWI	等级	类　型	VSWI
Ⅰ	无旱	$VSWI \geqslant 2.5$	Ⅲ	中旱	$1.2 < VSWI \leqslant 2$
Ⅱ	轻旱	$2 < VSWI \leqslant 2.5$	Ⅳ	重旱	$0 < VSWI \leqslant 1.2$

3.2.7.2　内蒙古植被供水指数计算

由图 3-22 可知，近 20 年间内蒙古发生不同程度干旱，各年 VSWI 均值为 1.49，说明内蒙古整体处于中旱状态；VSWI 值呈不规则波动变化，峰值出现在 2010 年，表明 21 年中 2010 年干旱程度最高，VSWI 值为 1.71，其次是 2006 年、2007 年、2008 年、2009 年和 2011 年，VSWI 值均在 1.5 以上。谷值出现在 2000 年、2001 年、2003 年和 2018 年，2000 年以来年均 VSWI 最小值为 1.37，处于干旱的状态。2000—2020 年内蒙古地区年均 VSWI 以 0.09/10a 的趋势不显著小幅上升（$R^2 = 0.429$）。综上所述，2000—2020 年干旱程度整体呈轻微加重趋势。

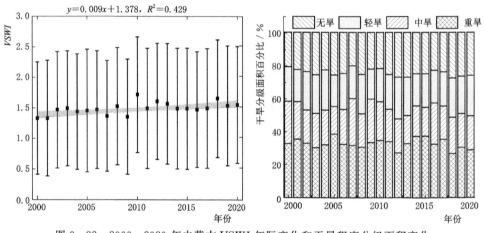

图 3-22　2000—2020 年内蒙古 VSWI 年际变化和干旱程度分级面积变化

为了更直观地反映内蒙古旱情的覆盖情况及其严重程度，本节采用干旱覆盖度作为评价指标，覆盖面积范围为 0～20% 的年份定义为局域性干旱年，干旱覆盖面积占研究区面积 20% 以上且低于 50% 的年份定义为区域性干旱年，面积占比大于 50% 的年份定义为全域性干旱年。内蒙古干旱程度分级的面积变化结果表明，中旱所占面积比重最大，其次为重旱。2000 年内蒙古主要以正常区和轻旱区为主，2000 年以后主要以重旱区和中旱区为主，在 2010 年中旱和重旱面积达到最大，2010 年后中旱和重旱总面积略有减少。2000—2020 年内蒙古地区干旱覆盖面积（包括轻度干旱、中度干旱和重度干旱）多年平均占比为 75.50%，最大值达 79.72%（2007 年），最小值为 72.32%（2018 年）。轻度干旱覆盖面积（仅包括轻度干旱）多年平均值为 21.69%，最大值达 27.67%（2018 年），最小值为 20.27%（2007 年），整体呈下降趋势，除 2000 外研究区均表现为局域性干旱；中度干旱覆盖面积（仅包括中度干旱）多年平均值为 21.44%，最大值达 28.45%（2007 年），最小值为 16.81%（2005 年），发生局域性中度干旱年数为 4 年（2005 年、2011 年、2013 年和 2015 年），发生区域性干旱的年数为 17 年（2000—2005 年、2006—2010 年、2012 年、

2014 年、2016—2020 年）；重度干旱覆盖面积（仅包括重度干旱）多年平均值为 32.36%，最大值达 36.92%（2015 年），最小值为 26.34%，发生局域性中度干旱年数为 0 年，发生区域性干旱的年数为 21 年（2000—2020 年），发生全域性干旱的年数为 0 年。综上可知，内蒙古地区在 2000—2020 年间干旱状况较为严重，旱情持续时间长、发生范围广，干旱程度主要以中度干旱为主，干旱发生主要以区域性干旱为主。通过计算 2000—2020 年年均 VSWI 值，来反映内蒙古近 21 年来干旱情况，见图 3-23。

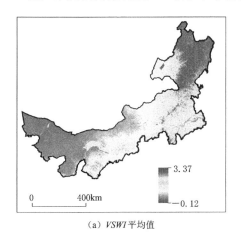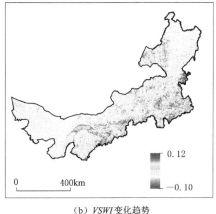

(a) VSWI 平均值　　　　　　　　　　(b) VSWI 变化趋势

图 3-23　2000—2020 年内蒙古年均 VSWI 平均值和年均 VSWI 变化趋势

根据内蒙古 2000—2020 年 VSWI 的多年平均空间分布格局，内蒙古整体以轻度干旱为主，且干旱程度差异较为明显，东北部地区旱情最为复杂，各等级旱情均有体现，西南部地区以重旱为主，中部以中旱为主。VSWI 高值区，主要集中分布在呼伦贝尔草原、锡林郭勒盟的乌兰盖高壁以及赤峰市的奈曼旗，其中大兴安岭以西的呼伦贝尔草原干旱尤为突出；低值区主要集中分布在阿拉善、毛乌素沙地和二连浩特；在内蒙古中部和西部区域的河套平原相对研究区其他区域旱情较轻。在内蒙古东部，大兴安岭和林草交错区的植被覆盖率和降水量较高。较低的温度使 NDVI 值变大，因此该地区的 VSWI 较大。中部锡林郭勒草原南端的浑善达克沙地和河套平原，太阳辐射较高，日照时间较长，降水较少，温度较高，下垫面供水不足，所以这里的 VSWI 较小。

3.2.8　植被条件指数

内蒙古 2000—2020 年 VCI 平均值年际变化 Slope 介于 -0.1~1.12，研究区旱情主要呈增加趋势（即 Slope>0）。旱情增加趋势明显的区域主要分布在兴安盟东部、通辽市、赤峰市东部和鄂尔多斯的库布齐沙漠，其中，鄂尔多斯高原北部旱情增加趋势最为严重，通辽市和赤峰市接壤处次之，阿荣旗、扎兰屯等农业生产旗旱情也有轻微加重趋势；内蒙古旱情呈减弱趋势（即 Slope<0）的区域中西乌珠穆沁的南部、乌兰察布和呼伦贝尔等地旱情有明显缓和，尤其以西乌珠穆沁旗南部区域为典型代表，镶黄旗一带旱情亦有轻微减弱趋势。

3.2.8.1　植被条件指数计算原理

植被覆盖区的植被指数变化由 2 类因素导致：生态系统因素和极端天气因素。极端天气因素并不能通过植被指数（如 $NDVI$）直接监测。Kogan 于 1993 年提出 VCI 指数，假设 VCI 指数的变化只受天气因素的影响，从而将生态系统因素与极端天气因素剥离开，评价极端天气对植被的影响，监测农业干旱。VCI 指数越小表明干旱程度越大。VCI 指数的计算方法见式（3-75）：

$$VCI_j = \frac{NDVI_j - NDVI_{min}}{NDVI_{max} - NDVI_{min}} \tag{3-75}$$

式中：$NDVI_j$ 为某年时期 j 的 $NDVI$ 值；$NDVI_{max}$ 为多年的时期 j 的 $NDVI$ 最大值；$NDVI_{min}$ 为多年的时期 j 的 $NDVI$ 最小值。

表 3-9 是 Kogan 提出的 VCI 指数农业干旱判别标准。

表 3-9 植被条件指数的干旱等级划分

等级	类型	VCI
I	干旱	$VCI \leqslant 0.35$
II	非干旱	$VCI > 0.35$

3.2.8.2 内蒙古植被条件指数计算

从图 3-24 内蒙古 VCI 年际变化值可知，近 20 年间内蒙古发生不同程度干旱，各年 VCI 均值为 0.514，说明内蒙古整体处于非干旱状态；VCI 值呈不规则波动变化，峰值出现在 2012 年，表明 21 年中 2012 处于非干旱的最湿润状态，VCI 值为 0.712，其次是 2018 年、2019 年、2020 年和 2013 年，VCI 值均在 0.6 以上。谷值出现在 2000 年、2001 年、2007 年和 2009 年，2000 年以来年均 VCI 最小值为 0.258，处于干旱的状态。2000—2020 年内蒙古地区年均 VCI 以 0.17/10a 的趋势显著上升（$R^2 = 0.635$）。综上所述，在 2000—2020 年间，干旱程度整体呈减弱趋势。

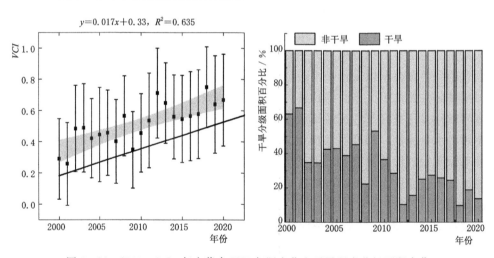

图 3-24 2000—2020 年内蒙古 VCI 年际变化和干旱程度分级面积变化

通过计算 2000—2020 年年均 VCI 值，来反映内蒙古近 21 年来干旱情况，见图 3-25。

根据内蒙古 2000—2020 年 VCI 的多年平均空间分布格局，内蒙古整体以干旱为主，其中呼伦贝尔、兴安盟、赤峰市、通辽市处于无旱状态；乌兰察布市、鄂尔多斯市、包头市、巴彦淖尔市、阿拉善盟和乌海市处于干旱状态。阿拉善盟的干旱程度大于乌海市的主要原因是阿拉善盟地区大部分是沙漠。

内蒙古 2000—2020 年 VCI 平均值年际变化 Slope 介于 -0.05—0.07，研究区旱情主

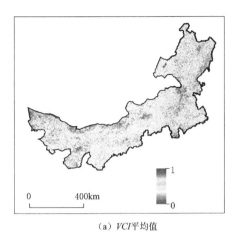
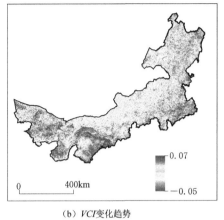

（a）*VCI*平均值　　　　　　　　　（b）*VCI*变化趋势

图 3-25　2000—2020 年内蒙古年均 *VCI* 平均值和年均 *VCI* 变化趋势

要呈增加趋势（即 Slope＞0）。其中内蒙古自治区绝大部分都呈现下降趋势，主要是由于内蒙古地区深居内陆且海拔较高，日照充足但降水量较少，这些地性气候因素导致该地区干旱严重。旱情增加趋势明显的区域主要分布在兴安盟东部、通辽市、赤峰市东部和鄂尔多斯的库布齐沙漠，其中，鄂尔多斯高原北部旱情增加趋势最为严重，通辽市和赤峰市接壤处次之，阿荣旗、扎兰屯等农业生产旗旱情也有轻微加重趋势；内蒙古旱情呈减弱趋势（即 Slope＜0）的区域中西乌珠穆沁的南部、乌兰察布和呼伦贝尔等地旱情有明显缓和，尤其以西乌珠穆沁旗南部区域为典型代表，镶黄旗一带旱情亦有轻微减弱趋势。

3.3　干旱指标适用性分析

3.3.1　分区指标的时空特征分析

3.3.2　曼-肯德尔检验（Mann - Kendall）法

对于样本量为 n 的时间序列 $X=\{x_1,x_2,\cdots,x_n\}$ 构造一个统计变量 S_k，S_k 为样本第 i 时刻数值大于 j 时刻数值累计个数：

$$S_k=\sum_{t=1}^{k}r_i,\quad k=2,3,\cdots,n \tag{3-76}$$

$$r_i=\begin{cases}+1,&x_i>x_j\\0,&x_i\leqslant x_j\end{cases}\quad(j=1,2,\cdots,i) \tag{3-77}$$

假设时间序列 X 随机且独立，近似服从正态分布，定义统计量 UF_k 为

$$UF_k=\frac{S_k-E(S_k)}{\sqrt{Var(S_k)}}\quad k=1,2,\cdots,n \tag{3-78}$$

$$Var(S_k)=\frac{k(k-1)(2k+5)}{72} \tag{3-79}$$

$$E(S_k)=\frac{k(k-1)}{4} \tag{3-80}$$

式中，$E(S_k)$ 和 $Var(S_k)$ 分别为累积数的均值和方差，在累积数 S_k 的均值和方差。UF_k 为标准正态分布，给定显著性水平 α，若 $|UF_k| > U_{\alpha/2}$，则表明序列存在明显的趋势。将时间序列 X 逆序排列，使 $UB_k = -UF_k(k = n, n-1, \cdots, 1)$，进行上述重复计算，并将统计序 UF_k 和 UB_k 绘制在同一坐标系统，两个曲线的交点即为样本突变时间，UF_k 的值大于零，表明序列呈上升趋势，反之呈下降趋势，若曲线超过置信区间（±1.96），则表明上升或下降趋势明显。

内蒙古地区季节 SPI 的 Mann-Kendall 法突变检验结果如图 3-26 所示。从不同季节看，Mann-Kendall 法突变检验表明春季和夏季 SPI。在 1995 年开始呈递减趋势，并于 2000 年发生突变；秋季 SPI 在 2000 年开始呈递减趋势，并于 2010 年发生突变；而冬季在 1970 年开始呈递减趋势，并与 1987 年和 1995 年发生突变。综上所述，内蒙古地区不同季节突变点稍有不同。

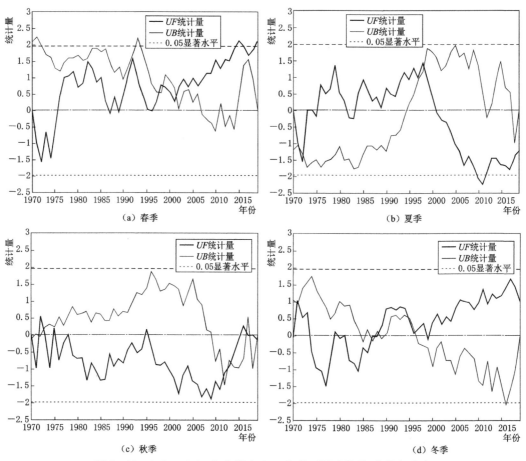

图 3-26 1970—2020 年内蒙古 SPI 指数不同季节曼-肯德尔检验

内蒙古地区季节 $SPEI$ 的 Mann-Kendall 法突变检验结果如图 3-27 所示。从不同季节看，Mann-Kendall 法突变检验表明春季 $SPEI$ 分别于 1974 年和 2015 年发生突变；夏季 $SPEI$ 分别于 1973 年和 2000 年发生突变；秋季 $SPEI$ 分别于 1995 年和 2015 年发生突变；而冬季在 1985—2005 年发生多个突变。综上所述，内蒙古地区不同季节突变点稍有

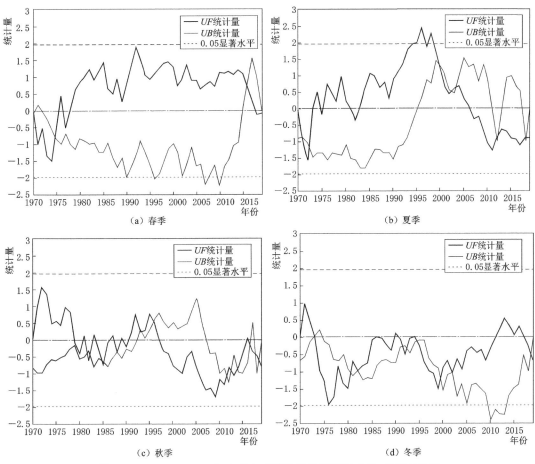

图 3-27 1970—2020 年内蒙古 *SPEI* 指数不同季节曼-肯德尔检验

不同，有的季节会发生多个突变点。

　　内蒙古地区季节 *PDSI* 的 Mann - Kendall 法突变检验结果如图 3-28 所示。从不同季节看，Mann - Kendall 法突变检验表明春季 *PDSI* 于 2002 年发生突变；夏季 *PDSI* 于

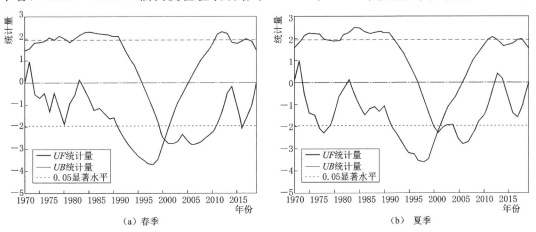

图 3-28（一） 1970—2020 年内蒙古 *PDSI* 指数不同季节曼-肯德尔检验

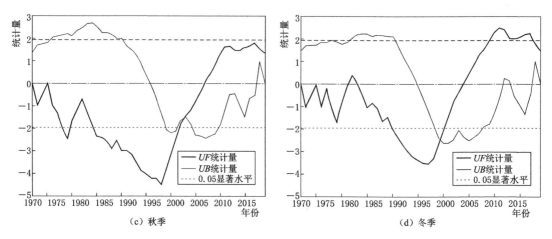

图 3-28（二） 1970—2020 年内蒙古 PDSI 指数不同季节曼-肯德尔检验

2002 年发生突变；秋季 PDSI 于 2004 年发生突变；而冬季在 2000 年发生突变。综上所述，内蒙古地区不同季节突变点稍有不同，但不同的季节只有一个突变点。

内蒙古地区季节 PA 的 Mann - Kendall 法突变检验结果如图 3-29 所示。从不同季节

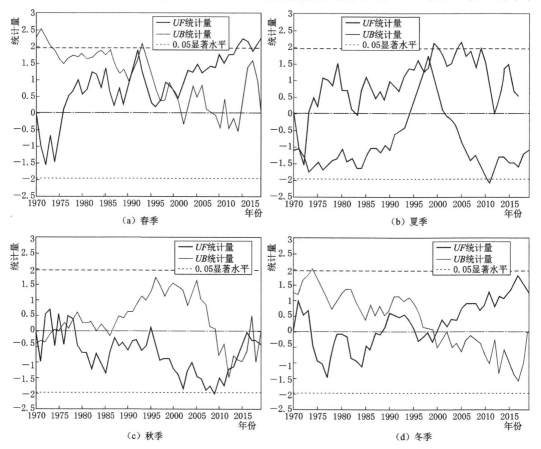

图 3-29 1970—2020 年内蒙古 PA 指数不同季节曼-肯德尔检验

看，Mann-Kendall 法突变检验表明春季 PA 于 1992 年和 2000 年发生突变；夏季 PA 于 1999 年发生突变；秋季 PA 于 1980 年之前发生多个突变；而冬季在 1990 年和 2000 年发生突变。综上所述，内蒙古地区不同季节突变点稍有不同，但有的季节会发生多个突变点。

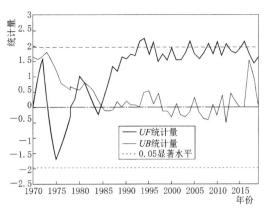

图 3-30   1970—2020 年内蒙古 MCI 指数曼-肯德尔检验

内蒙古地区年 MCI 的 Mann-Kendall 法突变检验结果如图 3-30 所示。从年度结果来看，Mann-Kendall 法突变检验于 1985 年之前发生多个突变，而在 1985 年之后没有发生突变。

内蒙古地区不同遥感干旱指数 $TVDI$、$VSWI$ 和 VCI 的 Mann-Kendall 法突变检验结果如图 3-31 所示。从不同遥感干旱指数的结果看，温度植被干旱指数的检验值的范围

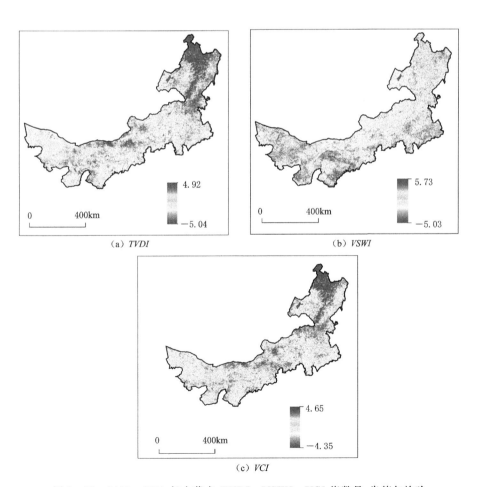

(a) $TVDI$

(b) $VSWI$

(c) VCI

图 3-31   2000—2020 年内蒙古 $TVDI$、$VSWI$、VCI 指数曼-肯德尔检验

为 $-5.04\sim4.92$，植被供水指数的检验值范围为 $-5.03\sim5.73$，植被条件指数的检验范围
为 $-4.36\sim4.65$。其中高值主要分布在中西部地区，低值则分布在北部地区。

3.3.3　R/S 极差分析法

重标极差分析法（Rescaled Range Analysis，R/S）是一种定量描述一组数据随时间
序列变化趋势的方法。该方法的结果是 $Hurst$ 指数，该指数可定量描述样本数据时间序列
信息长期依赖，计算方法如下：

设有时间序列 $(x_1, x_2, x_3, \cdots, x_n)$，定义均值序列：

$$\overline{Y_t} = \frac{1}{t} \sum_{i=1}^{t} TVDI_t \quad i = 1, 2, \cdots, n \tag{3-81}$$

计算累积离差：

$$X_{(i,t)} = \sum_{i=1}^{t} (Y_t - \overline{Y_t}) \quad 1 \leqslant i \leqslant t \tag{3-82}$$

极差序列 $R(P)$：

$$R_t = \max_{1 \leqslant i \leqslant t} X_{(i,t)} - \min_{1 \leqslant i \leqslant t} X_{(i,t)} \quad t = 1, 2, \cdots, n \tag{3-83}$$

标准差序列 $S(P)$：

$$S_{(t)} = \left[\frac{1}{t} \sum_{i=1}^{t} (Y_i - \overline{Y_i})^2 \right]^{1/2} \quad t = 1, 2, \cdots, n \tag{3-84}$$

计算 $Hurst$ 指数：

$$\frac{R_{(t)}}{S_{(t)}} = (ct)^H \tag{3-85}$$

式中，H 即为 $Hurst$ 指数，可以在双对数坐标系中用最小二乘法拟合求得。根据 $Hurst$
指数的大小来判断干旱指数变化趋势是完全随机的还是存在规律性。$Hurst$ 取值范围为
$0\sim1$，当 $H=0.5$ 时，干旱指数变化趋势是随机的，不存在长期相关性；当 $0<H<0.5$
时，说明干旱指数未来的变化趋势与过去的相反，即反持续性；当 $0.5<H<1$ 时，说明
未来的干旱指数变化趋势与过去的保持一致。

对于内蒙古年际干旱的未来趋势运用 R/S 分析法进行预测，年际 $SPEI$ 的 $Hurst$ 指
数 $0.834>0.5$ 表明时间序列前后具有持续性。未来内蒙古的年际 $SPEI$ 指数变化趋势与
过去 50 年变化趋势一致，即 $SPEI$ 指数将继续呈现下降趋势，干旱化的态势也将继续加
剧。在季节尺度上，$SPEI$ 的 $Hurst$ 指数均大于 0.5，表明未来四季的 $SPEI$ 指数将与过
去 58 年变化的趋势一致。然而，不同季节变化趋势的强度不同（表 3-10），其中，冬季
的 $SPEI$ 的 $Hurst$ 指数最大（0.920），持续性变化最强，表明内蒙古未来冬季 $SPEI$ 指数
持续上升的可能性高于其他各季，即未来研究区的冬季将呈现湿润的趋势。夏季 $SPEI$ 的
$Hurst$ 指数次之（0.802），表明该区未来夏季 $SPEI$ 指数将继续呈现下降趋势，干旱化将
加剧。秋季 $SPEI$ 和春季 $SPEI$ 的 $Hurst$ 指数也均大于 0.5，表明内蒙古未来春季和秋季
的干旱趋势将继续加剧，但可能性小于冬季和夏季。

表 3 - 10   *SPEI* 指数不同季节变化强度

季节	*SPI*	*SPEI*	*PDSI*	*PA*	*MCI*
年	0.814	0.834	0.821	0.804	0.823
春	0.623	0.665	0.637	0.612	
夏	0.762	0.802	0.778	0.754	
秋	0.698	0.712	0.704	0.673	
冬	0.874	0.920	0.887	0.865	

   由图 3 - 32 可知，研究区干旱指数 *TVDI* 的 *Hurst* 指数介于 0.1～0.851，平均值为
0.413，小于 0.5 的面积占 73.41%，说明内蒙古干旱变化整体呈反持续性特征。由于
Hurst 指数越接近 0.5，未来变化的可持续性和反持续性与过去变化趋势相关性越弱，故
将 *Hurst* 指数范围设定为强反持续性、弱反持续性、弱持续性、强持续性 4 种类型，阈值
分别为：<0.3，0.3～0.5，0.5～0.65，>0.65。将 *TVDI* 空间变化趋势（湿润、基本不
变和干旱）与 4 种类型可持续性指数 *H* 进行叠加，结果分为基本不变、4 类良性发展方向
（湿润与强持续性、湿润与弱持续性、干旱与强反持续性、干旱与弱反持续性）和 4 类恶
性发展方向（干旱与强持续性、干旱与弱持续性、湿润与强反持续性、湿润与弱反持续
性），以此揭示内蒙古 *TVDI* 变化的历史特征和未来态势。由图 3 - 32 可知，未来内蒙古
TVDI 变化整体发展态势可能向持续性微弱湿润方向发展（占 52.88%），其中由湿润变为
干旱持续性趋势占 23.25%。持续湿润的区域（12.27%）主要位于东北大兴安岭森林区域
和中北部的部分草原地区域，可能与下垫面的分布情况有关。从空间上看，虽然每种变化
趋势在内蒙古的各个方向都有分布，但未来干旱情况减轻的区域集中分布在典型草原以及
内蒙古境内的荒漠草原。除了未来干旱情况可能出现好转的地区之外，受强大的反气旋作
用和频繁夏季热浪的影响，地表温度和潜在蒸散量的增加可能加剧一些地区的干旱情况，

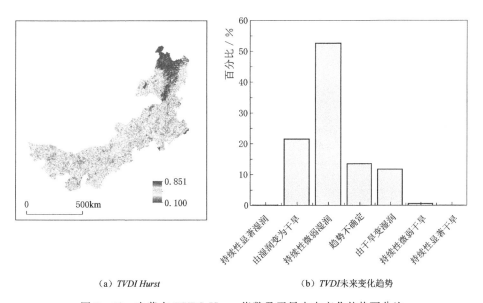

（a）*TVDI Hurst*   （b）*TVDI* 未来变化趋势

图 3 - 32　内蒙古 *TVDI Hurst* 指数及干旱未来变化趋势百分比

特别是内蒙古的中部和东部，是未来可能加重的主要分布地区。内蒙古西部的荒漠草地生态环境较为脆弱，草地类型的整体持续性较差，所以干旱的未来变化趋势无法确定，蒸发量和降水量不同程度的增加，以及 CO_2 浓度升高导致的植被生理效应增强，皆会影响内蒙古未来干旱演变轨迹。但对 *TVDI* 的变化趋势和未来持续性耦合结果进行综合分析，内蒙古的大部分地区未来干旱情况呈现转好趋势。

研究区干旱指数 *VSWI* 的 *Hurst* 指数介于 $0.122\sim0.930$，平均值为 0.455，小于 0.5 的面积占 65.34%，说明内蒙古干旱变化整体呈反持续性特征。由于 *Hurst* 指数越接近 0.5，未来变化的可持续性和反持续性与过去变化趋势相关性越弱，故将 *Hurst* 指数范围设定为强反持续性、弱反持续性、弱持续性、强持续性 4 种类型，以此揭示内蒙古 *VSWI* 变化的历史特征和未来态势。

由图 3 - 33 可知，未来内蒙古 *VSWI* 变化整体发展态势可能向持续性微弱湿润方向发展（占 65.74%），其中由湿润变为干旱持续性趋势占 12.37%。持续湿润的区域（12.27%）主要位于东北大兴安岭森林区域和中北部的部分草原地区域，可能与下垫面的分布情况有关。从空间上看，虽然每种变化趋势在内蒙古的各个方向都有分布，但未来干旱情况减轻的区域集中分布在典型草原以及内蒙古境内的荒漠草原。除了未来干旱情况可能出现好转的地区之外，受强大的反气旋作用和频繁夏季热浪的影响，地表温度和潜在蒸散量的增加可能加剧一些地区的干旱情况，特别是内蒙古的中部和东部，是未来可能加重的主要分布地区。内蒙古西部的荒漠草地生态环境较为脆弱，草地类型的整体持续性较差，所以干旱的未来变化趋势无法确定，蒸发量和降水量不同程度的增加，以及 CO_2 浓度升高导致的植被生理效应增强，皆会影响内蒙古未来干旱演变轨迹。但对 *VSWI* 的变化趋势和未来持续性耦合结果进行综合分析，内蒙古的大部分地区未来干旱情况呈现转好趋势。

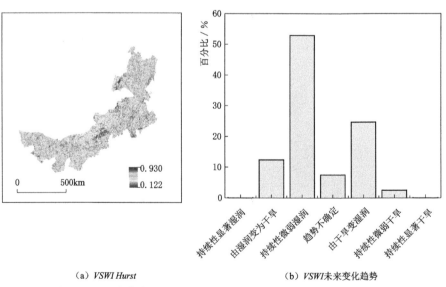

（a）*VSWI Hurst*　　　　　　　　（b）*VSWI* 未来变化趋势

图 3 - 33　内蒙古 *VSWI Hurst* 指数及干旱未来变化趋势百分比

研究区干旱指数 *VCI* 的 *Hurst* 指数介于 $0.198\sim0.758$，平均值值为 0.553，小于 0.5 的面积占 32.67%，说明内蒙古干旱变化整体呈反持续性湿润特征。由于 *Hurst* 指数越接近 0.5，未来变化的可持续性和反持续性与过去变化趋势相关性越弱，以此揭示内蒙古 *VCI* 变化的历史特征和未来态势。由图 3-34 可知，未来内蒙古 *VCI* 变化整体发展态势可能向干旱变湿润方向发展（占 52.00%），其中持续性微弱干旱趋势占 16.17%。持续微弱湿润的区域（24.68%）。

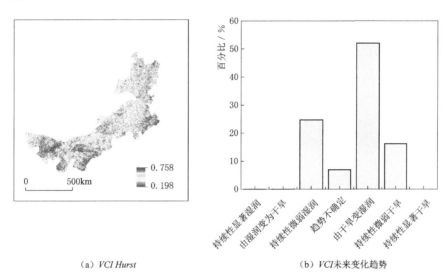

（a）*VCI Hurst*　　　　　　　　　　（b）*VCI* 未来变化趋势

图 3-34　内蒙古 *VCI Hurst* 指数及干旱未来变化趋势百分比

3.3.4　小波分析

本文采用 Morlet 小波函数对不同干旱指数时间序列进行连续小波变换。Morlet 母小波函数基本表达式为

$$\psi(t)=\mathrm{e}^{-\frac{t}{2}}\cos(5t) \tag{3-86}$$

式中：$\psi(t)$ 为基小波函数，进过尺度伸缩和数轴平移，构成一簇函数系：

$$\psi_{a,b}(t)=\frac{1}{\sqrt{|a|}}\psi\left(\frac{t-b}{a}\right) \tag{3-87}$$

式中：$\psi_{a,b}(t)$ 为子小波；a 为尺度因子代表周期频率特征；b 为平移因子代表数轴上的平移。$\psi_{a,b}(t)$ 对任意可积函数 $f(t)$，其连续小波变换为

$$W_f(a,b)=\frac{1}{\sqrt{|a|}}\int_{-\infty}^{\infty}f(t)\psi\left(\frac{t-b}{a}\right)\mathrm{d}t \tag{3-88}$$

式中：$W_f(a,b)$ 为小波变换系数；$f(t)$ 为输入信号；a 为伸缩尺度；b 为平移参数。

$$var(a)=\int_{-\infty}^{\infty}|W_f(a,b)^2\mathrm{d}b| \tag{3-89}$$

式中：$var(a)$ 为小波方差，它能反映信号能量随尺度 a 波动的分布。小波方差图能够确定信号中不同尺度扰动的相对强度和存在的主要时间周期。

3.3.5　适用性分析

诸如前文所述，不同干旱指标在不同时间、不同区域对旱涝变化趋势的描述存在较大的差异。本章分别比较 *SPI* 指数、*SPEI* 指数、*PDSI* 指数、*PA* 指数、*MCI* 指数、*TVDI* 指数、*VSWI* 指数以及 *VCI* 指数的空间及时间适用性。

3.3.5.1　2012（湿润）年干旱过程

2012 年 5 月上旬旬降水量大部地区为 1~19mm，其中阿拉善盟、巴彦淖尔市北部、鄂尔多斯市乌审旗为 23~51mm。旬降水量与历年同期值相比，内蒙古自治区阿拉善盟部分地区、巴彦淖尔市、鄂尔多斯市部分地区、包头市达茂、呼和浩特市市区、乌兰察布市集宁、锡林郭勒盟个别地区、赤峰市西北部、呼伦贝尔市鄂伦春旗偏多 2%~79%，其余地区偏少 4%~100%。据不完全统计，全省因干旱有 146.6 万人受灾，43.1 万人饮水困难，全省农作物受灾面积为 45.36 万 hm^2，成灾面积 18.87 万 hm^2，绝收面积 1.05 万 hm^2；死亡大牲畜 185.99 头（只），直接经济损失 5.3 亿元。由于对旱情的文字描述是将历史资料进行归纳整理得到，虽然一定程度上能够反映出大致的旱情，但是与实际情况存在出入。而长时间的持续少雨是造成干旱的主要原因，降水的盈亏直接决定干旱是否发生，因此我们还需要结合实际的降水情况进行分析；此外，土壤干旱也是分析历史实况的重要依据。

通过 5 类干旱指数对研究区不同月份的干旱特征年描述由表 3-11~表 3-22 可知，发现 1 月 MCI 指数发生干旱的站点最多为 66.66%，其次是 PA 和 SPI 指数约为 55.55%。2 月 MCI 指数发生干旱的站点最多为 86.11%，其次是 PA 和 SPI 指数。3 月 SPEI 指数发生干旱的站点最多为 47.22%。4 月 SPI 和 MCI 指数发生干旱的站点最多约为 64%。5 月 SPEI 指数发生干旱的站点最多为 77.78%。6 月 SPEI 指数发生干旱的站点最多为 47.22%。7 月 PDSI 指数发生干旱的站点最多为 57.14%。8 月 SPI 指数发生干旱的站点最多为 77.78%，其中 PDSI、PA 和 MCI 指数发生的站点数相近。9 月 SPEI 指数发生干旱的站点最多为 83.33%。10 月 PDSI 指数发生干旱的站点最多为 47.22%。11 月 PDSI 指数发生干旱的站点最多为 44.44%。12 月 PDSI 指数发生干旱的站点最多为 44.44%。

表 3-11　　　　　　　　　　1 月各指标出现不同干旱等级的个数

指标	干　旱　等　级				
	无旱	轻旱	中旱	重旱	特旱
SPI	16	11	4	2	3
SPEI	25	3	5	1	2
PDSI	31	3	1	0	0
PA	15	6	3	2	10
MCI	12	7	8	9	0

表 3-12　　　　　　　　　　2 月各指标出现不同干旱等级的个数

指标	干　旱　等　级				
	无旱	轻旱	中旱	重旱	特旱
SPI	11	8	5	2	10
SPEI	29	3	4	0	0
PDSI	31	3	1	0	0
PA	13	1	1	8	13
MCI	5	7	6	8	10

表 3 - 13   3 月各指标出现不同干旱等级的个数

指标	干 旱 等 级				
	无旱	轻旱	中旱	重旱	特旱
SPI	31	1	1	1	2
SPEI	19	6	7	1	3
PDSI	31	3	1	0	0
PA	31	2	1	1	1
MCI	24	8	1	1	2

表 3 - 14   4 月各指标出现不同干旱等级的个数

指标	干 旱 等 级				
	无旱	轻旱	中旱	重旱	特旱
SPI	14	8	3	4	7
SPEI	28	1	2	2	3
PDSI	31	3	1	0	0
PA	17	5	2	9	3
MCI	13	6	7	5	5

表 3 - 15   5 月各指标出现不同干旱等级的个数

指标	干 旱 等 级				
	无旱	轻旱	中旱	重旱	特旱
SPI	30	5	1	0	0
SPEI	8	2	6	9	11
PDSI	29	5	1	0	0
PA	31	4	0	1	0
MCI	25	5	3	3	0

表 3 - 16   6 月各指标出现不同干旱等级的个数

指标	干 旱 等 级				
	无旱	轻旱	中旱	重旱	特旱
SPI	36	0	0	0	0
SPEI	22	5	3	4	2
PDSI	28	4	3	0	0
PA	32	0	0	1	3
MCI	35	1	0	0	0

表 3 - 17　　　　　　　　　　　7 月各指标出现不同干旱等级的个数

指标	干 旱 等 级				
	无旱	轻旱	中旱	重旱	特旱
SPI	28	5	1	2	0
SPEI	32	0	0	2	2
PDSI	15	11	9	0	0
PA	34	2	0	0	0
MCI	29	7	0	0	0

表 3 - 18　　　　　　　　　　　8 月各指标出现不同干旱等级的个数

指标	干 旱 等 级				
	无旱	轻旱	中旱	重旱	特旱
SPI	8	7	8	3	10
SPEI	30	1	2	2	1
PDSI	20	9	5	1	0
PA	18	8	6	3	1
MCI	18	9	5	4	0

表 3 - 19　　　　　　　　　　　9 月各指标出现不同干旱等级的个数

指标	干 旱 等 级				
	无旱	轻旱	中旱	重旱	特旱
SPI	32	4	0	0	0
SPEI	6	5	10	8	7
PDSI	18	8	7	2	0
PA	32	4	0	0	0
MCI	31	1	4	0	0

表 3 - 20　　　　　　　　　　　10 月各指标出现不同干旱等级的个数

指标	干 旱 等 级				
	无旱	轻旱	中旱	重旱	特旱
SPI	31	3	0	2	0
SPEI	29	3	2	1	1
PDSI	19	7	7	2	0
PA	30	2	3	1	0
MCI	23	7	5	1	0

表 3 - 21　　　　　　　　　　　11 月各指标出现不同干旱等级的个数

指标	干 旱 等 级				
	无旱	轻旱	中旱	重旱	特旱
SPI	35	0	1	0	0
SPEI	32	1	2	0	1
PDSI	20	8	6	1	0

指标	干 旱 等 级				
	无旱	轻旱	中旱	重旱	特旱
PA	35	0	0	0	1
MCI	34	1	1	0	0

表 3 – 22　　　　　　　　　　**12 月各指标出现不同干旱等级的个数**

指标	干 旱 等 级				
	无旱	轻旱	中旱	重旱	特旱
SPI	34	0	1	1	0
SPEI	33	0	0	2	1
PDSI	20	8	6	1	0
PA	32	1	0	1	2
MCI	33	2	1	0	0

图 3 – 35～图 3 – 37 为 2012 年 1—12 月各干旱指数在东中西部代表站的实际情况，新巴尔虎右旗的 *SPI* 指数在 4 月份发生重旱，7 月、8 月和 10 月为轻旱，其余月份无旱；

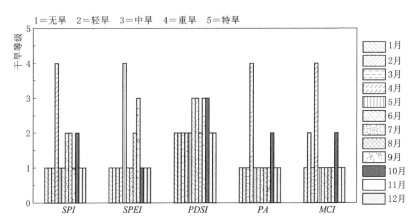

图 3 – 35　2012 年新巴尔虎左旗不同干旱指数的干旱等级

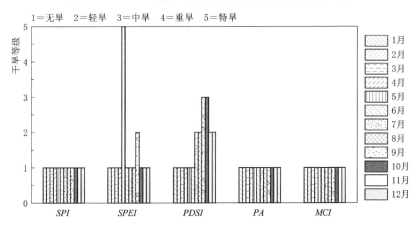

图 3 – 36　2012 年锡林浩特不同干旱指数的干旱等级

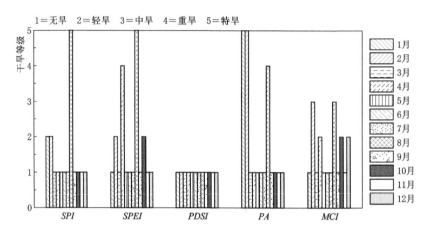

图 3-37   2012 年鄂托克前旗不同干旱指数的干旱等级

$SPEI$ 指数在 5 月发生重旱，8 月发生轻旱，9 月发生中旱，其余月份无旱；$PDSI$ 指数在 6 月、7 月和 9 月发生中旱，其余月份发生轻旱；PA 指数在 4 月发生重旱，10 月为轻旱，其余月份为无旱；MCI 指数在 4 月重旱，2 月和 10 月发生轻旱，其余月份为无旱。

锡林浩特的 SPI 指数在 1—12 月无旱；$SPEI$ 指数在 5 月发生特旱，9 月发生轻旱，其余月份无旱；$PDSI$ 指数在 1—6 月发生轻旱，7—12 月发生中旱；PA 指数在 1—12 月为无旱；MCI 指数在 1—12 月为无旱。

鄂托克前旗的 SPI 指数在 1 月、2 月轻旱，8 月特旱；$SPEI$ 指数在 2 月和 10 月发生轻旱，4 月发生重旱，8 月发生特旱，其余月份无旱；$PDSI$ 指数在 1—12 月无旱；PA 指数在 1 月和 2 月发生特旱，8 月重旱，其余月份无旱；MCI 指数在 2 月和 8 月为中旱，4 月、10 月和 12 月发生轻旱，其余月份无旱。

经过 5 中干旱指数对研究区东中西三个代表气象站典型年的判定，从中可以看出 PA 与 SPI、$SPEI$ 判断结果一致性较好，$SPEI$ 发生的干旱一般要比 PA 与 SPI 指数晚一个月左右，具有一定的延迟性，整体偏重一个等级。$PDSI$ 与其他 4 个指数判断结果一致性较差，同时秋冬季旱情判别与实际不符合，而对春夏季干旱发生判断较准确，但对旱情等级判断偏重 1~2 个等级；MCI 指数对不同月份的干旱描述相比 PA、SPI 和 $SPEI$ 指数较为准确，能清楚地捕捉不同月份干旱的变化情况，其主要原因是由于 MCI 指数是综合气象干旱指数，包含反映干旱的综合信息特征。PA 与 SPI 指数在研究区东中西部一年四季均比较适用，由于 SPI 具有多时间尺度特性，从而使得同一个干旱指标反映不同时间尺度和不同方面的水资源成了可能。总的来说 PA、SPI 和 MCI 指数对研究区的干旱描述更为准确。

3.3.5.2   2009（干旱）年干旱过程

2009 年在受灾地区中，通辽市和赤峰市的旱情较为严重。进入 8 月以来两市大部分地区的降水持续偏少，土壤墒情差，赤峰市东部和南部更为严重。

7 月中旬以来，赤峰、通辽市平均气温为 20.6~25.5℃，与常年比较气温普遍偏高 0.5~2℃。8 月 11—14 日两地大部地区出现了日最高气温高于 35℃高温天气，其中阿鲁科尔沁旗、开鲁县出现 4d、其余地区出现 1~3d。从 7 月中旬至今，赤峰市大部累计降水

40～110mm，通辽市大部累计降水 50～70mm，与常年比较普遍偏少 40%～80%。特别是 8 月以来，两个地区未出现明显降水过程。

目前正值农作物抽穗灌浆期，也是作物需水关键期，受干旱影响，旱作春玉米和马铃薯的生育期推迟，农作物和牧草长势普遍偏差；地下水位迅速下降，部分机井抽不出水，灌溉田玉米无法按时灌溉，加上高温天气的影响，玉米抽雄灌浆速度减缓，有效穗数和穗粒数减少，对产量形成产生不利影响；持续干旱少雨对旱作区作物影响更大，赤峰市中部和北部、通辽市北部和南部的部分杂粮和杂豆作物相继干枯死亡，旱作玉米植株矮小，至今仍未抽雄吐丝。据不完全统计，全省因干旱有 877.4 万人受灾，235 万人饮水困难，全省农作物受灾面积为 389.01 万 hm²，成灾面积 192.26 万 hm²，绝收面积 66 万 hm²；死亡大牲畜 339 头（只），直接经济损失 201.1 亿元。由于对旱情的文字描述是将历史资料进行归纳整理得到，虽然一定程度上能够反映出大致的旱情，但是与实际情况存在出入，而长时间的持续少雨是造成干旱的主要原因。

通过 5 类干旱指数对研究区不同月份的干旱特征年描述由表 3-23～表 3-34 可知，发现 1 月 MCI 指数发生干旱的站点最多为 72.22%，其次是 PA 和 SPI 指数约为 69.4% 和 61.11%。2 月 MCI 和 SPEI 指数发生干旱的站点一样为 69.44%，其次是 PA 和 SPI 指数。3 月 SPEI 指数发生干旱的站点最多为 72.22%，其次是 MCI 指数。4 月 SPEI 指数发生干旱的站点最多约为 61.11%。5 月 PA 与 SPI 指数发生干旱的站点最多为 55.55%。6 月 SPEI 指数发生干旱的站点最多为 72.22%。7 月 MCI 指数发生干旱的站点最多为 80.55%。8 月 SPEI 指数发生干旱的站点最多为 88.88%，其中 SPI、PA 和 MCI 指数发生干旱的站点数相近。9 月 MCI 指数发生干旱的站点最多为 80.55%。10 月 MCI 指数发生干旱的站点最多为 83.33%，其中 PA 与 SPI 指数发生干旱的站点数相同为 75%。11 月 MCI 和 SPEI 指数发生干旱的站点最多为 66.66%。12 月 MCI 指数发生干旱的站点最多为 66.66%。

表 3-23　　　　　　1 月各指标出现不同干旱等级的个数

指标	干 旱 等 级				
	无旱	轻旱	中旱	重旱	特旱
SPI	14	8	2	5	7
SPEI	16	2	5	5	8
PDSI	35	0	0	0	0
PA	11	2	2	10	11
MCI	10	7	10	8	1

表 3-24　　　　　　2 月各指标出现不同干旱等级的个数

指标	干 旱 等 级				
	无旱	轻旱	中旱	重旱	特旱
SPI	14	8	4	4	6
SPEI	11	5	15	3	2

指标	干　旱　等　级				
	无旱	轻旱	中旱	重旱	特旱
PDSI	31	1	3	0	0
PA	15	2	4	4	11
MCI	11	1	6	9	9

表 3 - 25　　　　　　　3 月各指标出现不同干旱等级的个数

指标	干　旱　等　级				
	无旱	轻旱	中旱	重旱	特旱
SPI	22	6	3	3	2
SPEI	10	4	3	7	12
PDSI	31	1	3	0	0
PA	21	6	3	6	0
MCI	12	6	11	3	4

表 3 - 26　　　　　　　4 月各指标出现不同干旱等级的个数

指标	干　旱　等　级				
	无旱	轻旱	中旱	重旱	特旱
SPI	25	2	1	3	5
SPEI	14	6	8	6	2
PDSI	31	2	2	0	0
PA	23	4	2	6	1
MCI	22	5	3	3	3

表 3 - 27　　　　　　　5 月各指标出现不同干旱等级的个数

指标	干　旱　等　级				
	无旱	轻旱	中旱	重旱	特旱
SPI	16	3	7	5	5
SPEI	21	4	1	4	6
PDSI	31	2	2	0	0
PA	16	8	7	3	2
MCI	22	5	3	3	3

表 3 - 28　　　　　　　6 月各指标出现不同干旱等级的个数

指标	干　旱　等　级				
	无旱	轻旱	中旱	重旱	特旱
SPI	21	5	1	2	7
SPEI	8	4	4	3	17

指标	干 旱 等 级				
	无旱	轻旱	中旱	重旱	特旱
PDSI	32	1	2	0	0
PA	27	1	5	2	1
MCI	18	3	5	4	6

表 3-29　　　　　7 月各指标出现不同干旱等级的个数

指标	干 旱 等 级				
	无旱	轻旱	中旱	重旱	特旱
SPI	10	6	8	4	8
SPEI	12	6	5	5	8
PDSI	33	0	2	0	0
PA	17	10	7	2	0
MCI	7	4	16	6	3

表 3-30　　　　　8 月各指标出现不同干旱等级的个数

指标	干 旱 等 级				
	无旱	轻旱	中旱	重旱	特旱
SPI	13	4	7	7	5
SPEI	4	5	4	14	9
PDSI	32	1	1	1	0
PA	17	7	8	3	1
MCI	9	6	10	2	9

表 3-31　　　　　9 月各指标出现不同干旱等级的个数

指标	干 旱 等 级				
	无旱	轻旱	中旱	重旱	特旱
SPI	20	1	4	6	5
SPEI	9	2	1	10	14
PDSI	32	1	1	0	0
PA	24	4	5	2	1
MCI	7	6	5	6	12

表 3-32　　　　　10 月各指标出现不同干旱等级的个数

指标	干 旱 等 级				
	无旱	轻旱	中旱	重旱	特旱
SPI	9	4	5	2	16
SPEI	13	4	3	5	11

续表

指标	干 旱 等 级				
	无旱	轻旱	中旱	重旱	特旱
PDSI	33	1	1	0	0
PA	9	5	5	10	7
MCI	6	4	6	4	16

表 3-33　　　　　　　　11 月各指标出现不同干旱等级的个数

指标	干 旱 等 级				
	无旱	轻旱	中旱	重旱	特旱
SPI	26	5	3	1	1
SPEI	12	3	6	7	8
PDSI	33	1	1	0	0
PA	24	6	4	1	1
MCI	12	4	4	8	8

表 3-34　　　　　　　　12 月各指标出现不同干旱等级的个数

指标	干 旱 等 级				
	无旱	轻旱	中旱	重旱	特旱
SPI	17	8	4	4	3
SPEI	24	8	3	1	0
PDSI	33	2	0	0	0
PA	16	6	5	5	4
MCI	12	5	7	6	6

　　图 3-38～图 3-40 为 2009 年 1—12 月各干旱指数在东中西部代表站的实际情况，新巴尔虎右旗的 SPI 指数在 4 月发生重旱，8 月发生中旱，其余月份无旱；SPEI 指数在 5 月和 9

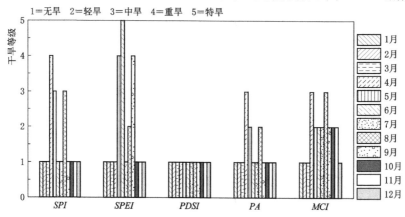

图 3-38　2009 年新巴尔虎左旗不同干旱指数的干旱等级

月发生重旱，6月发生特旱，8月发生轻旱，其余月份无旱；$PDSI$ 指数在 1—12 月没有发生干旱；PA 指数在 4 月发生中旱，5 月和 8 月为轻旱，其余月份为无旱；MCI 指数在 4 月和 8 月发生中旱，5 月、6 月、7 月、9 月、10 月和 11 月发生轻旱，其余月份为无旱。

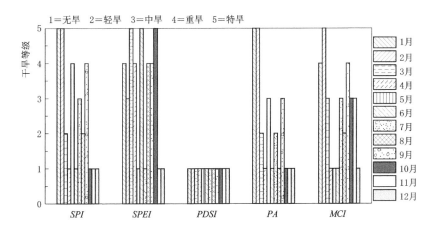

图 3 - 39   2009 年锡林浩特不同干旱指数的干旱等级

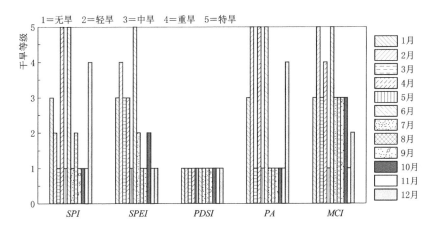

图 3 - 40   2009 年鄂托克前旗不同干旱指数的干旱等级

锡林浩特的 SPI 指数在 1 月和 2 月发生特旱，3 月和 8 月发生轻旱，7 月发生中旱，其余月份无旱；$SPEI$ 指数在 1 月、4 月、8 月和 9 月发生重旱，3 月、6 月和 10 月发生特旱，2 月发生中旱，其余月份无旱；$PDSI$ 指数在 1—12 月未发生干旱；PA 指数在 1 月和 2 月发生特旱，3 月和 7 月发生中旱，其余月份无旱；MCI 指数在 1 月和 9 月为重旱，2 月发生特旱，3 月、7 月、10 月和 11 月发生中旱，其余月份无旱。

鄂托克前旗的 SPI 指数在 1 月发生中旱，2 月和 8 月发生轻旱，4 月和 6 月发生特旱，12 月发生重旱，其余月份无旱；$SPEI$ 指数在 1 月、3 月和 4 月发生中旱，2 月发生重旱，6 月发生特旱，7 月和 10 月发生轻旱；$PDSI$ 指数在 1—12 月无发生干旱；PA 指数在 1 月发生中旱，2 月、4 月和 6 月发生特旱，12 月发生中旱；MCI 指数在 1 月、3 月、7 月、

8 月、9 月和 10 月发生中旱，2 月和 6 月发生特旱，4 月发生重旱，12 月发生中旱，11 月未发生干旱。

经过 5 中干旱指数对研究区东中西三个代表气象站典型年的判定，从中可以看出 PA 与 SPI 和 $SPEI$ 判断结果一致性较好，$SPEI$ 发生的干旱一般要比 PA 与 SPI 指数晚一个月左右，具有一定的延迟性，整体偏重一个等级。$PDSI$ 与其他 4 个指数判断结果一致性较差，同时秋冬季旱情判别与实际不符合，而对春夏季干旱发生判断较准确，但对旱情等级判断偏重 1~2 个等级；MCI 指数对不同月份的干旱描述相比 PA、SPI 和 $SPEI$ 指数较为准确，能清楚地捕捉不同月份干旱的变化情况，其主要原因是由于 MCI 指数是综合气象干旱指数，包含反映干旱的综合信息特征。PA 与 SPI 指数在研究区东中西部一年四季均比较适用，由于 SPI 具有多时间尺度特性，从而使得同一个干旱指标反映不同时间尺度和不同方面的水资源成了可能。总的来说 PA、SPI 和 MCI 指数对研究区的干旱描述更为准确。

3.3.5.3　2005（正常）年干旱过程

据不完全统计，全省因干旱有 311 万人受灾，76.4 万人饮水困难，全省农作物受灾面积为 138.2 万 hm^2，成灾面积 96.6 万 hm^2，绝收面积 30 万 hm^2；死亡大牲畜 85 头（只），直接经济损失 11.2 亿元。由于对旱情的文字描述是将历史资料进行归纳整理得到，虽然一定程度上能够反映出大致的旱情，但是与实际情况存在出入。长时间的持续少雨是造成干旱的主要原因。

通过 5 类干旱指数对研究区不同月份的干旱特征年描述由表 3-35~表 3-46 可知，发现 1 月 $SPEI$ 指数发生干旱的站点最多为 61.11%，其次是 PA 和 SPI 指数约为 69.4% 和 61.11%。2 月 $SPEI$ 指数发生干旱的站点为 61.11%。3 月 MCI 指数发生干旱的站点最多约为 86.11%，其次为 SPI 指数。4 月 $SPEI$ 和 MCI 指数发生干旱的站点最多为 75%，其次是 SPI 指数。5 月 $SPEI$ 指数发生干旱的站点最多为 72.22%。6 月 SPI 指数发生干旱的站点最多为 47.22%。7 月 $SPEI$ 指数发生干旱的站点最多为 77.78%。8 月 MCI 指数发生干旱的站点最多为 83.33%，其次 $SPEI$ 指数发生干旱的站点为 80.55%。9 月 $SPEI$ 指数发生干旱的站点最多为 80.55%。10 月 PA、SPI 和 MCI 指数发生干旱的站点最多为 86.11%，其中 $SPEI$ 指数发生干旱的站点数为 83.33%。11 月 $SPEI$ 指数发生干旱的站点最多为 88.88%，其次是 MCI 指数发生干旱的站点数为 86.11%。12 月 $SPEI$ 指数发生干旱的站点最多为 75%，其次是 MCI 指数发生干旱的站点数为 72.22%。

表 3-35　　　　1 月各指标出现不同干旱等级的个数

指标	干 旱 等 级				
	无旱	轻旱	中旱	重旱	特旱
SPI	13	12	4	1	6
$SPEI$	30	4	1	1	0
$PDSI$	35	0	0	0	0
PA	9	4	2	3	18
MCI	18	8	5	3	2

表 3 - 36   2 月各指标出现不同干旱等级的个数

指标	干 旱 等 级				
	无旱	轻旱	中旱	重旱	特旱
SPI	29	2	2	2	1
SPEI	14	7	8	7	0
PDSI	31	2	0	2	0
PA	25	3	5	1	2
MCI	23	12	0	1	0

表 3 - 37   3 月各指标出现不同干旱等级的个数

指标	干 旱 等 级				
	无旱	轻旱	中旱	重旱	特旱
SPI	8	3	9	6	10
SPEI	28	1	2	2	3
PDSI	31	2	0	2	0
PA	11	3	5	10	7
MCI	5	5	11	7	8

表 3 - 38   4 月各指标出现不同干旱等级的个数

指标	干 旱 等 级				
	无旱	轻旱	中旱	重旱	特旱
SPI	15	3	10	3	5
SPEI	9	5	7	10	5
PDSI	31	2	0	2	0
PA	18	3	9	4	2
MCI	9	2	7	8	10

表 3 - 39   5 月各指标出现不同干旱等级的个数

指标	干 旱 等 级				
	无旱	轻旱	中旱	重旱	特旱
SPI	34	2	0	0	0
SPEI	10	0	7	6	13
PDSI	31	1	1	2	0
PA	34	1	0	0	1
MCI	21	7	6	2	0

表 3 - 40   6 月各指标出现不同干旱等级的个数

指标	干 旱 等 级				
	无旱	轻旱	中旱	重旱	特旱
SPI	19	4	4	5	4
SPEI	26	1	5	3	1
PDSI	32	1	0	2	0
PA	23	7	1	4	1
MCI	21	4	2	6	3

表 3－41   7 月各指标出现不同干旱等级的个数

指标	干 旱 等 级				
	无旱	轻旱	中旱	重旱	特旱
SPI	15	5	7	3	6
SPEI	8	5	6	8	9
PDSI	32	2	0	1	0
PA	19	10	6	1	0
MCI	14	6	6	5	5

表 3－42   8 月各指标出现不同干旱等级的个数

指标	干 旱 等 级				
	无旱	轻旱	中旱	重旱	特旱
SPI	11	5	7	3	10
SPEI	7	4	8	11	6
PDSI	31	3	0	1	0
PA	14	10	6	5	1
MCI	6	2	12	7	9

表 3－43   9 月各指标出现不同干旱等级的个数

指标	干 旱 等 级				
	无旱	轻旱	中旱	重旱	特旱
SPI	14	7	5	5	5
SPEI	7	2	11	6	10
PDSI	32	1	0	2	0
PA	18	10	5	2	1
MCI	12	7	7	6	4

表 3－44   10 月各指标出现不同干旱等级的个数

指标	干 旱 等 级				
	无旱	轻旱	中旱	重旱	特旱
SPI	5	1	6	11	13
SPEI	6	3	12	8	7
PDSI	34	0	0	1	0
PA	5	1	10	7	13
MCI	5	1	4	5	21

表 3-45　　　　　　　　　　　11 月各指标出现不同干旱等级的个数

指标	干　旱　等　级				
	无旱	轻旱	中旱	重旱	特旱
SPI	11	10	4	5	6
SPEI	4	1	4	6	21
PDSI	34	0	0	1	0
PA	12	4	5	5	10
MCI	5	4	11	9	7

表 3-46　　　　　　　　　　　12 月各指标出现不同干旱等级的个数

指标	干　旱　等　级				
	无旱	轻旱	中旱	重旱	特旱
SPI	25	4	1	2	4
SPEI	9	1	5	8	13
PDSI	34	0	0	1	0
PA	23	5	3	3	2
MCI	10	7	10	4	5

图 3-41～图 3-43 是 2005 年 1—12 月各干旱指数在东中西部代表站的实际情况，新巴尔虎右旗的 SPI 指数在 3 月发生中旱，6 月和 7 月发生轻旱，8 月和 11 月发生特旱，10 月发生重旱，其余月份不发生干旱；SPEI 指数 2 月和 4 月发生轻旱，7 月、8 月和 10 月发生中旱，9 月和 11 月发生特旱，12 月发生重旱，其余月份无旱；PDSI 指数在 1—12 月不发生干旱；PA 指数在 3 月和 8 月发生中旱，10 月发生特旱，11 月发生重旱，其余月份无旱；MCI 指数在 3 月和 9 月发生中旱，7 月发生轻旱，8 月和 10 月发生特旱，11 月发生重旱，其余月份无旱。

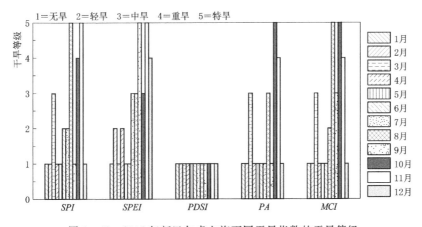

图 3-41　2005 年新巴尔虎左旗不同干旱指数的干旱等级

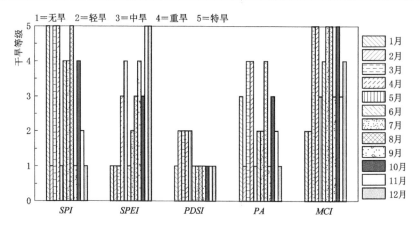

图 3-42　2005 年锡林浩特不同干旱指数的干旱等级

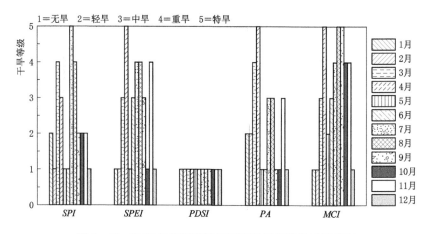

图 3-43　2005 年鄂托克前旗不同干旱指数的干旱等级

锡林浩特的 SPI 指数在 1 月、3 月、4 月和 8 月发生特旱，6 月、7 月和 10 月发生重旱，11 月发生轻旱，其余月份不发生干旱；SPEI 指数在 2 月、4 月、7 月、8 月和 10 月发生重旱，1 月发生轻旱，5 月、9 月、11 月和 12 月发生特旱，其余月份不发生干旱；PDSI 指数在 2 月、3 月、4 月和 5 月发生轻旱，其余月份不发生干旱；PA 指数在 1 月和 10 月发生中旱，3 月、4 月和 8 月发生重旱，6 月、7 月和 11 月发生轻旱，其余月份不发生干旱；MCI 指数在 1 月和 2 月发生轻旱，3 月、4 月、7 月、8 月和 10 月发生特旱，5 月、9 月和 11 月发生中旱，6 月和 12 月发生重旱。

鄂托克前旗的 SPI 指数在 1 月、9 月、10 月和 11 月发生轻旱，3 月和 8 月发生重旱，7 月发生特旱，其余月份不发生干旱；SPEI 指数在 3 月、6 月和 9 月发生中旱，4 月发生特旱，7 月、8 月和 11 月发生重旱，其余月份不发生干旱；PDSI 指数在 1—12 月不发生干旱；PA 指数在 1 月和 2 月发生轻旱，3 月发生重旱，4 月发生特旱，7 月、8 月和 11 月发生中旱，其余月份不发生干旱；MCI 指数在 3 月和 6 月发生中旱，4 月、8 月和 9 月发生特旱，7 月、10 月和 11 月发生重旱，其余月份不发生干旱。

经过 5 种干旱指数对研究区东中西 3 个代表气象站典型年的判定，从中可以看出 PA

与 SPI、$SPEI$ 判断结果一致性较好，$SPEI$ 发生的干旱一般要比 PA 与 SPI 指数晚一个月左右，具有一定的延迟性，整体偏重一个等级。$PDSI$ 与其他 4 个指数判断结果一致性较差，同时秋冬季旱情判别与实际不符合，而对春夏季干旱发生判断较准确，但对旱情等级判断偏重 1~2 个等级；MCI 指数对不同月份的干旱描述相比 PA、SPI 和 $SPEI$ 指数较为准确，能清楚地捕捉不同月份干旱的变化情况，其主要原因是由于 MCI 指数是综合气象干旱指数，包含反映干旱的综合信息特征。PA 与 SPI 指数在研究区东中西部一年四季均比较适用，由于 SPI 具有多时间尺度特性，从而使得同一个干旱指标反映不同时间尺度和不同方面的水资源成了可能。总的来说 PA、SPI 和 MCI 指数对研究区的干旱描述更为准确。

PA 和 SPI 计算简单易行，资料容易获取，就能较好地反映实际旱涝程度，同时在各个地区和各个时间段具有良好的计算稳定性，能有效反映旱情，在研究区较为适应。MCI 指数是一个综合气象干旱指数，可以有效地捕捉干旱的变化情况也对研究区有较好的适用。

$PDSI$ 和 $SPEI$ 指数对研究区干旱事件的判断不准确，既不适用。研究认为这两个指数均考虑了蒸发因子对干旱的影响，而实际蒸散量和计算的潜在蒸散发是不同的，特别是在干旱半干旱地区地表植被覆盖较小的冬、春季节。同时这两个指数只考虑某一时段的总降水，而未考虑有效降水，这也是影响其判断干旱地区旱情准确性的因素之一。

为了分析不同遥感监测模型在内蒙古地区的适用性与适用范围，如图 3-44 和图 3-45 所示，分别选择了 2018 年 4 月和 9 月的 $TVDI$ 指数、$VSWI$ 指数和 VCI 指数，并利用 $CLDAS$ 土壤含水量数据对 3 种干旱指数进行验证。

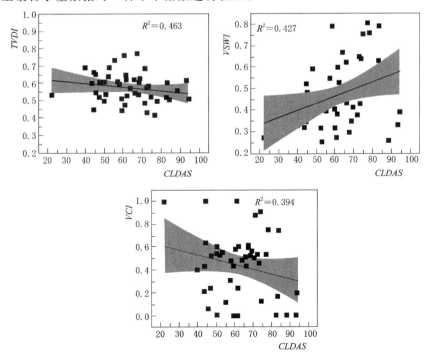

图 3-44 2018 年 4 月内蒙古不同干旱指数与 CLDAS 相关性分析

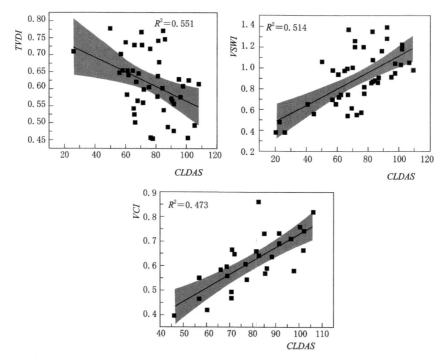

图 3-45　2018 年 9 月内蒙古不同干旱指数与 CLDAS 相关性分析

在不同干湿季节分析 3 种干旱指数与表层土壤含水量的相关性发现，在 4 月（干季）TVDI 干旱指数与土壤含水量的相关性要明显好于 VSWI 指数与 VCI 指数（见图 3-46），其相关系数分别为 0.463、0.427 和 0.394，其主要原因是由于 TVDI 指数适用于不同植被覆盖的下垫面，它不是单纯地依靠植被指数来监测干旱，其构成的温度-植被特征空间考虑了温度信息。在 9 月（湿季）TVDI 干旱指数与土壤含水量的相关性要明显好于 VSWI 指数与 VCI 指数（图 3-47），其相关系数分别为 0.551、0.514 和 0.473，其主要原因是 VCI 指数在高植被监测干旱容易导致饱和状态，而 VSWI 指数在高植被监测干旱时，相比 VCI 好的原因是由于遥感监测到的地表温度实际上是植被的冠层温度，而 9 月各类植被长势较好，植被覆盖度高，蒸腾作用强，冠层温度的变化会直接影响植被的干旱情况。而 TVDI 指数的特征空间存在稳定的干边和湿边，其变化处于一个稳定

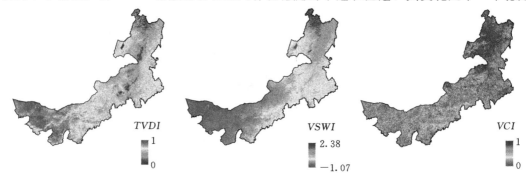

图 3-46　2018 年 4 月内蒙古不同干旱指数空间分布图

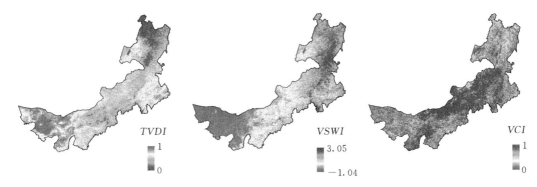

图 3 - 47　2018 年 9 月内蒙古不同干旱指数空间分布图

的状态。

上述结果表明，不论是干季还是湿季，*TVDI* 的监测效果要好于 *VSWI* 指数和 *VCI* 指数。不同干旱指数在湿季的监测效果要明显好于干季的监测效果。

从 2018 年内蒙古地区不同干湿季节不同指数的干旱监测结果发现，在 4 月，*TVDI*、*VSWI* 干旱空间分布大体一致，干旱地区主要分布在中西部的阿拉善地区，以及二连浩特等地区，湿润地区主要分布在东北的森林地带，基本能表现出相近的干旱信息。在 9 月，*TVDI*、*VSWI* 干旱空间分布大体一致，干旱地区主要分布在中西部的阿拉善地区以及通辽地区，湿润地区主要分布在东北的森林地带，而 *VCI* 指数在监测干旱方面会出现偏轻的状态。*TVDI* 与 *VSWI* 这 2 种干旱指数反映植被的生长状态，9 月植被覆盖状况良好，能有效地降低地表风速，减少表层土壤水分蒸发及向大气放热的强度，对地表起到保温作用，地表温度有利于植被生长。

3.4　旱情综合评估指数

3.4.1　基于气象、遥感、土壤相对湿度以及植物耗水量的旱情综合评估指数

干旱评估指数的确定是草原干旱监测、预测、评价的重要环节。当前，评价干旱的角度不同，评估指数也各异，比较常用的有降水量指标、帕尔默干旱指数、土壤含水量指标、干旱遥感指数、农作物旱情指数以及综合旱情评估指数等。对于草原干旱指标，应用最广泛的是降水指标，同时土壤水分指标和牧草生理生态指标也有一些应用，总体上，多局限于单因子指标，考虑多因子的综合评估指数很少。

以内蒙古草甸草原、典型草原和荒漠草原为研究对象，利用实际观测资料，以水分平衡原理为基础，通过分析确定不同时段牧草需水量和草地群落蒸散系数等参数，结合标准化降水指数、土壤相对湿度和温度植被干旱指数，提出能够反映土壤、植物本身因素和气象条件综合影响的评估指数，进而综合研判草原干旱等级。

3.4.1.1　内蒙古草地类型分区

内蒙古草地分类系统，是严格遵照全国草地类型的划分标准确定的。

草地是一个由植被、气候、地形、土壤、基质等多种因素共同作用下形成的自然综合

体。其中植被是构成草地资源的主体，是畜牧业生产直接利用的对象。在各种自然条件和生物因素综合作用的过程中，气候和植被是制约和影响草地形成、发展的主导因素，是决定草地类型基本属性的主要依据。

因此，草地分类原则必须以水、热为中心的气候条件差异和植被类型的不同为主要因素，同时考虑地形、土壤及其基质的异同，方能全面、科学地揭示出草地形成、发展、演替规律，正确识别草地的自然特点和耐旱特性，为草地综合干旱指数的构建和评判提供科学依据。

根据《内蒙古草地资源》（《内蒙古草地资源》编委会.内蒙古人民出版社，1990），内蒙古天然草地类型划分为：①温性草甸草原类；②温性典型草原类；③温性荒漠草原类；④温性草原化荒漠类；⑤温性荒漠类；⑥山地草甸类；⑦低平地草甸类；⑧沼泽类共8种类型。

根据《内蒙古自治区资源系列地图-植被类型图》（内蒙古自治区资源系列地图编辑委员会.1991.08），内蒙古植被水平-垂直地带划分为：①寒温性、温性森林地带；②温性、暖温性森林草原地带；③温性、暖温性典型草原地带；④温性、暖温性荒漠草原地带；⑤温性、暖温性草原化荒漠地带；⑥暖温性荒漠地带；⑦干旱、半干旱地带绿洲及灌溉农业区共7个分区，见图3-48。

3.4.1.2 研究区域和气象站点

选取内蒙古最具代表性的温性草甸草原、温性典型草原和温性荒漠草原区，作为草地综合干旱指数（GCDI）研究对象。空间上对应内蒙古植被水平-垂直地带图的温性、暖温性森林草原地带、温性、暖温性典型草原地带和温性、暖温性荒漠草原地带。研究区域及区域内气象站点分布情况见图3-49。

研究区域内包含国家地面观测气象站点28个，其中草甸草原区3个，典型草原区19个，荒漠草原区6个。各个站点详情见表3-47。

3.4.1.3 研究方法

1. 草地相对耗水度（C_{rw}）

为了合理地反映草原供（天然降水）耗（群落耗水）平衡关系，引入草地相对耗水度（Relative Water Consumption of Grassland），即

$$C_{rw} = \frac{P - ET}{ET} \times 100\%$$

$$ET = K_c \times ET_0 \tag{3-90}$$

式中，C_{rw} 为草地相对耗水度，月值；P 为月降水量，mm；ET 为群落耗水量，即蒸发蒸腾量，mm；ET_0 为潜在蒸散量，mm；K_c 为综合影响系数，见表3-48。

2. 标准化指数（SPI）

SPI 是在计算出某时段内降水量的 Γ 分布概率后，再进行正态标准化处理，最终用标准化降水累积频率分布来划分干旱等级，计算方法详见3.2.1。综合指数计算中采用月尺度的 SPI 值，即 SPI1。

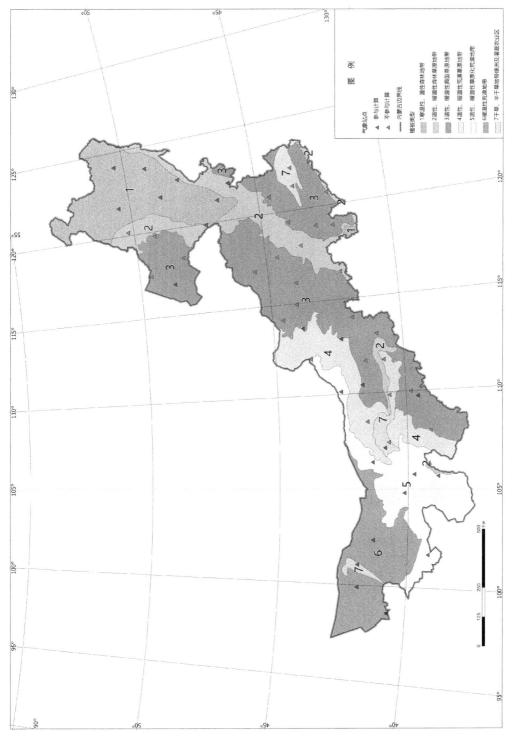

图 3-48 内蒙古植被水平-垂直地带图

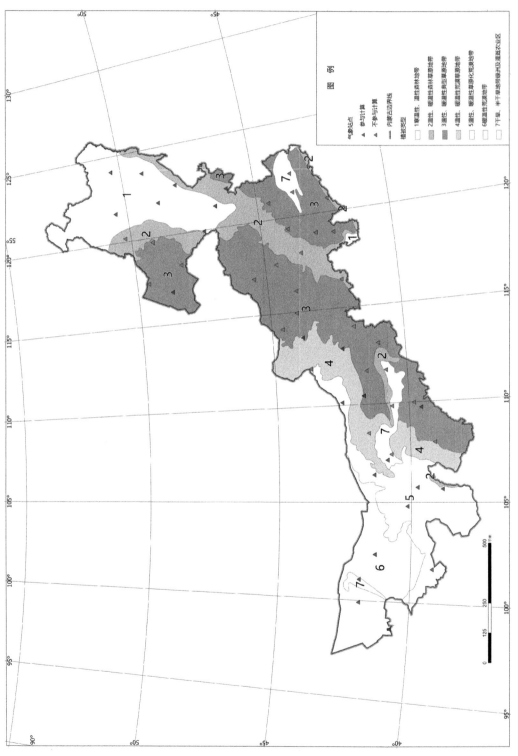

图 3 - 49　草地综合干旱指数研究区域

表 3－47　　　　　　　　　　　草地综合干旱指标计算站点分类

序号	站点编号	站点名称	经度/(°)	纬度/(°)	高程/m	所属草原区
1	50425	额尔古纳右旗	120.18	50.25	581.40	温性草甸草原
2	54115	林西	118.07	43.60	799.50	温性草甸草原
3	54208	多伦	116.47	42.18	1245.40	温性草甸草原
4	53068	二连浩特	111.97	43.65	964.70	温性荒漠草原
5	53336	乌拉特中旗	108.52	41.57	1288.00	温性荒漠草原
6	53529	鄂托克旗	107.98	39.10	1380.30	温性荒漠草原
7	53513	临河	107.42	40.75	1039.30	温性荒漠草原
8	53446	包头	109.85	40.67	1067.20	温性荒漠草原
9	53463	呼和浩特	111.68	40.82	1063.00	温性荒漠草原
10	50514	满洲里	117.43	49.57	661.70	温性典型草原
11	50527	海拉尔	119.75	49.22	610.20	温性典型草原
12	50618	新巴尔虎左旗	118.27	48.22	642.00	温性典型草原
13	50915	东乌珠穆沁旗	116.97	45.52	838.90	温性典型草原
14	53083	那仁宝力格	114.15	44.62	1181.60	温性典型草原
15	53192	阿巴嘎旗	114.95	44.02	1126.10	温性典型草原
16	53362	四子王旗	111.68	41.53	1490.10	温性典型草原
17	53391	化德	114.00	41.90	1482.70	温性典型草原
18	53480	集宁	113.07	41.03	1419.30	温性典型草原
19	53543	东胜	109.98	39.83	1461.90	温性典型草原
20	54012	西乌珠穆沁旗	117.60	44.58	1000.60	温性典型草原
21	54026	扎鲁特旗	120.90	44.57	265.00	温性典型草原
22	54027	巴林左旗	119.40	43.98	486.20	温性典型草原
23	54102	锡林浩特	116.12	43.95	1003.00	温性典型草原
24	54213	翁牛特旗	119.02	42.93	634.30	温性典型草原
25	54218	赤峰	118.93	42.27	568.00	温性典型草原
26	54226	宝国图	120.70	42.33	400.50	温性典型草原
27	54134	开鲁	121.28	43.60	241.00	温性典型草原
28	54135	通辽	122.27	43.60	178.70	温性典型草原

表 3－48　　　　　　　　不同类型草原耗水量综合影响系数 K_c 值

草原类型	月　份					
	4	5	6	7	8	9
草甸草原	0.4770	0.4125	0.5451	0.7817	1.2379	1.1078
典型草原	0.3733	0.3104	0.7310	0.7674	1.1973	1.1895
荒漠草原	0.2260	0.1701	0.4256	0.7262	0.7492	0.4748

注　表中数据来源于郭克贞，陈英秀. 天然草场耗水量与牧区干旱分区研究 [J]. 灌溉排水，1996 (4)：21—27.

3. 土壤相对湿度 （RSM）

土壤相对湿度干旱指数适合于土壤水分盈亏监测，同时也是单项气象干旱指数之一，但限于土壤水分观测站点稀疏，观测年限较短，在长时间序列以及区域尺度评估时结果误差较大。中国气象局陆面数据同化系统（CMA land data assimilation system，CLDAS）可提供时空连续、高分辨率且在不同土壤深度（0～5cm，0～10cm，10～40cm，40～80cm，80～200cm）的土壤相对湿度产品。CLDAS 格点产品相对站点观测空间连续性强，利用它可以在任意空间范围研究干旱的形成与发展过程，为全国干旱过程防御及风险规避提供依据。

4. 温度植被干旱指数（$TVDI$）

应用 Sandholt 等（2002）提出的温度植被干旱指数（$TVDI$）的概念，即

$$TVDI = \frac{T_S - (a_1 + b_1 \times NDVI)}{(a_2 + b_2 \times NDVI) - (a_1 + b_1 \times NDVI)} \qquad (3-91)$$

式中：T_S 为陆地表面温度；$T_{max} = a_1 + b_1 \times NDVI$，为某一 $NDVI$ 对应的最高温度，即干边；$T_{min} = a_2 + b_2 \times NDVI$，为某一 $NDVI$ 对应的最低温度，即湿边；a 和 b 为系数，由线性拟合得到；$NDVI$ 为植被指数。

地表温度（T_S）数据是 8d 合成空间分辨率为 1km 的陆地表面温度产品，而最终获取的干旱指数数据是以月为单位的，因此，在获取月温度数据时，将 4 个 8d 合成的地表温度数据合成为 1 个时相的月地表温度数据。合成时，如果某一像元 4 个时相数据有 1 个以上值，则取其平均值作为合成后的像元值；如果仅 1 个时相有值，就使用这个时相的值作为合成后的像元值。另外，由于 4 个时相 8d 合成的数据为 32d 的数据，而每个月仅 30d 或 31d，考虑到界月 3d、4d 的地表温度对月平均地表温度的影响很小，故用 4 个时相的平均地表温度数据来近似代替月地表温度。MOD13A3 是采用月合成空间分辨率为 1km 的最大值合成方法得到的植被指数产品，所以直接将其用作当月的植被指数数据。数据均采用同一个投影和坐标系统，通过遥感影像处理软件镶嵌、边界线裁剪而获得。

5. 草地综合干旱指数（$GCDI$）

将标准化降水指数（$SPI1$）、土壤相对湿度（RSM_{10}）、温度植被干旱指数（$TVDI$）和草地相对耗水度（C_{rw}），四项指标按不同权重组合，得到草地综合干旱指数（$GCDI$），即

$$GCDI = K_S(a \times SPI1 + b \times RSM_{10} + c \times TVDI + dC_{rw}) \qquad (3-92)$$

式中：$GCDI$ 为草地综合干旱指数，月值；$SPI1$ 为 1 个月尺度的标准化降水指数；RSM_{10} 为 10cm 深度的土壤相对湿度，月平均值；$TVDI$ 为温度植被干旱指数，月均值；C_{rw} 为草地相对耗水度，月值；a、b、c、d 为权重系数，分别为 0.2、0.2、0.3、0.3；K_S 为季节调节系数。

3.4.1.4 干旱等级划分

综合考虑各项单一干旱指数的干旱等级，结合长序列分析数据，参照对比全区历史旱情记载，得出草地综合干旱指数干旱等级划分，见表 3-49。

表 3-49 草地综合干旱指数干旱等级划分

等级	类型	$GCDI$	等级	类型	$GCDI$
1	无旱	$-0.25 < GCDI$	4	重旱	$-0.85 < GCDI \leqslant -0.55$
2	轻旱	$-0.45 < GCDI \leqslant -0.25$	5	特旱	$GCDI \leqslant -0.85$
3	中旱	$-0.55 < GCDI \leqslant -0.45$			

3.4.1.5 结果与分析

1. 代表站点 2017—2019 年植被生长季干旱特征

在 28 个参与计算的站点中，根据草原类型、降水梯度、地理位置等条件，选出 8 个代表站，2017—2019 年植被生长季，逐月分析 4 种单一干旱指数和草地综合干旱指数。在 3 年 18 个月的时间序列中，各代表站各项干旱指数均表现出较好的一致性，即对旱情的发生发展过程判断结果基本一致。根据草地综合干旱指数分析结果，草原旱情多发生在春季 4 月、5 月，东部、中部草甸草原和典型草原尤为明显，与冬季积雪尚未融化土壤含水量较低，同时植被开始返青耗水量呈上升趋势，加之春季气温升高、风速变大，加速了土壤和植物群落的蒸散量，综合因素导致春旱频率高于其他季节。到了夏季 7 月、8 月，随着夏季降水增多，草原区旱情逐渐缓解，个别站点甚至呈湿润状态。而每年秋季 9 月，又出现不同程度旱情，主要与所在地区降水量、气温等气候因素相关。但秋季草原植被生长旺盛期已过，秋旱对牧草产量影响较小。代表站点 2017—2019 年植被生长季干旱指数见表 3-50。

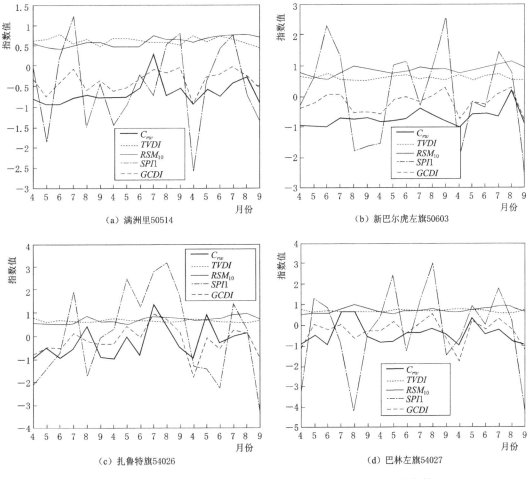

图 3-50（一） 代表站点 2017—2019 年植被生长季各项干旱指数

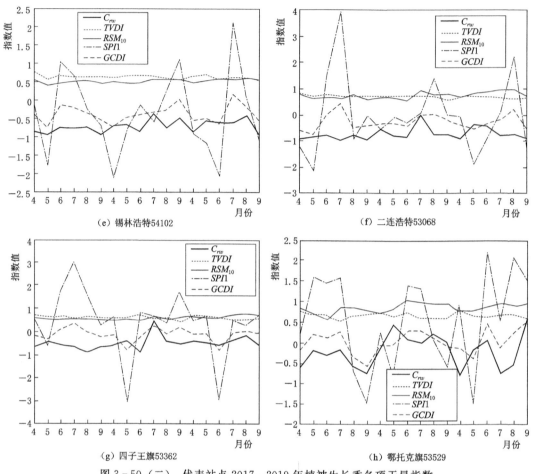

图 3-50（二） 代表站点 2017—2019 年植被生长季各项干旱指数

2. 研究区 2017—2019 年植被生长季干旱空间分布特征

应用地统计分析反距离权重法，将研究区 28 个站点草地综合干旱指数月值插值得到空间分布结果，见图 3-51。

2017 年 4 月，巴林左旗、赤峰市区、敖汉旗（宝国吐站）、多伦县和临河区发生中旱至重旱，翁牛特旗、扎鲁特旗、苏尼特左旗以及呼和浩特、包头、集宁出现轻微旱情。其余地区均为无旱。5 月，中东部草原区，海拉尔、满洲里、额尔古纳、锡林浩特、二连浩特以及苏尼特左旗有轻旱，其余大部地区无旱。8—9 月，呼伦贝尔西部草原、赤峰北部草原、锡林郭勒中东部大部分地区以及鄂尔多斯南部均出现不同程度旱情，其中满洲里市、巴林左旗和西乌珠穆沁旗干旱等级为重旱。进入 9 月，各地旱情有所缓解。

2018 年 4—9 月，研究区基本呈无旱状态。

2019 年 4 月，中、东部草原旱情严重，赤峰北部、锡林郭勒盟东西部以及通辽大部草原区干旱等级达到重旱及以上程度。而中西部草原区基本无旱。5 月中东部草原区旱情缓解，全区除临河区外，无明显旱情。6—8 月，草原大部地区无旱，局部区域如呼和浩特市出现短期干旱，但 7 月以后旱情逐渐消失。全年第二次较大范围干旱发生在 9 月，赤峰北部、通辽西北部以及锡林郭勒盟西北地区发生中旱至重旱。

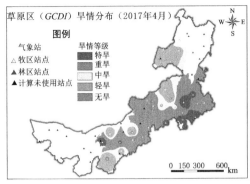

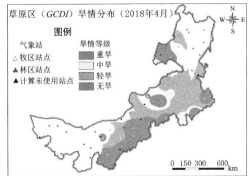

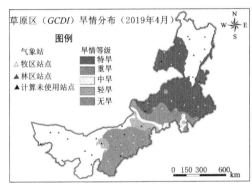

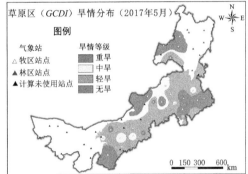

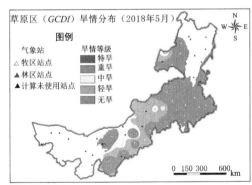

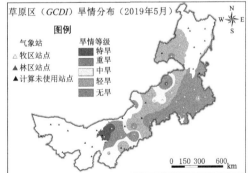

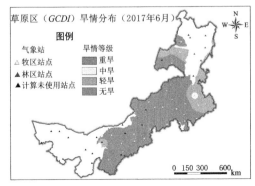

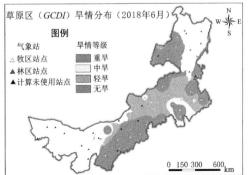

图 3-51 (一) 2017 年 4 月—2019 年 9 月生长季 GCDI 空间分布

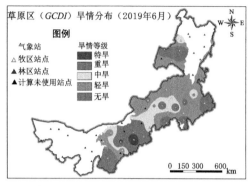

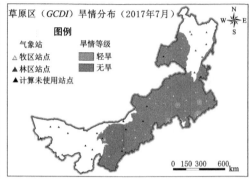

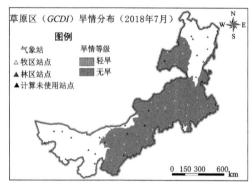

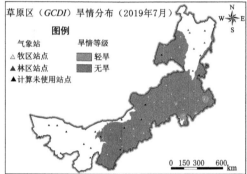

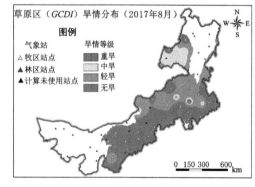

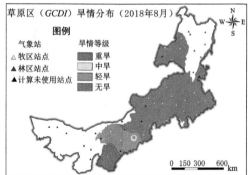

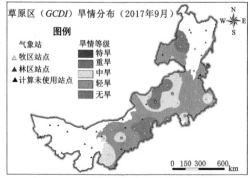

图 3 - 51（二）　2017 年 4 月—2019 年 9 月生长季 GCDI 空间分布

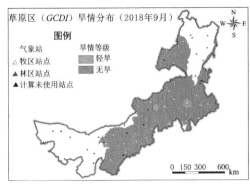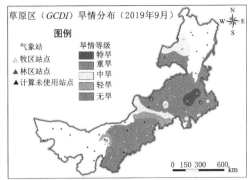

图 3-51（三） 2017 年 4 月—2019 年 9 月生长季 GCDI 空间分布

分析总结上述结果，内蒙古草原区，东部草甸草原、中东部典型草原以及中部荒漠草原发生春旱、秋旱频率明显高于中西部荒漠草原，且旱情较重。这些地区植物群落生长期耗水量大，且耐旱性差，更易受水分条件影响。

3. GCDI 的适用性分析

GCDI 指数综合考虑大气降水、群落耗水、土壤水分和植被长势等多种因素，参考多种单一指数干旱等级划分标准，对照历史旱情实录，能够精准地研判不同草原区干旱过程与时空特征，适用性较强，可以作为牧区旱情监测评估指标推广应用。

3.4.2 基于叶绿素荧光指数的旱情综合评估指数

干旱作为全球最为突出的自然灾害之一，具有持续时间长、影响范围广及旱灾损失大等特点，全球气候变暖趋势下，干旱灾害风险日益严峻，严重影响和制约着生态环境安全、农牧业高质量发展及人类生活水平提高，使得实现干旱的精准化监测，变被动减灾为主动防灾是国内外亟待解决的关键科学问题，具有重要的现实意义[220-222]。锡林郭勒草原位于蒙古高原东南部，是内蒙古天然草原的主体，在植被类型上具有一定的完整性和典型性，而频发的干旱事件严重制约了当地社会经济的可持续发展，使得实现旱情分布及演化趋势的精准化监测成为十四五期间亟待解决的科学问题之一。

从干旱的物理机制出发，降雨与蒸散失衡造成土壤水分亏缺是干旱发生的主要诱因，植被受干旱水分胁迫影响，光合作用和物质代谢受阻，进而降低叶片生长速率和植被蒸腾效应，导致植被生物量锐减、生产力下降及草畜不平衡。从降雨和蒸散等气象学的角度刻画干旱，会出现因降雨时空分布不均而导致干旱适用范围受限等问题，随着遥感监测技术的不断发展，越来越多的植被干旱指数被用于综合干旱指数的构建及旱情的精准监测[2,224,225]。近年来，新型叶绿素荧光遥感指数（SIF）被发现对水分胁迫非常敏感，可有效监测植被的瞬时光合作用和受干旱胁迫状况，有效缓解作物对干旱的响应和滞后效应，一定程度上提高了干旱监测精度，在碳氮循环领域、初级生产力估算及植被胁迫等领域开始被广泛应用[226-229]。钱新[230]利用日光诱导叶绿素荧光、气象数据及植被指数等数据对东南亚地区及美国中南部地区的干旱事件进行了监测，得出叶绿素荧光对水分胁迫的敏感性显著高于传统的植被绿度等植被指数。

综上所述，本研究采用气象、生态学及土壤学等多学科交叉理论，从干旱发生机理出发，在表征气象干旱的标准化降雨蒸散指数（SPEI）和土壤含水量的植被供水指数

（VSWI）基础上，尝试引入植被叶绿素荧光（SIF）指数，利用 CRITIC 客观赋权及回归分析等方法，构建适用于锡林郭勒不同类型草原旱情监测的综合干旱指数，为牧区抗旱减灾及可持续发展提供理论科学依据。

3.4.2.1 研究方法

1. 标准化降雨蒸散指数（SPEI）

SPEI（standardized precipitation evapotranspiration index）是一种综合考虑降雨和蒸散的标准化干旱指数，其绝对值的大小反映了干旱或湿润的严重程度[231]。假设降雨与蒸散的差值服从 Log - logistic 概率分布，对其进行标准化处理，得到如下方程[232]：

$$SPEI = w - \frac{c_0 + c_1 w + c_2 w^2}{1 + d_1 w + d_2 w^2 + d_3 w^3}, \quad w = \sqrt{-2\ln(p)}, 累积概率 P \leqslant 0.5$$

$$\tag{3-93}$$

$$SPEI = -(w - \frac{c_0 + c_1 w + c_2 w^2}{1 + d_1 w + d_2 w^2 + d_3 w^3}), \quad w = \sqrt{-2\ln(1-p)}, 累积概率 P > 0.5$$

$$\tag{3-94}$$

式中，常数项 c_0、c_1、c_2、d_1、d_2 和 d_3 分别为 2.515517、0.802853、0.010328、1.432788、0.189269 和 0.001308；累积概率 P 为对降雨和潜在蒸散量差值数据系列的正态化处理结果，其中，潜在蒸散量的计算采用彭曼公式[233]。

2. 植被供水指数（VSWI）

植被供水指数（VSWI）以地面植被指数和地表温度为指标，用于间接反映土壤含水量及作物受干旱影响状况[234]。当植被受到干旱胁迫时，叶面气孔为减少水分损失产生一定闭合，进而导致冠层温度升高，植被指数降低，如下所示：

$$VSWI = \frac{NDVI}{T_S} \tag{3-95}$$

式中：T_S 为地表温度；$NDVI$ 为归一化植被指数；两个参数分别采用了中分辨率成像光谱仪 MODIS 传感器的通道 31（T_S）、通道 1 和通道 2（$NDVI$）数据进行反演。

3. 叶绿素荧光指数（SIF）

植被在吸收太阳辐射通量后，在波长 600~800nm 范围内发射出长波信号，称为日光诱导叶绿素荧光（SIF），其会受水分亏缺影响而呈现不同程度的下降，可用于监测植被的生理状态及水分胁迫状况[226,227]。目前可用于探测荧光的卫星主要有 GOSAT（日本）、MetOp（GOME - 2）、OCO - 2（美国）、TANSAT（中国）和 Sentinel - 5P（TROPOMI）等[235-237]，Li 和 Xiao[238]采用 Cubist 模型树算法，基于 OCO - 2 SIF、MODIS EVI 和气象数据等，构建了时间分辨率为 8d，空间分辨率为 0.05° 的叶绿素荧光产品（GOSIF），该产品相比 OCO - 2 SIF 和 MODIS GPP 而言，可更加准确地估算植被的初级生产力和反映区域的气候变化特征[239]。

本书采用 2007—2018 年锡林郭勒草原的 GOSIF 数据（https://globalecology.unh.edu//data/ GOSIF.html），在 ARCGIS 数据空间分析系统中对不同类型草原的叶绿素荧光数据进行提取和插值分析。

4. 综合干旱指数（SSV）的构建方法

采用 CRITIC 赋权法进行综合干旱指数（SSV）的构建。CRITIC（Criteria importance

through inter criteria correlation）赋权法是一种客观赋权方法，将 $SPEI$、$VSWI$ 和 SIF 作为综合干旱指数的输入指标，利用指标间的冲突性和信息量大小确定其权重值。两个指标间的相关系数越高，代表冲突性越小；单个指标的标准离差越大，其包含的信息量越大。该方法结合了相关性权重和信息量权重，在评价因子权重中具有显著的优越性[9,240]。

采用离差标准化法对数据进行归一化处理，保证基本度量单位统一且服从 0~1 的统计概率分布[240]。

$$Y_i = (X_i - MinValue)/(MaxVaule - MinVaule) \qquad (3-96)$$

式中：X_i 和 Y_i 分别为数据归一化处理前后的值；$MinValue$ 和 $MaxValue$ 分别为样本的最小值和最大值。

指标间的冲突性 T_{ij} 和单个指标的信息量 C_j 表示为

$$T_{ij} = \sum_{i=1}^{n}(1-r_{ij}) \qquad (3-97)$$

$$C_j = \delta_j \sum_{i=1}^{n}(1-r_{ij}) \qquad (3-98)$$

式中：r_{ij} 为指标 i 和指标 j 之间的相关系数；δ_j 为第 j 个指标的标准差；n 为一个评价指标的评价数量。C_j 越大，则该指标的重要性越大。

设 W_j 为权重系数，则

$$W_j = \frac{C_j}{\sum_{j=1}^{m}C_j} \qquad (3-99)$$

式中：m 为综合干旱指标中单一指标数量。

综上所述，综合干旱指数（SSV）可表示为

$$SSV = \sum_{j=1}^{3}W_j D_j \qquad (3-100)$$

式中：D_j 分别为 $SPEI$、SIF 和 $VSWI$ 的归一化数值。

3.4.2.2 综合干旱指数干旱等级划分

基于数据正态标准化处理得到的综合干旱指数能够综合表征降雨与蒸散的水量平衡过程、土壤水分的胁迫强度和植被的敏感度状态，建立针对不同季节、不同草原类型的综合干旱指数旱情等级标准，有利于定量化描述旱情的发生发展过程和演化趋势。因不同草原类型植被的盖度、密度及类型存在差异，且典型草原和荒漠草原受降雨量的影响明显，而水分相对充足的草甸草原对温度变化还存在一定的敏感性[241]，因此，基于 CRITIC 客观赋权法，不同类型草原单一指标的权重系数见表 3-50。

表 3-50 **CRITIC 客观赋权法各指标权重系数**

草原类型	权 重 系 数		
	叶绿素荧光指数（SIF）	标准化降雨蒸散指数（SPEI）	植被供水指数（VSWI）
草甸草原	0.304	0.392	0.304
典型草原	0.257	0.418	0.325
荒漠草原	0.242	0.493	0.265

锡林郭勒不同草原类型降雨和土壤相对湿度是表征气象干旱和农业干旱的重要指标，参照土壤相对湿度划分标准方法[242,243]，通过与综合干旱指数构建相关性模型，获得植被生长期不同季节的干旱等级，见表3-51。

表3-51 综合干旱指数等级划分范围

生长季	等级	类型	综合干旱指数 SSV		
			草甸草原	典型草原	荒漠草原
春季	1	无旱	>0.197	>0.358	>0.398
	2	轻旱	0.118~0.197	0.225~0.358	0.265~0.398
	3	中旱	0.040~0.110	0.159~0.212	0.159~0.174
	4	重旱	0.001~0.032	0.092~0.145	0.092~0.145
	5	特旱	≤-0.007	≤0.079	≤0.079
夏季	1	无旱	>0.251	>0.491	>0.587
	2	轻旱	0.173~0.251	0.358~0.491	0.432~0.587
	3	中旱	0.095~0.165	0.225~0.345	0.225~0.417
	4	重旱	0.017~0.087	0.092~0.145	0.092~0.145
	5	特旱	≤0.009	≤0.079	≤0.079
秋季	1	无旱	>0.197	>0.358	>0.398
	2	轻旱	0.118~0.197	0.225~0.358	0.265~0.398
	3	中旱	0.040~0.110	0.159~0.212	0.159~0.174
	4	重旱	0.001~0.032	0.092~0.145	0.092~0.145
	5	特旱	≤-0.007	≤0.079	≤0.079

3.4.2.3 基于综合干旱指数的干旱时空分布特征分析

1. 锡林郭勒草原干旱的年际变化特征

统计基于综合干旱指数的锡林郭勒草原2007—2018年不同干旱等级的发生频率，如图3-52所示，可以发现：①2007年以来，研究区不同程度的干旱每年均有发生，主要以轻旱和中旱为主；②2009年轻度及以上干旱发生频率达到97%，2009—2012年，干旱发生频率呈一定的下降趋势，旱情有所缓减，但极端干旱事件增多，重旱和特旱发生频次增加；③2012年以后，干旱频率显著增加且旱情等级有所加重，特旱频率最高的年份出现在2016年，当年干旱发生频率达到82.3%。整体而言，21世纪，锡林郭勒盟草原旱情呈波动中略有下降特征。

经查阅《中国水旱灾害公报》《内蒙古水旱灾害》及锡林郭勒盟防汛办旱情统计数据，2014—2016年全区发生连续3年的严重干旱，锡林郭勒草原大部分地区承受了严重灾损，且受2014和2015年干旱持续性的影响，2016年锡林郭勒草原牧区旱情严重，受旱面积达到1064.24万 hm²，直接经济损失8.27亿元，这一结果与综合干旱指数评判的干旱程度相吻合。除此之外，锡林郭勒草原是自治区主要的畜牧和饲草料基地，将内蒙古自治区每年因旱饮水困难牲畜情况与锡林郭勒盟不同程度干旱等级频率做相关性分析，如图3-53所示，发现锡林郭勒草原年际干旱发生频率与因旱饮水困难牲畜头数呈一定的正相关，不同干旱等级中，中旱发生频次与其的相关性最显著。

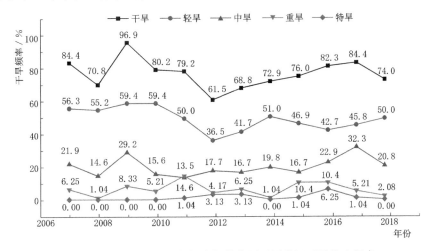

图 3-52 2007—2018 年锡林郭勒草原不同等级干旱发生频率

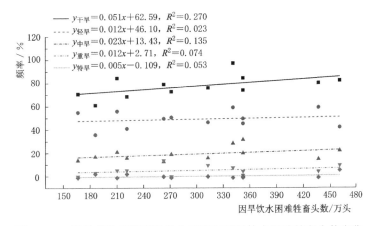

图 3-53 锡林郭勒草原干旱发生频率与因旱饮水困难牲畜头数变化

2. 锡林郭勒草原干旱的季节性时空特征

对锡林郭勒草原 2007—2018 年春、夏和秋三个季节不同程度的干旱频率时空分布及不同草原类型的旱情特征进行分析，如图 3-54 和图 3-55 所示。可以看出，锡林郭勒草原轻中度干旱发生频率从强到弱表现为秋季＞春季＞夏季，空间分布由西北向东南逐渐下降，呈明显的条带状；重旱及以上干旱主要发生在春秋两季，夏季受降雨量集中且雨强较大等影响，重度以上干旱基本没有，重旱严重区主要集中在锡林郭勒草原中北部。按草原类型分析，荒漠草原的季节性干旱频率显著大于典型草原大于草甸草原，典型草原秋季轻中旱和春季重特旱频率与荒漠草原相当。

3.4.2.4 综合干旱指数与单一干旱指数的敏感性分析

为直观反映综合干旱指数对干旱的敏感性，选取能充分体现降雨盈亏程度的降雨距平百分率气象干旱指数（Pa），将其与叶绿素荧光指数（SIF）、标准化降雨蒸散指数（$SPEI$）、植被供水指数（$VSWI$）和综合干旱指数（SSV）绘制在随时间变化的同一坐

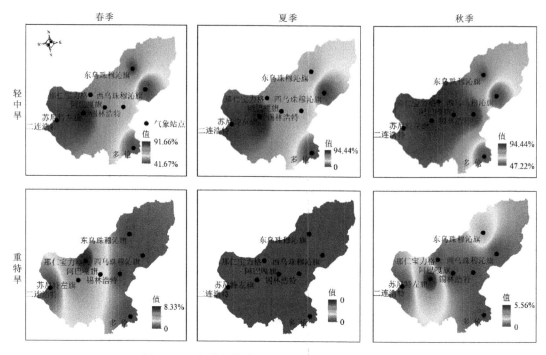

图 3-54 锡林郭勒草原干旱的季节性时空分布特征

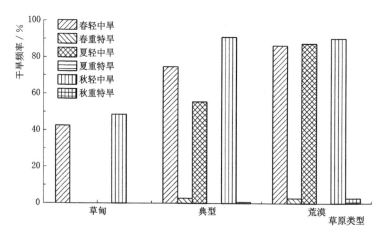

图 3-55 不同草原类型季节性干旱频率

标系统中，如图 3-56 所示。

可以发现：单一干旱指数随降雨距平百分率指数的变化趋势均比较显著，雨量越充沛，干旱指数越大，干旱程度越小。植被供水指数和叶绿素荧光指数因反映的是土壤水分供给情况及植被光合作用效率，相比降雨距平百分率指数而言，最大存在 1～2 个月的滞后期；标准化降雨蒸散指数属于气象干旱指数，一定程度上对干旱的开始过程比较敏感，但其波动范围较大，适用于短历时旱情监测，对长序列旱情的精准监测有失偏颇；以最大和最小降雨距平百分率指数为参照，发现综合干旱指数 SSV 在耦合土壤水分和植被有效

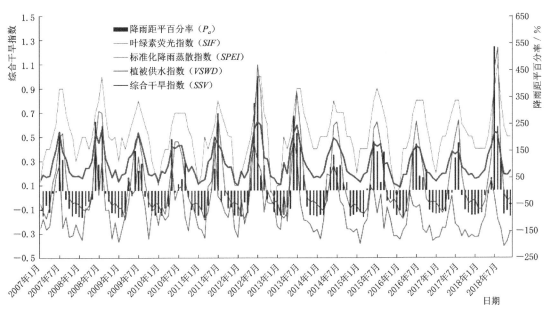

图 3-56 各干旱指数与降雨距平百分率指数的趋势分析

光合效率的基础上，对降雨亏缺的短历时变化和长序列演变响应应均比较及时，相比单一干旱指数而言，不仅能捕捉气象干旱的早期开始，亦能从多要素反映农牧业干旱的持续过程，一定程度上弥补了单一干旱指数对降雨响应不及时的缺陷，进一步验证了综合干旱指数的有效性和可靠性。

选取 2016 年典型年，当年锡林郭勒草原发生干旱地区主要集中在西乌珠穆沁旗、东乌珠穆沁旗和苏尼特右旗，受灾人口分别为 41077 人、16794 人和 13517 人，直接经济损失为 148959 万元、9750 万元、260 万元，相比较而言，西乌珠穆沁旗干旱较东乌珠穆沁旗严重，且位于苏尼特左旗西边的苏尼特右旗干旱特征突出。采用 2016 年锡林郭勒草原综合干旱指数和降雨距平百分率指数的干旱时空分布（图 3-57），可以发现综合干旱指数

（a）综合干旱指数SSV

（b）降雨距平百分率/%

图 3-57 2016 年综合干旱指数和降雨距平百分率指数旱情分布

与实际旱情更加吻合，且基于降雨距平百分率指数的草甸草原旱情较综合干旱指数的旱情偏重。

3.4.2.5　综合干旱指数在不同类型草原中的适用强度分析

不同类型草原受植被盖度、植被光合效率及土壤下渗率等不一的影响，对降雨的时滞效应存在差异，本研究分析不同草原类型综合干旱指数对降雨的响应规律有利于精准描述旱情演变特征。对锡林郭勒草甸草原、典型草原和荒漠草原的综合干旱指数与降雨距平百分率指数分别做趋势分析及相关性分析，如图3-58和图3-59所示，发现草甸草原和典型草原长序列综合干旱指数与降雨距平指数为显著性相关，相关系数大于0.68，两者变化趋势吻合较好；而荒漠草原因生产力较低，土壤养分贫瘠且水分亏缺严重，对一次强降雨变化的响应更为敏感，适用于短历时气象干旱监测，与综合干旱指数的相关系数为0.436。

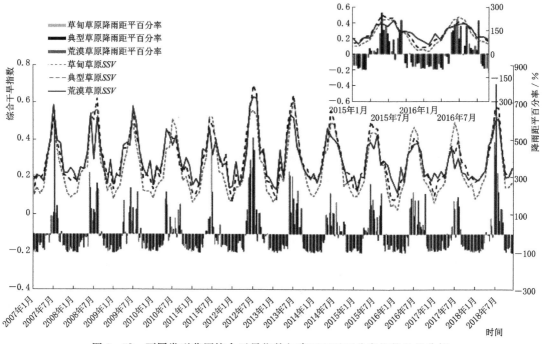

图3-58　不同类型草原综合干旱指数与降雨距平百分率指数趋势分析

3.4.2.6　结果与分析

干旱的精准化监测有利于准确把握旱情动态、评估区域干旱状况，提升农牧业生产力水平。传统的干旱监测包括地面降雨、气温和蒸散等气象要素监测和卫星遥感大尺度干旱指数反演，将地面点状与遥感大尺度数据相结合，能有效反应干旱时空尺度的异质性[244]。本研究采用权重组合方法，从致旱因子相互响应机制出发，融合地面降雨和蒸散发、遥感植被光合效率及土壤水分等水循环过程因子，构建适用于不同下垫面条件的综合干旱指数，从气象、水文及农业角度综合刻画干旱，进而实现旱情的精准捕捉。

降雨是干旱的主要驱动因子，一般而言，气象干旱指数能及时反映降雨的亏缺状况，进而对干旱进行早期预警，而农业干旱和水文干旱则存在一定的滞后性。本节融合新型叶绿素荧光指数一定程度上弥补了农业干旱滞后性影响，对比单一干旱指数和气象干旱指数

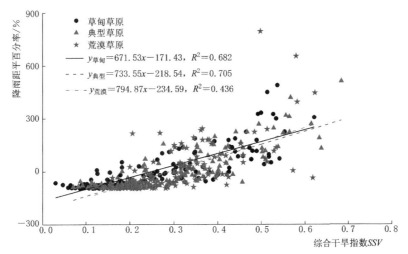

图 3-59 不同类型草原综合干旱指数与降雨距平百分率指数的相关性分析

P_a 而言，融合多源信息的综合干旱指数不仅能有效捕捉干旱的早期开始，亦能多方面反映干旱的持续过程及旱情等级。以锡林郭勒草原为例，基于综合干旱指数的锡林郭勒草原旱情主要以轻中旱为主，秋季和春季的干旱强度较强，对牲畜饮水困难产生直接影响，这与杜波波[245]及张巧凤等[246-247]结论相契合，进一步揭示了综合干旱指数的可靠性；西部二连浩特和苏尼特左旗荒漠草原土壤贫瘠，保水性差，植被类型多为戈壁针茅和石生针茅，相比中东部典型草原和草甸草原而言，其对降雨过程的响应更加敏感，牧草对一次有效降水过程（≥10mm）的生理响应短于草甸草原，一般为 7～12d[248]，草原类型越干旱，植被盖度对降雨的滞后效应和累积效应越明显[249]；除此之外，荒漠草原受长序列蒸散发强耗损及植被盖度对降雨滞后效应等影响，综合干旱指数与降雨距平指数相关系数相对较低，但正相关性显著，一定程度上揭示了不同草原类型对气候因子响应程度不一，只有综合气象、土壤及植被等多要素因子，才能精准刻画旱情变化，进而评估旱情等级。

基于对锡林郭勒草原 2007—2018 年每 16d 一次的标准化降雨蒸散指数、植被供水指数及叶绿素荧光指数，构建了适用于不用类型草原和植被不同生长季的综合干旱指数，从干旱指数敏感性及可靠性等方面分析了综合干旱指数的适用性，在此基础上，探究了锡林郭勒草原干旱的年际及季节性变化特征，主要得出以下结论：

（1）综合干旱指数从干旱机理出发，对干旱信息进行了最优组合，输入信息易于获取和计算，相比单一干旱指数在旱情的定性和定量分析中具有较大优越性，融合叶绿素荧光指数的综合干旱指数在锡林郭勒不同草原类型干旱分析中具有适用性和可靠性。

（2）2007 年以来，锡林郭勒草原主要以轻旱和中旱为主，呈现由西向东逐渐下降的条带状，重旱及以上干旱集中在春季和秋季，空间上以中部典型草原和荒漠草原过渡带频发为主。

（3）荒漠草原对降雨过程的响应比较敏感，但植被盖度对降雨的滞后效应和累积效应显著，单纯使用气象干旱指数监测其旱情一定程度上会造成对实际情况的夸大和不实，而综合水热、土壤及植被立地条件探究干旱过程，有利于实现精准监测。

第4章 干旱预测与预警

4.1 预测方法介绍

人工神经网络（Artficial Neural Network，ANN）是对人脑的若干基本特征的抽象模拟，是一种非线性动力学系统。人脑神经体系的基本组成单元即神经细胞，也就是神经元，有生成、处理及传输信息的作用。神经元通常由如下组成部分构成：①细胞体；②树突；③轴突。ANN并非人脑神经系统的真实展现，而仅属于它的一种抽象、简化及模拟，由许多神经元共同连接而成。基本的组成为神经元和突触。ANN属于一类"黑箱"模型，无须明白从输入到输出的内部反应过程。模型借助简单非线性函数，经数次拟合即可完成高维非线性的映射。此系统拥有强大的并行处理及分布式信息存储能力，且拥有特别强的适应、组织、学习、联想及模式辨别能力，在水环境、干旱预测等建模中有很好的应用[250]。

4.1.1 BP神经网络

BP神经网络（Back Propagation Neural Network，BPNN）是一种多层前向型的神经网络，其神经元之间的传递画数是S型函数，它对非线性映射具有较强的学习功能，可实现从输入到输出的任意非线性映射，利用一种按误差反向传播训练的多层前馈网络（Back Propagation）的学习算法来调整权值，因此常称其为BP神经网络。其具有自学习及组织的能力，适应性较强以及一定的推广能力。BP神经网络是误差反向传播的神经网络，在训练过程中每一步的每一个参数都是独立的。在序列数据的训练过程中，训练样本之间不存在依赖性，是相互独立的，不同的时间序列在BP神经网络中可以看作不同的特征。

BP神经网络每次根据训练得到的结果与预期结果进行误差分析，根据误差修改权值和阈值，最终得到期望的输出结果。通常包括信号的正向传播和误差的反向传播两个过程。即计算误差输出时按从输入到输出的方向（正向传播）进行，而调整权值和阈值则从输出到输入的方向（反向传播）进行。正向传播时，输入数据通过神经网络的隐含层作用于输出节点，经过非线性变换，产生输出信号，若实际输出与期望输出有差距，则开始误差的反向传播过程。反向传播是将输出误差通过隐含层向输入层逐层反传，并将误差分摊给各层所有单元，以从各层获得的误差信号作为调整各单元权值的依据。实现了一个从输入到输出的映射功能，而数学理论已证明它具有实现任何复杂非线性映射的功能，这使得它特别适合于求解内部机制复杂的问题。同时它可以通过学习带正确答案的训练集自动提取"合理的"求解规则，即具有自学习能力，是一种效果较好、应用广泛的神经网络算法。这体现了人工神经网络的核心及精华，关于BP神经网络的使用主要集中在数据的模拟、预测、逼近、分类以及数据压缩等[251-252]。

模仿人体大脑中神经网络的结构和特点，BP神经网络模型也是由众多神经单元组成的，在节点函数的简单复合下，能够逼近任意非线性函数。因为具备良好的自学习和自适应能力，因此对一些非线性的无法用函数表达的问题，BP 神经网络模型能够进行很好的模仿与识别。神经网络中每一个神经元通过节点函数与邻近的神经元获取信息，同时也输出信息，整个人工神经网络中完全依靠各神经元之间的相互连接作用而完成信息处理的，主要依据各神经元之间的相互连接关系，神经网络的自学习与识别，以及各神经元之间连接的权重变化情况[253-255]。

BP 网络包括如下部分：①一个输入层；②一个或数个隐含层；③一个输出层。其结构如图 4-1 所示。

每层由多个神经元组成，各神经元的输出值取决于如下部分：①输入值；②作用函数；③阈值。前后层间达成全连接，同层神经元间没有连接。各层神经元仅接受上一层神经元的输入，各层神经元的输出仅对后一层神经元的输出造成影响。隐含层说白了就是根据误差计算权重和偏置，它会尽可能地让误差小。第一层计算完以后再放到第二层

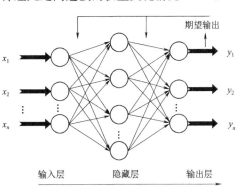

图 4-1 BP 神经网络结构图

进行计算，第二层也是根据误差计算权重和偏置。第二层计算完成以后，会传到全连接层里面，全连接层只有一个单元，这个单元的结果就是我们的预测结果。BP 神经网络是一中多层前馈型神经网络，主要是通过误差反向传播的方式对网络进行训练，从而实现多层网络中隐含连接权值的学习，是迄今为止应用最普遍的神经网络。

BP 神经网络的学习过程类似于从 A 地到 B 地 100km，从 A 地出发，走了 100km 发现到达的地方不是 B 地，那么可知道是走错路，系统则会立马返回，再重新走一条道。当把这条道走熟悉了，再从 A 到 B 就基本上不会走错了。在神经网络的训练过程中也是如此，给定的训练样本（包括网络输入值和网络输出值），对网络进行训练，达到训练误差的要求后，就停止训练，若达不到训练误差的要求，则返回去修改权值和阈值。当给定输入值时，就会根据规律，给出合理的输出值[256]，如图 4-2 所示。

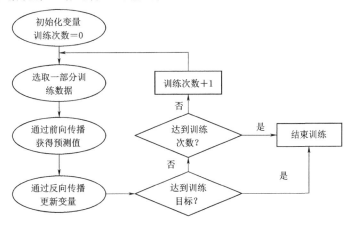

图 4-2 神经网络训练过程

4.1.2 LSTM 神经网络

递归神经网络（RNN），通过添加跨越时间点的自连接隐藏层而具有对时间进行显式建模的能力。换句话说，隐藏层的反馈，除了进入输出端，还进入了下一时间步的隐藏层，从而影响下一个时间步上的各个权值。主要结构如图 4-3 所示。

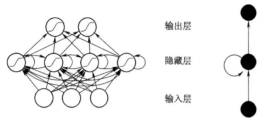

图 4-3 RNN 神经网络模型结构

RNN 最大的优势在于它将时间序列的概念引入了神经网络之中，能够做到上一个输入的时间数据对本次的时间产生直接的影响。可以根据时间点设置相应的输入输出层，数据可以多条输入。中间隐藏层的个数也与时间节点相同，每层的神经元为自变量个数。并且，中间隐藏层会自我循环递归反馈。第一条数据输入第一层，然后影响第二层，第二条数据输入第二层然后影响第三层，输入影响是从左到右，最后输出反馈是从右往左进行权值修改。

但是 RNN 在较为复杂的过程中并不十分有效，为补救 RNN 出现的这一问题的措施是 1997 年首先被 SeppHochreiter 和 Jurgen Schmidhuber 提出的长短期记忆（LSTM）模型。LSTM（长短时记忆）神经网络是建立在 RNN 上的一种新型深度机器学习神经网络。这个模型中 LSTM 单元包含一个尝试将信息储存较久的存储单元。这个记忆单元的入口被一些特殊的门控制，被控制的功能包括保存、写入和读取操作。这些门都是逻辑单元，它们不会将自己的行为作为输入值发送给其他神经元，而是负责在神经网络的其他部分与记忆单元连接的边缘处设定权值。这个记忆单元是一个线型的神经元，有自体内部连接。具体来说就是其在每一个神经元内部加入了 3 个门，分别是输入门、输出门和忘记门。用来选择性记忆反馈的误差函数随梯度下降的修正参数。LSTM 出现的原因其实是因为 RNN 转换成超级长的传统神经网络后，误差会逐级减少，但由于展开的太长了，误差需要归因到每一层每一个神经元，这会导致利用其计算出来的梯度传到一半误差就消失了，梯度消失会使得训练的权值更新变化非常小，这会导致整个训练过程都在局部最优中徘徊，所以 LSTM 就是用来解决这个问题。

LSTM 是循环神经网络（RNN）的一种变体，RNN 是一种以序列数据为输入，在序列的演进方向进行递归且所有节点（循环单元）按链式连接的递归神经网络。对于序列数据，可以将这个序列上不同时刻的数据依次传入 RNN 的输入层，而输出可以是对序列中下一个时刻的预测，也可以是对当前时刻信息的处理结果。在处理短期记忆的序列数据时，RNN 具有较好的效果，但当时间间隔变大时，RNN 会在训练过程中出现梯度爆炸和梯度消失，从而丧失处理如此远的信息的能力。LSTM 是在 RNN 基础上提出的、具有长期信息处理能力的神经网络。LSTM 通过引入"门"机制来控制序列数据的传输状态，记忆需要长期记忆的信息，遗忘在训练过程中不重要的信息。LSTM 具有优秀的长期记忆能力，并且避免了传统 RNN 的梯度爆炸和梯度消失的缺点，非常方便序列数据的建模预测。LSTM 的参数在训练过程中是统一的。在序列数据的训练过程中，训练样本之间存在不同程度的依赖性，模型的训练效果取决于序列数据的时间依赖性。将每一层的神经元设计成多个"门"的结构，这样做的好处就是在误差传播过程中，有些直接通过"门"，不用纠结当前神经元，对于 RNN 的修改就是在每层的每个神经元均设置三个门，分别是输入门、输出门和忘记门。根据最终反馈的权值修正数来选择性遗忘和部分或全部接受，做到每个神经都不需要修改，使梯度不会多次消失，让误差函数随梯度下降得更快。经过一系列的操作使得误差完好无损的直接到达下一层，会使梯度无论在传播多远时，都不会出现消失现象，收敛性更好。

LSTM 为 RNN 神经网络的反馈误差归因提出了更加灵活的学习过程，使得在随梯度下降的过程中不会很快进入局部最优解。但是理论上来说，LSTM 仍然无法完全逃脱局部最优解的可能性，其[257]仍然要使用变化的 α 学习速率（比如每迭代 1000 次 α 就除以 10）和与 α 反向变化的 moment 冲量来逃离局部最优解。

4.2 神经网络建模过程

4.2.1 BP 神经网络建模过程

BP 神经网络是由大量神经元组成的极其复杂的非线性网络系统[258-259]，实质就是用尽可能短的时间序列求得一个函数，并使该函数得输入函数和期望输出值得误差最小，一般开始时权重是系统随机取的，因此要不断地调整权系数，使实际输出值和期望输出值的误差达到允许的误差要求。一般调整权系数的方法为沿着函数的负梯度方向进行修改[260]。因此要首先定义误差函数 e。因为 e 是 BP 算法的目标，必须达到误差允许的范围才算训练结束。e 的定义公式如下：

$$e = \frac{1}{2} \sum_t (X_t^m - Y_t)^2 \tag{4-1}$$

式中：Y_t 为输出单元的期望值；X_t^m 为实际输出；m 为输出层[261]。

学习过程如下[262]：设输入神经元为 h，隐含层神经元为 i，输出神经元为 j，nh、ni、nj 分别为三层神经网络的节点数目，θ_i、θ_j 分别为隐含层节点 i、输出层节点 j 的阈值，w_{hi}、w_{ij} 分别为输入层节点 h 与隐含层节点 i 间、隐含层节点 j 和输出层节点 j 间的连线的权值，各节点的输入为 x，输出为 y。

（1）初始化。设已归一化的输入、输出样本为

$$\{x_{k,h}, d_{k,j} | k = 1, 2, \cdots, nk; \quad h = 1, 2, \cdots, nh; j = 1, 2, \cdots, nj\} \tag{4-2}$$

式中：nk 为样本容量。给各连接权 $\{w_{hj}\}$、$\{w_{ij}\}$ 和阈值 $\{\theta_i\}$、$\{\theta_j\}$ 赋予（-0.1，0.1）区间上的随机值。

（2）置 $k=1$，把样本对（$x_{k,h}$，$d_{k,j}$）提供给网格（$h=1$，2，$\cdots$，nh；$j=1$，2，$\cdots$，nj）。

（3）计算隐含层中各节点数据的输入 x_i、输出 y_i（$i=1$，2，$\cdots$，ni）：

$$x_i = \sum_{h=j}^{nh} w_{hi} x_{k,h} + \theta_i \tag{4-3}$$

$$y_i = 1/(1 + e^{-x}) \tag{4-4}$$

式中：w_{hi} 为连接权值；θ_i 为阈值。

（4）计算输出层中各节点数据的输入 x_j、输出 $y_j (j=1,2,\cdots,nj)$：

$$x_j = \sum_{i=1}^{ni} w_{ij} y_i + \theta_j \qquad y_j = 1/(1+e^{-x}) \tag{4-5}$$

式中：$d_{k,j}$ 为输出样本 $(j=1,2,\cdots,nj)$。

（5）计算输出层中各节点函数所收到的总输入变化时单样本点误差 E_k 的变化率：

$$\frac{\partial E_k}{\partial x_j} = y_j (1-y_j)(y_j - d_{k,j}) \quad (j=1,2,\cdots,nj) \tag{4-6}$$

（6）计算隐含层中各节点函数所收到的总输入变化时单样本点误差的变化率：

$$\frac{\partial E_k}{\partial x_i} = y_i (1-y_i) \sum_{j=1}^{nj} \left(\frac{\partial E_k}{\partial x_i} w_{ij} \right) \quad (i=1,2,\cdots,ni) \tag{4-7}$$

（7）修正各链接的权值及阈值：

$$w_{ij}^{t+1} = w_{ij}^{t} - \gamma \frac{\partial E_k}{\partial x_j} y_i + \alpha (w_{ij}^{t} - w_{ij}^{t-1}) \tag{4-8}$$

$$\theta_{ij}^{t+1} = \theta_{ij}^{t} - \gamma \frac{\partial E_k}{\partial x_j} y_i + \alpha (\theta_{ij}^{t} - \theta_{ij}^{t-1}) \tag{4-9}$$

$$w_{hi}^{t+1} = w_{hi}^{t} - \gamma \frac{\partial E_k}{\partial x_i} x_{h,k} + \alpha (w_{hi}^{t} - w_{hi}^{t-1}) \tag{4-10}$$

$$\theta_{i}^{t+1} = \theta_{i}^{t} - \gamma \frac{\partial E_k}{\partial x_i} x_{h,k} + \alpha (\theta_{i}^{t} - \theta_{i}^{t-1}) \tag{4-11}$$

式中：t 为修正次数，学习速率 $\gamma \in (0,1)$，动量因子 $\alpha \in (0,1)$。γ 较大，则算法收敛速度快，但不稳定，可能会出现震荡，γ 较小则算法收敛速度缓慢；α 的作用恰好与 γ 相反。

（8）设置另 $k=k+1$，取学习模式对 $(x_{k,h}, d_{k,j})$ 提供给网格，转到步骤（3），直至全部 nk 个模式都对训练完毕，转步骤（9）。

（9）重复步骤（2）～步骤（8），直到网格全局误差函数

$$E = \sum_{k=1}^{nk} E_k = \sum_{k=1}^{nk} \sum_{j=1}^{nj} (y_j - d_{k,j})^2 / 2 \tag{4-12}$$

小于预先设定的一个较小值或学习次数大于预先设定的值，结束学习并输出预测结果。

BP 参数的设定：

数据集划分比例：数据集分为训练集和测试集。训练集的数据负责训练模型，训练出的模型在测试集的数据上进行测试，以模拟模型在现实场景中的预测效果。训练集和测试集的比例通常为 8∶2，本模型使用最常用的比例进行划分。

时间步长：即序列数据的时间间隔。步长越长，模型模拟的效果越精细，过程越复杂，但步长过大也会增加模型梯度消失和爆炸的风险。本模型时间步长选择 30，即认为当前时间的数据与前 30 个时间的数据相关。

神经元个数：个数越多模型效果越好，但容易导致模型过拟合。因此第一层神经网络选取 128 个神经元，第二层网络选取 64 个神经元。

激活函数则是 tanh。负责向神经网络模型加入非线性因素，更好地解决线性模型不能解决的问题。

4.2.2 LSTM 神经网络建模过程

对 *MCI* 指数序列采用 LSTM 建模,只需将数据稍作处理即可输入训练,不需要做额外的特征选择。因为深度学习本身就是一个特征选择过程,每个隐藏层单元都可以视为一种特征,当然,这些都是抽象特征,并不都能够形象地解释它们。通过大量训练出这些隐含的特征,帮助我们得到更合理且基于时序的预测。LSTM 时间序列预测模型首先是输入层,紧接着是一层 LSTM 层。在 LSTM 层后有 2 层全连接层,经过降维,最后接入一层输出层。

建立 LSTM 模型的实验中,将需要建模的数据集分为训练集、验证集、测试集。训练集用来训练模型参数,验证集用来验证训练好的模型是否可用,测试集即为最后的用来预测的数据。在对 LSTM 训练中,为了更好地进行训练,需要对数值较大的数据进行如下操作。

(1)归一化处理[257]。在将历史数据带入模型进行训练前,由于数据中几个参数的维度不同,数据之间存在巨大差异,所以需要先对数据进行归一化处理。把数据维度控制在 0~1,归一化函数如下:

$$X_{\text{new}} = [X_{\text{old}} - \min(x)]/[\max(x) - \min(x)] \qquad (4-13)$$

如果不归一化,那么梯度下降的单位不同,各个方向下降的步长不一样,但由于每个参数的维度不同,所以向量矩阵的特征值不同,下降长度不同。归一化使得每个参数随梯度下降的步长与其数量级相对应。对于模型中的权重和偏置的初始化均为随机初始化,对于状态值 h,初始值为 0。同时还要防止过拟合问题,所谓过拟合就是指训练出的模型过于复杂,导致疏忽了数据中本身存在的噪声因素,不能够学习其中的趋势。具体表现为在训练集上具有良好的效果,但是对于训练集外的预测结果无法保证。为防止过拟合问题采取正则化处理。正则化处理的思想就是在损失函数中加入关于模型复杂程度的指标,而神经网络的模型复杂度由权值 w 决定。经过正则化,可以限制权重的大小,防止模型学习到训练集中的干扰噪声,其计算公式为

$$R(w) = \|w\|_2^2 = \sum_t |w_i^2| \qquad (4-14)$$

(2)参数率定与训练[263]。基于 Python3.7,搭建 LSTM 网络,利用 1990 年 1 月 1 日—2020 年 3 月 31 日的数据用作模型提出。将 batch_size 设置为 128,为每次训练数据量,代表 128 个样本之后更新权重,该过程称为随机梯度下降(SGD)。

(3)网络输出与评价验证。LSTM 模型预测完毕后,得到的并不是最终结果。经过交叉验证,将 80% 数据作为训练集、20% 数据作为测试集,验证模型是否达到使用标准。

4.3 基于 *MCI* 的内蒙古地区干旱预测结果

4.3.1 基于 *MCI* 的干旱等级划分

干旱是由于降水长期亏缺和近期亏缺综合效应累加的结果,气象干旱综合指数(*MCI*)考虑了 60d 内的有效降水(权重累积降水)、30d 内蒸散(相对湿润度)以及季度尺度(90d)降水和近半年尺度(150d)降水的综合影响。该指数考虑了业务服务的需求,

增加了季节调节系数。该指数适用于作物生长季逐日气象干旱的监测和评估，其计算公式如下所示：

$$MCI = Ka \times (a \times SPIW_{60} + b \times MI_{30} + c \times SPI_{90} + d \times SPI_{150}) \tag{4-15}$$

式中：MCI 为气象干旱综合指数；MI_{30} 为近 30d 相对湿润度指数；SPI_{90} 为近 90d 标准化降水指数；SPI_{150} 为近 150d 标准化降水指数；$SPIW_{60}$ 为近 60d 标准化权重降水指数；a 为 $SPIW_{60}$ 项的权重系数，北方及西部地区取 0.3，南方地区取 0.5；b 为 MI_{30} 项的权重系数，北方及西部地区取 0.5，南方地区取 0.6；c 为 SPI_{90} 项的权重系数，北方及西部地区取 0.3，南方地区取 0.2；d 为 SPI_{150} 项的权重系数，北方及西部地区取 0.2，南方地区取 0.1；Ka 为季节调节系数，根据不同季节各地主要农作物生长发育阶段对土壤水分的敏感程度。

干旱影响程度依据见表 4-1。

表 4-1　　　　　　　　　　　　　　**气象干旱综合指数等级的划分表**

等级	类型	MCI	干旱影响程度
1	无旱	$-0.5 < MCI$	地表湿润，作物水分供应充足；地表水资源充足，能满足人们生产、生活需要
2	轻旱	$-1.0 < MCI \leqslant -0.5$	地表空气干燥，土壤出现水分轻度不足，作物轻微缺水，叶色不正；水资源出现短缺，但对生产、生活影响不大
3	中旱	$-1.5 < MCI \leqslant -1.0$	土壤表面干燥，土壤出现水分不足，作物叶片出现萎蔫现象；水资源短缺，对生产、生活造成影响
4	重旱	$-2.0 < MCI \leqslant -1.5$	土壤水分持续严重不足，出现干土层（1~10cm），作物出现枯死现象；河流出现断流，水资源严重不足，对生产、生活造成较严重影响
5	特旱	$MCI \leqslant -2.0$	土壤水分持续严重不足，出现较厚干土层（大于 10cm），作物大面积枯死；多条河流出现断流，水资源严重不足，对生产、生活造成严重影响

4.3.2　基于 BP 和 LSTM 模型的干旱预测结果

在回归模型中，均方根误差（$RMSE$）、平均绝对误差（MAE）和决定系数（R^2）是常用的评价验证指标。$RMSE$ 和 MAE 值越小，模型的拟合精度越高；R^2 取值范围为 [0，1]，越接近 1，说明拟合效果越好，因此本节采用 $RMSE$、MAE 和 R^2 作为模型评价的指标，公式[264]为

$$RMSE = \sqrt{\frac{1}{N} \sum_{i=1}^{N} (y_i - \hat{y}_i)^2} \tag{4-16}$$

$$MAE = \frac{1}{N} \sum_{i=1}^{N} |y_i - \hat{y}_i| \tag{4-17}$$

$$R^2 = \frac{\sum_{i=1}^{N} (y_i - \hat{y}_i)^2}{\sum_{i=1}^{N} (y_i - \overline{y})^2} \tag{4-18}$$

式中：$\overline{y}$ 为 y_i 的均值。

Python 软件编写 BP 神经网络与 LSTM 神经网络算法对内蒙古地区 43 个气象站的

MCI 指数进行模型验证及预测。但鉴于气象站点较多，因此本节通过新巴尔左旗、乌审旗、达茂旗和锡林浩特气象站举例对模型的精度开始验证。由图可以发现，两种神经网络模型对 *MCI* 指数拟合均较好，皆可作为内蒙古地区的干旱预测和预警模型。但 BP 神经网络进行预测时，*MCI* 指数值的预测值与实测值基本接近，具有较高的预测精度，且模型也有很好的稳定性。

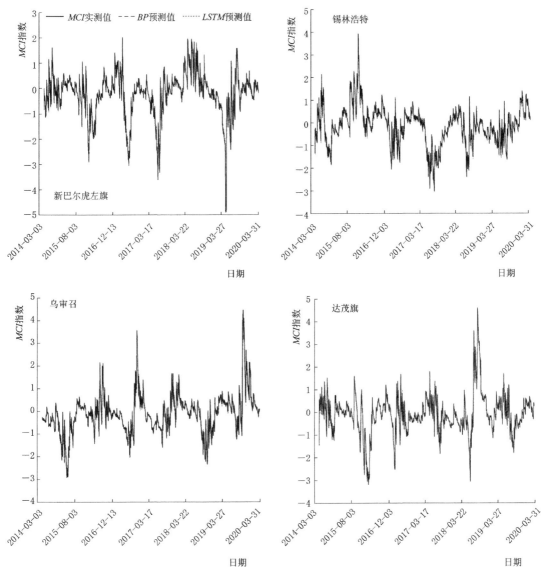

图 4-4 神经网络模型对 *MCI* 指数的验证

紧接着通过 *RMSE*、*MAE* 和 R^2 三种评价指标对 BP 与 LSTM 两种模型的预测精度进行评价验证。结果如表所示：LSTM 模型的 *MAE* 指数要小于 BP 神经网络模型，但综合考虑 *RMSE* 与 R^2 两指标值后可以发现 BP 神经网络对于 *MCI* 的模拟预测要优于 LSTM 神经网络模型，并且 *RMSE* 和 R^2 随着时间尺度的增大而增大，说明 BP 神经网络模型的预测精度与时间尺度有关，随着时间尺度的增大，其预测精度逐渐提高。因此本节主要采用 BP 神经网络对内蒙古地区的干旱进行预测与预警。

表 4 - 2 　　　　　　　**BP 预测模型的 *RMSE*、*MAE* 和 *R²* 值**

气　象　站	*RMSE*	*MAE*	*R²*
新巴尔虎左旗	0.362	0.189	0.917
乌审召	0.337	0.184	0.927
达茂旗	0.357	0.214	0.921
锡林浩特	0.320	0.178	0.922

表 4 - 3 　　　　　　　**LSTM 预测模型的 *RMSE*、*MAE* 和 *R²* 值**

气　象　站	*RMSE*	*MAE*	*R²*
新巴尔虎左旗	0.384	0.202	0.813
乌审召	0.348	0.178	0.847
达茂旗	0.366	0.186	0.831
锡林浩特	0.318	0.173	0.859

　　选取内蒙古自治区 45 个气象站点 2016 年和 2017 年 *MCI* 实测值、BP 神经网络预测值和 LSTM 模型预测值日值，整理获得不同季节的 *MCI* 空间分布，对比内蒙古自治区旱情统计结果，探究 *MCI* 干旱指数的适用性及不同预测模型精度。

　　从图 4 - 5～图 4 - 8 可以看出，2016 年内蒙古地区发生春季干旱的地区主要集中在内蒙古自治区中部，其中，通辽市扎鲁特旗、赤峰市林西县、锡林郭勒盟东乌珠穆沁旗、西乌珠穆沁旗及二连浩特等地干旱特征显著；夏季干旱较严重区域为通辽市扎鲁特旗、赤峰

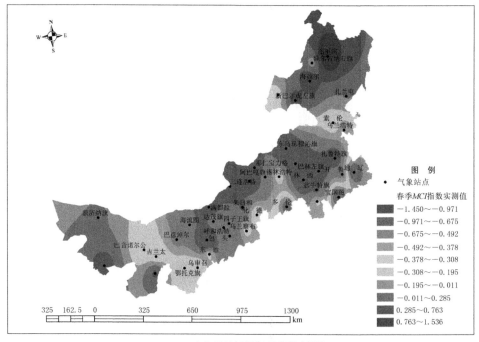

（a）2016 年春季 *MCI* 指数实测值

图 4 - 5 （一）　2016 年春季 *MCI* 指数实测值与预测值空间分布

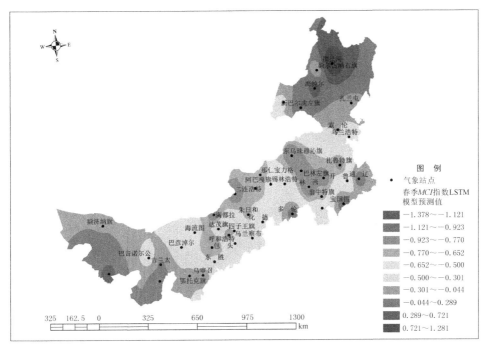

（b）2016年春季*MCI*指数LSTM模型预测值

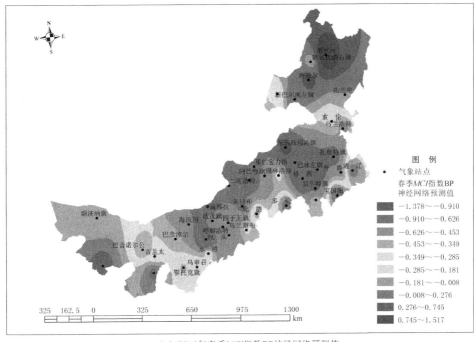

（c）2016年春季*MCI*指数BP神经网络预测值

图 4-5（二） 2016 年春季 *MCI* 指数实测值与预测值空间分布

市林西、锡林郭勒盟阿巴嘎旗及阿拉善右旗；秋季干旱分布在呼伦贝尔市新巴尔虎右旗和左旗及阿拉善右旗等地；冬季旱情不显著，*MCI* 均大于−0.5。除此之外，BP 神经网络预测结果的空间分布与实测值更吻合。

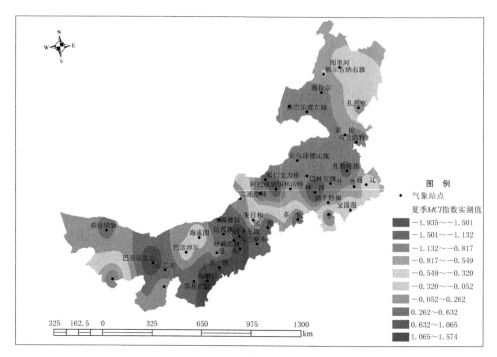

（a）2016年夏季*MCI*指数实测值

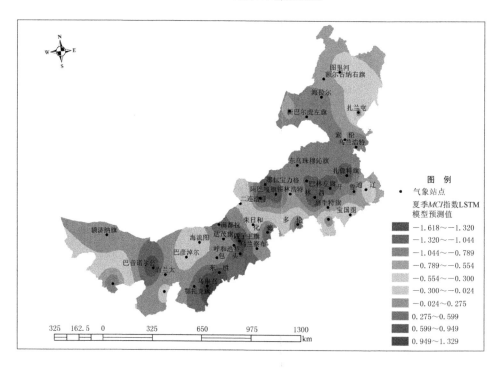

（b）2016年夏季*MCI*指数LSTM模型预测值

图 4-6（一）　2016 年夏季 *MCI* 指数实测值与预测值空间分布

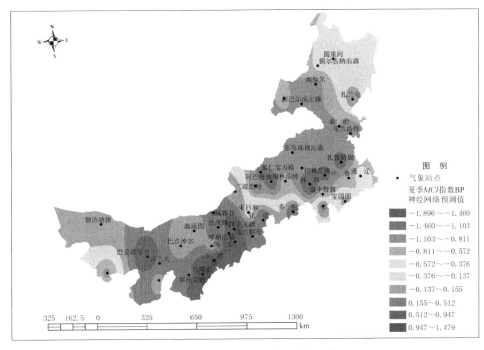

（c）2016年夏季*MCI*指数BP神经网络预测值

图 4-6（二）　2016 年夏季 *MCI* 指数实测值与预测值空间分布

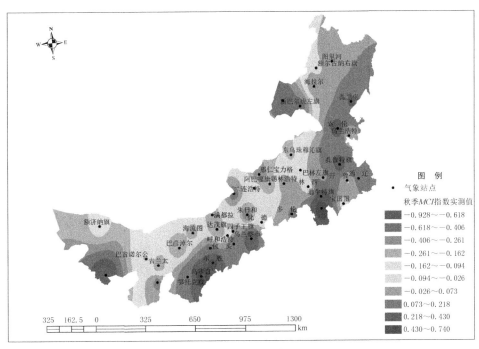

（a）2016年春季*MCI*指数实测值

图 4-7（一）　2016 年秋季 *MCI* 指数实测值与预测值空间分布

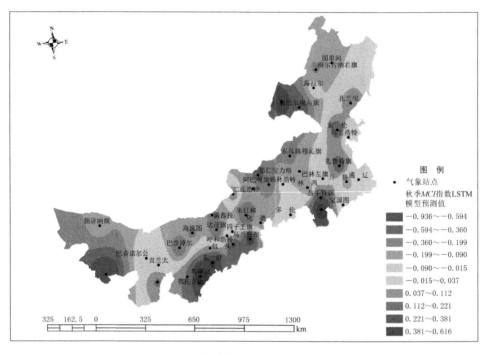

（b）2016年秋季MCI指数LSTM模型预测值

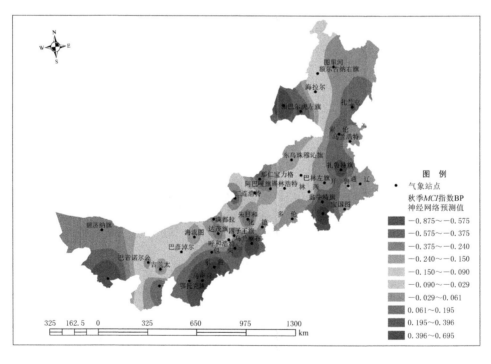

（c）2016年秋季MCI指数BP神经网络预测值

图 4 - 7（二） 2016 年秋季 *MCI* 指数实测值与预测值空间分布

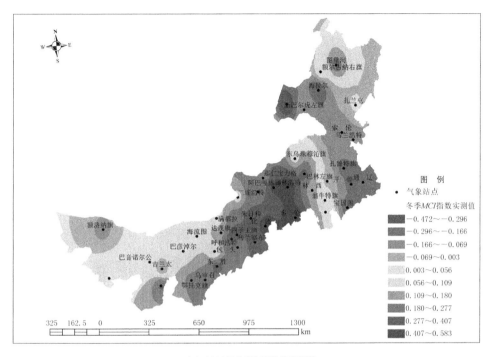

（a）2016年冬季*MCI*指数实测值

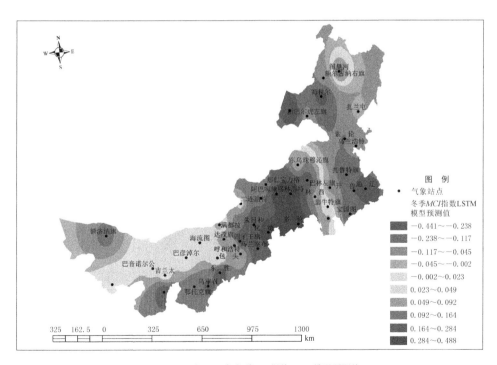

（b）2016年冬季*MCI*指数LSTM模型预测值

图 4-8（一） 2016 年冬季 *MCI* 指数实测值与预测值空间分布

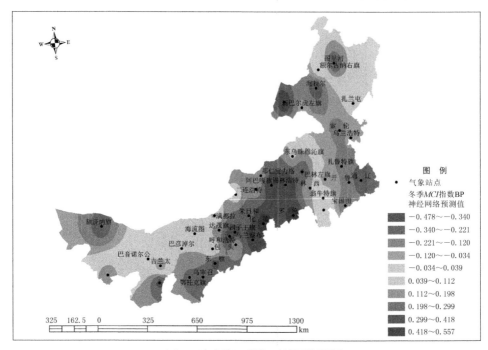

（c）2016年冬季*MCI*指数BP神经网络预测值

图 4-8（二）　2016 年冬季 *MCI* 指数实测值与预测值空间分布

图 4-9～图 4-12 为内蒙古自治区 2017 年旱情空间分布特征，可以看出，2017 年内

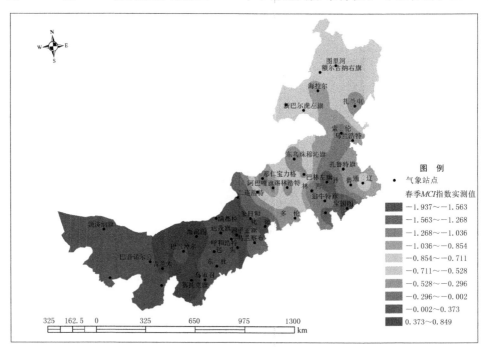

（a）2017年春季*MCI*指数实测值

图 4-9（一）　2017 年春季 *MCI* 指数实测值与预测值空间分布

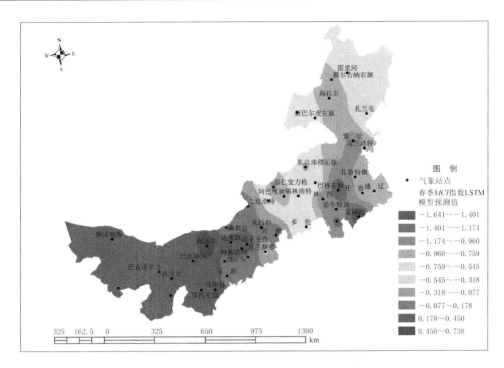

（b）2017年春季*MCI*指数LSTM模型预测值

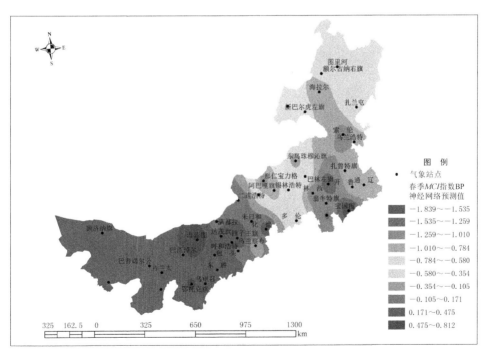

（c）2017年春季*MCI*指数BP神经网络预测值

图4-9（二） 2017年春季 *MCI* 指数实测值与预测值空间分布

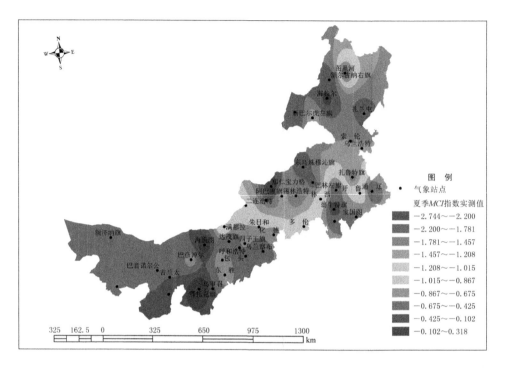

（a）2017年夏季*MCI*指数实测值

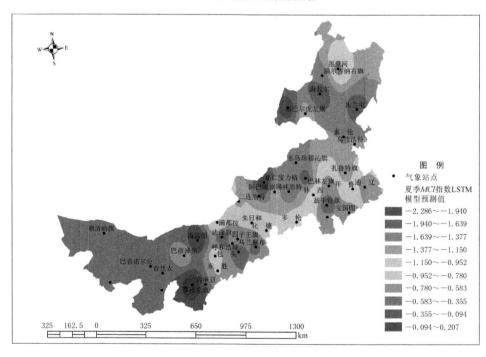

（b）2017年夏季*MCI*指数LSTM模型预测值

图 4-10（一） 2017 年夏季 *MCI* 指数实测值与预测值空间分布

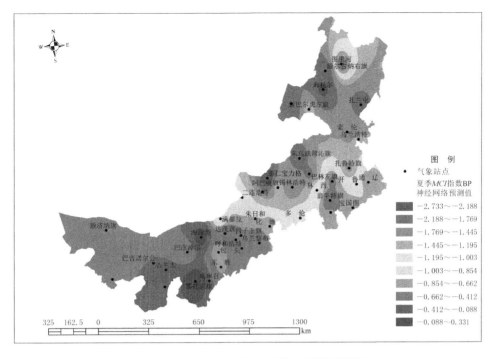

（c）2017年夏季*MCI*指数BP神经网络预测值

图 4 - 10（二） 2017 年夏季 *MCI* 指数实测值与预测值空间分布

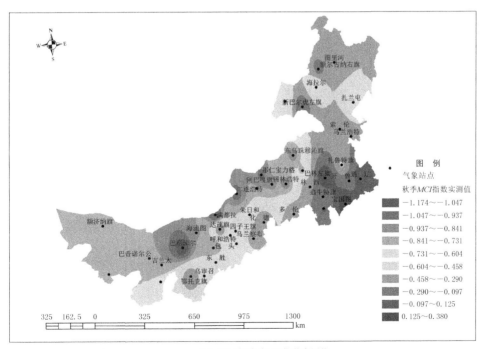

（a）2017年秋季*MCI*指数实测值

图 4 - 11（一） 2017 年秋季 *MCI* 指数实测值与预测值空间分布

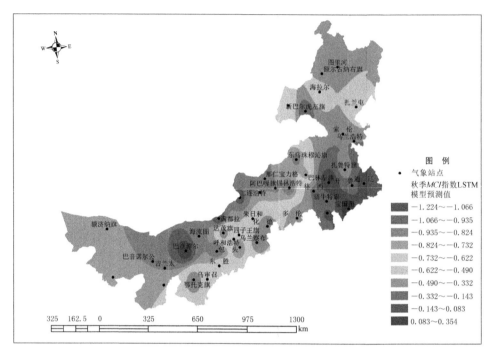

（b）2017年秋季*MCI*指数LSTM模型预测值

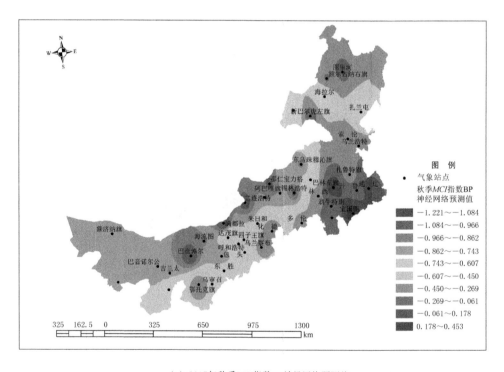

（c）2017年秋季*MCI*指数BP神经网络预测值

图 4 - 11（二）　2017 年秋季 *MCI* 指数实测值与预测值空间分布

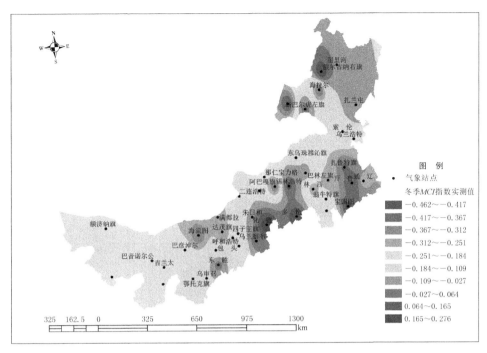

（a）2017年冬季*MCI*指数实测值

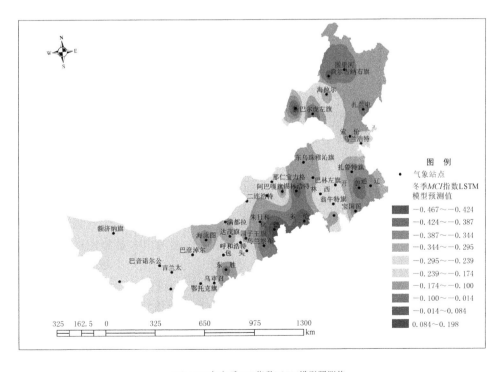

（b）2017年冬季*MCI*指数LSTM模型预测值

图 4 - 12（一） 2017 年冬季 *MCI* 指数实测值与预测值空间分布

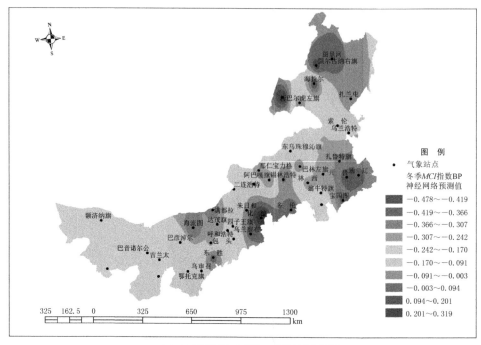

（c）2017年冬季*MCI*指数BP神经网络预测值

图 4-12（二） 2017 年冬季 *MCI* 指数实测值与预测值空间分布

蒙古地区发生春季干旱的地区主要集中在内蒙古自治区东南部，以赤峰市、通辽市、兴安盟和锡林郭勒盟部分地区干旱为主；2017 年内蒙古地区夏季干旱均比较严重，旱情相对严重的区域集中在东北部呼伦贝尔海拉尔市、扎兰屯市及锡林郭勒盟的东乌珠穆沁旗、阿巴嘎旗和西乌珠穆沁旗等地；秋季干旱相对严重的区域分布在内蒙古中北部地区，其中，巴彦淖尔及锡林郭勒盟等地旱情比较集中；冬季旱情不显著，*MCI* 指数均大于−0.5。

内蒙古自治区 2016 年和 2017 年灾情统计数据见表 4-4。以 2016 年为例，可以看出，2016 年内蒙古地区发生春季干旱（3—5 月）的地区主要集中在通辽市扎鲁特旗、乌兰察布市四子王旗等地；夏季干旱（6—8 月）较为严重，以赤峰市大部分地区、呼伦贝尔市鄂温克旗、新巴尔虎旗及阿荣旗、锡林郭勒盟东乌珠穆沁旗和西乌珠穆沁旗及兴安盟全盟等地干旱为主；秋季干旱（9—11 月）集中在呼伦贝尔市新巴尔虎右旗、新巴尔虎左旗、赤峰市阿鲁科尔沁旗及锡林郭勒盟苏尼特右旗；冬季未见旱情统计数据。内蒙古地区旱情分布特征揭示了综合干旱指数 *MCI* 可较精准的反映干旱的时空分布特征，BP 神经网络预测模型与 LSTM 模型均可用于内蒙古地区干旱的预测，但相比较而言，BP 神经网络与实测值的空间分布和阈值区间更加吻合。

表 4 - 4　内蒙古自治区 2016 年和 2017 年旱情统计数据

年份	日期	地点	灾害性天气类别	人口灾情/人							农作物灾情/hm²			死亡大牲畜/万头（只）	农业经济损失/万元	直接经济损失/万元
				受灾	死亡	失踪	受伤	饮水困难	被困	转移安置	受灾面积	成灾面积	绝收面积			
2016	6 月 1 日—9 月 29 日	赤峰市阿鲁科尔沁旗	干旱	202559				79398			154831	115760.9	58393.43		32693	79046.19
2016	6 月 17 日—7 月 22 日	赤峰市敖汉旗	干旱	87702				20610			25158.8	18844.8	1056		1067.07	5669.93
2016	6 月 1 日—9 月 29 日	赤峰市巴林右旗	干旱	113500				34528			75942	60499	29735		57250	59739
2016	6 月 1 日—9 月 29 日	赤峰市巴林左旗	干旱	173678				79178			83743	56866	49035		7881.3	43449.3
2016	7 月 1—13 日	赤峰市克什克腾旗	干旱	147657				2320			48546.67	30386.67	3466.67			24597.58
2016	6 月 6 日—9 月 29 日	赤峰市林西县	干旱	120810				7510			66700	57300	48700		14620	34870
2016	7 月 11—22 日	赤峰市宁城县	干旱	196340				43206			19371	6726	3410		10500	10500
2016	7 月 7—22 日	赤峰市松山区	干旱	84839				25289			23442	10910	7477		7054	7054
2016	6 月 4—30 日	赤峰市松山区	干旱	40589				0			25608	21992			1979	1979
2016	6 月 4 日—7 月 22 日	赤峰市翁牛特旗	干旱	202132				30879			108413.3	79159.3	10125		20815.4	20815.4
2016	7 月 7 日—9 月 1 日	呼伦贝尔市鄂温克旗	干旱	19200												
2016	7 月 6 日—9 月 1 日	呼伦贝尔市陈巴尔虎旗	干旱	10762				3586			24670					
2016	7 月 8 日—9 月 1 日	呼伦贝尔市新巴尔虎右旗	干旱	16254												
2016	7 月 1 日—8 月 31 日	呼伦贝尔市阿荣旗	干旱	145554							158125	113476	57313		28404	28404
2016	7 月 23 日—9 月 26 日	呼伦贝尔市莫力达瓦旗	干旱	171181							275707					107525.6

续表

年份	日期	地点	灾害性天气类别	人口灾情/人							农作物灾情/hm²			死亡大牲畜/万头(只)	农业经济损失/万元	直接经济损失/万元
				受灾	死亡	失踪	受伤	饮水困难	被困	转移安置	受灾面积	成灾面积	绝收面积			
2016	7 月 1 日—9 月 12 日	呼伦贝尔市扎兰屯市	干旱	210407							179089.3	153258.3	93015.5		76591.286	
2016	7 月 1 日—10 月 8 日	呼伦贝尔市新巴尔虎左旗	干旱	19000												31000
2016	4 月 1 日—7 月 22 日	通辽市扎鲁特旗	干旱	196150				68923			148000	100000	44667	0.3348	39000	109000
2016	7 月 1—18 日	通辽市奈曼旗	干旱	152262				1635			101510	21330				9000
2016	6 月 20 日—7 月 18 日	通辽市库伦旗	干旱	60430							35096	28715	1181		8062	9098
2016	4 月 20 日—5 月 23 日	乌兰察布市四子王旗	干旱	34520				18543			220					1000
2016	8 月 1—31 日	锡林郭勒盟西乌珠穆沁旗	干旱	41077							2206800					148959
2016	8 月 1—31 日	锡林郭勒盟东乌珠穆沁旗	干旱	16794							3251900					9750
2016	1—12 月	锡林郭勒盟苏尼特右旗	干旱	13517							1843800					260
2016	8 月 1—31 日	兴安盟全盟（6 个旗县市）	干旱	981600				46800			768300	530800	312000			371200
2017	2017 - 06 - 01 08:00:00.0—2017 - 06 - 30 08:00:00.0	兴安盟阿尔山市	干旱	2600							4300				720	720

续表

年份	日期	地点	灾害性天气类别	人口灾情/人							农作物灾情/hm²			死亡大牲畜/万头(只)	农业经济损失/万元	直接经济损失/万元
				受灾	死亡	失踪	受伤	饮水困难	被困	转移安置	受灾面积	成灾面积	绝收面积			
2017	2017-06-15 11:01:26.0	兴安盟突泉县	干旱													4002.17
2017	2017-04-01 15:59:58.0	兴安盟乌兰浩特市	干旱	53137								34470.84			1107.88	1107.88
2017	2017-03-01 10:27:40.0—2017-05-27 10:27:55.0	兴安盟科尔沁右翼中旗	干旱	100607												909.6
2017	2017-06-01 08:49:25.0—2017-07-20 18:37:21.0	通辽市科尔沁左翼中旗	干旱	74416				16204			147488.5	89237	9068			22124.91
2017	2017-07-01 14:35:46.0—2017-07-24 09:37:00.0	鄂尔多斯市乌审旗	干旱	12632												435
2017	2017-04-01 17:13:21.0—2017-10-09 11:22:04.0	兴安盟扎赉特旗	干旱	216043							186666	186666	50000		53643.95	53643.95
2017	2017-05-31 16:34:52.0—2017-10-09 16:27:29.0	呼伦贝尔市新巴尔虎右旗	干旱	17000												11053

续表

年份	日期	地点	灾害性天气类别	人口灾情/人							农作物灾情/hm²			死亡大牲畜/万头(只)	农业经济损失/万元	直接经济损失/万元
				受灾	死亡	失踪	受伤	饮水困难	被困	转移安置	受灾面积	成灾面积	绝收面积			
2017	2017-05-26 20:00:00.0—2017-07-24 10:07:59.0	通辽市库伦旗	干旱	143250				9267			100240	80904				48008.54
2017	2017-04-01 10:04:38.0—2017-09-13 09:27:36.0	呼伦贝尔市新巴尔虎左旗	干旱	23664												15126.9
2017	2017-04-01 00:00:00.0—2017-09-07 15:48:55.0	锡林郭勒盟阿巴嘎旗	干旱	4404												17000
2017	2017-05-01 15:56:21.0—2017-09-07 16:12:33.0	锡林郭勒盟苏尼特左旗	干旱	15525				3723								11270
2017	2017-07-04 09:04:15.0—2017-09-01 10:20:57.0	呼伦贝尔市海拉尔区	干旱	18723							27196.2					26913.4
2017	2017-05-27 11:16:56.0	通辽市奈曼旗	干旱	50354				13642			13000.67					8510

续表

年份	日期	地点	灾害性天气类别	人口灾情/人							农作物灾情/hm²			死亡大牲畜/万头(只)	农业经济损失/万元	直接经济损失/万元
				受灾	死亡	失踪	受伤	饮水困难	被困	转移安置	受灾面积	成灾面积	绝收面积			
2017	2017-07-20 18:50:49.0—2017-08-31 15:48:10.0	呼和浩特市武川县	干旱													16247.43
2017	2017-05-01 09:35:40.0—2017-08-29 11:32:54.0	锡林郭勒盟东乌珠穆沁旗	干旱	23262				19171								59000
2017	2017-06-23 20:31:23.0—2017-08-09 08:00:00.0	通辽市科尔沁左翼后旗	干旱	308315							199117	118008.5	44040		35324.5	35324.5
2017	2017-05-26 10:33:54.0—2017-08-15 09:13:35.0	通辽市开鲁县	干旱	3269							742.3				105.93	105.93
2017	2017-06-01 10:13:56.0—2017-08-14 14:54:58.0	呼伦贝尔市陈巴尔虎旗	干旱	10779							30523					18000
2017	2017-06-09 10:32:28.0—2017-08-12 20:00:38.0	呼伦贝尔市鄂温克族自治旗	干旱													0
2017	2017-06-08 10:20:13.0—2017-08-11 15:34:10.0	呼伦贝尔市扎兰屯市	干旱	196814							169540.5	169540.5	11624.98		42083.2	42083.2

续表

年份	日　期	地　点	灾害性天气类别	人口灾情/人							农作物灾情/hm²			死亡大牲畜/万头(只)	农业经济损失/万元	直接经济损失/万元
				受灾	死亡	失踪	受伤	饮水困难	被困	转移安置	受灾面积	成灾面积	绝收面积			
2017	2017-05-18 16:24:21.0—2017-08-10 16:32:06.0	赤峰市阿鲁科尔沁旗	干旱	138240				33293			70501	55397	11495		42420	42420
2017	2017-06-01 08:11:51.0—2017-07-13 08:13:04.0	乌兰察布市察哈尔右翼中旗	干旱	42839							31140					3744.2
2017	2017-05-18 10:05:03.0—2017-07-07 17:45:07.0	赤峰市巴林右旗	干旱	92522	0		0	8283			56260.97	16053.3		0.0365	19760.9	20083.3
2017	2017-05-19 15:45:48.0—2017-07-08 10:01:29.0	赤峰市林西县	干旱	104469							44615	26609	13088		19647	19647
2017	2017-05-18 11:27:59.0—2017-07-08 08:00:00.0	赤峰市松山区	干旱	194000		0					61000	46000			14000	14000
2017	2017-04-01 00:00:00.0—2017-07-08 00:00:00.0	赤峰市喀喇沁旗	干旱	121365				15651			13792	13792			6035	6035
2017	2017-05-19 17:03:37.0—2017-07-06 20:38:39.0	赤峰市敖汉旗	干旱	364496				14801			110628.6	110628.6			15529	15529

续表

年份	日期	地点	灾害性天气类别	受灾	死亡	失踪	受伤	饮水困难	被困	转移安置	受灾面积	成灾面积	绝收面积	死亡大牲畜/万头（只）	农业经济损失/万元	直接经济损失/万元
				人口灾情/人							农作物灾情/hm²					
2017	2017-05-05 10:27:21.0—2017-05-26 10:28:34.0	兴安盟科尔沁右翼前旗	干旱	45497							23802				687.28	687.28
2017	2017-05-15 15:44:03.0—2017-06-21 15:44:47.0	锡林郭勒盟正镶白旗	干旱													3100
2017	2017-05-01 08:14:16.0—2017-05-27 18:57:53.0	通辽市科尔沁左翼中旗	干旱	102590				208			100473.3				830	1494.19
2017	2017-04-01 17:15:02.0—2017-04-11 17:15:02.0	通辽市扎鲁特旗	干旱	30000				30000							20000	97000
2017	2017-04-11 00:00:00.0—2017-05-26 10:11:52.0	通辽市奈曼旗	干旱	178896				1054			74584				5590	6590
2017	2017-05-18 17:18:56.0—2017-05-25 15:20:19.0	通辽市库伦旗	干旱	110200				849								5800
2017	2017-05-01 15:54:50.0—2017-05-21 17:45:24.0	通辽市开鲁县	干旱	9641	0		0	0			3140	0	0	0	221.87	221.87

注　1 亩≈0.0667hm²，请将苗换算成公顷填入。

4.4　基于 BP 神经网络内蒙古地区未来十天干旱预测

反距离加权插值法（IDW）是基于地理学第一定律相近相似的原理，认为每个采样点都对邻近区域的插值点有一定的影响，且影响的大小随距离的增大而减小。一般公式为

$$\hat{Z}(s_0) = \sum_{i=1}^{N} \lambda_i Z(s_i) \qquad (4-19)$$

$$\lambda_i = \frac{d_{i0}^{-p}}{\sum_{i=1}^{n} d_{i0}^{-p}} \qquad (4-20)$$

$$\sum_{i=1}^{N} \lambda_i = 1 \qquad (4-21)$$

式中：$\hat{Z}(s_0)$ 为 s_0 处的插值结果；$Z(s_i)$ 为在 s_i 处获得的监测值；N 为参与插值的周围采样点的权重；d_{i0} 为插值点与各已知采样点 s_i 之间的距离。

式（4-21）的意义为个采样点值对插值结果作用的权重大小之和为 1。IDW 法属于精确插值方法，即插值后表面通过采样点，该特征可以保证插值结果在采样点位处与实际监测值一致。

将内蒙古地区 2020 年 4 月 1—10 日各站点的 MCI 值进行模拟预测并进行干旱等级划分，将每一天不同等级干旱发生的站点数在一张图 4-13～图 4-22 上表示出来，可以清晰地展示未来 10d 干旱的发生特点。通过 BP 神经网络模型进行模拟预测后利用反距离加

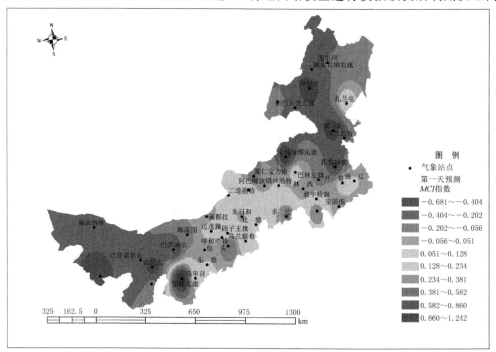

图 4-13　预测第一天

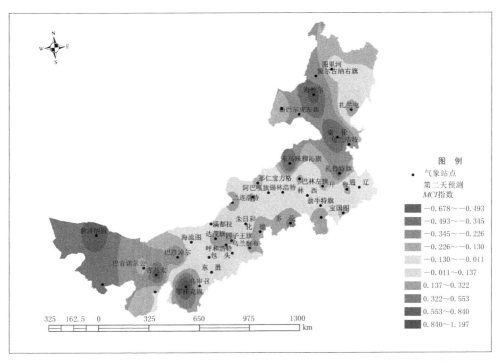

图 4-14 预测第二天

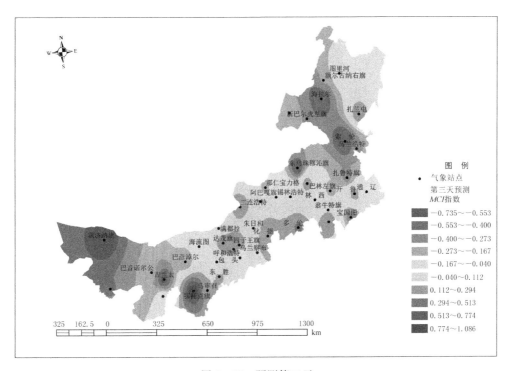

图 4-15 预测第三天

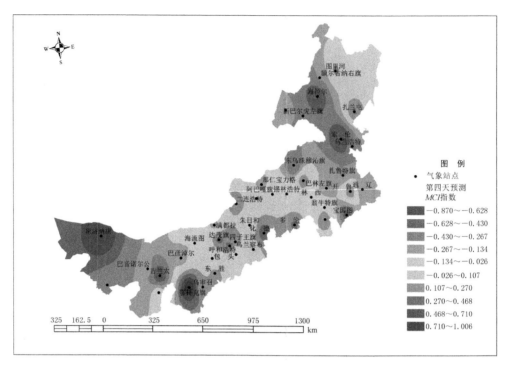

图 4 - 16 预测第四天

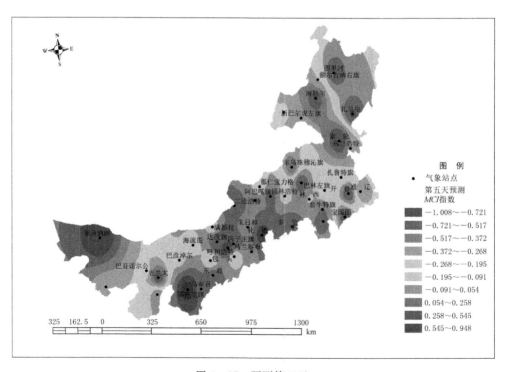

图 4 - 17 预测第五天

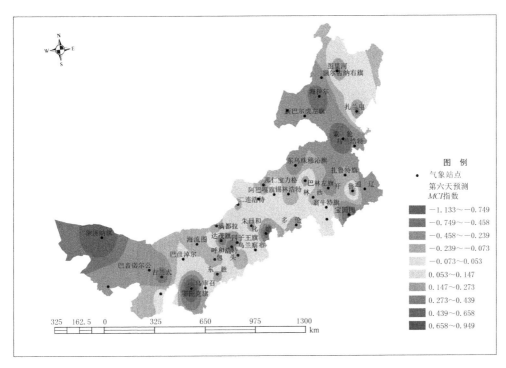

图 4-18 预测第六天

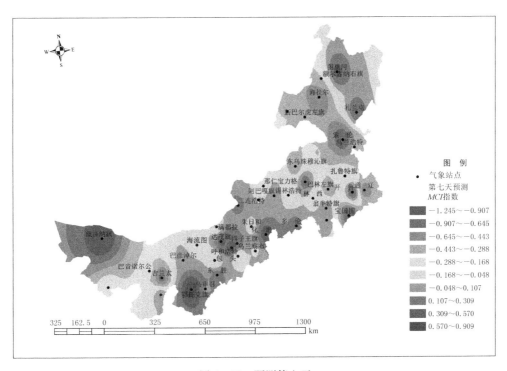

图 4-19 预测第七天

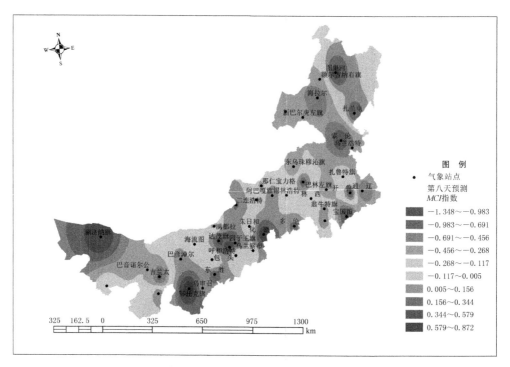

图 4 - 20　预测第八天

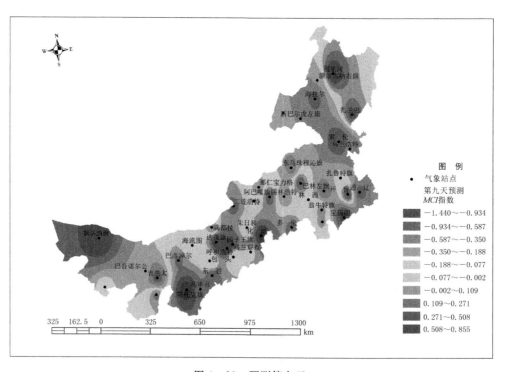

图 4 - 21　预测第九天

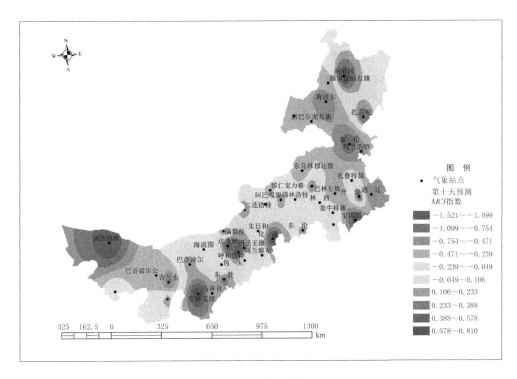

图 4-22 预测第十天

权插值法发现未来十天内蒙古中部地区主要表现为无旱状态，而内蒙古西部和内蒙古东北部正经历轻度干旱；轻度干旱主要以巴彦淖尔、吉兰泰、阿拉善左旗和额济纳旗为代表的内蒙古西部发生频率相对较高，轻度干旱易发生在阿拉善左旗和额济纳旗；而东北部的轻度干旱的地区集中在海拉尔、新巴尔虎左旗和索伦等地区，所占比例最大的为海拉尔站和索伦站，易发生率已经超过 80%。同时，可以发现，未来十天的干旱情况按地区分化比较明显，西部、东北部的干旱程度要强于中部地区。

4.5 基于 SWAT 模型的锡林河流域地表径流模拟

4.5.1 内蒙古牧区水文干旱特征

干旱作为陆地水循环系统收支失衡形成的一种水分异常短缺现象，可分为四种类型，即气象干旱、农业干旱、水文干旱和社会经济干旱[265]。其中，水文干旱主要影响自然界水循环过程中蒸发、下渗和径流三大环节，涉及地表、壤中和地下水分界面，关系到水文循环和水量平衡，更能反映一个流域的实际旱情[266]，同样，水文干旱的形成与结束过程相对迟缓，其机理也更为复杂[267]。20 世纪中期以来，受全球气候变暖以及高强度人类活动的双重驱动影响，流域水文循环各个环节都发生了不同程度的改变，水文干旱的物理形成机制也随之变化[268]。科学评价和识别水文干旱事件可更为精确地揭示水文干旱演变的驱动机制，有助于完善干旱体系的构建。

内蒙古地处我国北部边疆，定位于保障首都、服务华北、面向全国的清洁能源输出基地和我国北方重要的生态安全屏障。然而，内蒙古草原生态环境系统却异常脆弱，尤其在位于内蒙古高原中部农牧交错带的内陆河地区，受气候变化、过度放牧和矿产资源开发等多重因素的影响，该区域发生干旱的频率和等级正逐渐加大，随之出现了诸如植被退化、土地荒漠化等一系列生态环境问题。

现今许多学者研究通过构建干旱指标来描述干旱的变化情况，干旱指标种类繁多，本论文将选取标准化径流指数（Standardized Runoff Index，SRI）作为水文干旱的研究指标[269]，其计算需要资料相对较少，并且可以用于多时间尺度进行分析等特点。该指标不涉及具体干旱的内在机理，具有较强的时空适应性，其计算的核心环节是选取比较适宜的分布函数来拟合径流量，计算方法由 SPI 指数演变而来[270]。本节以每日实测径流深数据为基础利用 Γ 分布概率密度函数描述多年径流深的变化，并计算出不同时间尺度的 SRI 值。经过标准正态化将呈偏态概率分布的值转化为不同时间尺度的 SRI 值。具体计算方法如下。

假设某一时间段的径流 x 满足 Γ 分布概率密度函数 $f(x)$ 为

$$f(x) = \frac{1}{\gamma T(\beta)} x^{\beta-1} e^{\frac{-x}{\lambda}} \tag{4-22}$$

式中：γ、β 分别是形状和尺度参数。

$x > 0$、$\gamma > 0$、$\beta > 0$，γ、β 可用极大似然法计算，一定时间尺度的径流 x 的累积概率[271]：

$$f(x) = \int_0^x f(x)\,\mathrm{d}x \tag{4-23}$$

对 Γ 分布概率进行正态标准化得到：

$$SRI = S\frac{t-(c_2 t+c_1)t+c_0}{[(d_3 t+d_2)t+d_1]t+1} \tag{4-24}$$

$$t = \sqrt{2\ln(F)} \tag{4-25}$$

当 $F > 0.5$ 时，$S=1$；当 $F \leqslant 0.5$ 时，$S=-1$，其中 $c_0 = 2.515517$，$c_1 = 0.8023853$，$c_2 = 0.010328$，$d_1 = 1.432788$，$d_2 = 0.189269$，$d_3 = 0.001308$。

选用不同时间尺度的 SRI 指数不仅可以探讨短期水文干旱发生的时间状态变化，还可以反映长期水文干旱的演变情况。根据 SPI 指数将 SRI 丰枯等级进行划分[272]，见表 4-5。

表 4-5   干 旱 等 级 划 分

指数	轻旱	中旱	重旱	特旱
SRI	$[-0.5，-1.0)$	$[-1.0 \sim -1.5)$	$[-1.5 \sim -2.0)$	$\leqslant -2.0$

通过对内蒙古牧区多个水文站点长序列径流数据的三性审查，最终选取 8 个具有代表性的水文站点进行牧区水文干旱分析。站点信息见表 4-6。

表 4 - 6 水 文 站 信 息

站点名称	纬度/(°)	经度/(°)	序列长度
伊敏牧场	48.65	119.8	1960—2018
万合永	43.13	118	1972—2018
福山地	43.93	119.45	1966—2018
锡林浩特	43.82	116.17	1975—2018
新店	42.33	118.7	1960—2018
大河口	42.23	116.7	1957—2012
西厂汗营	41.58	111.58	1968—2012
百灵庙	41.42	110.27	1975—2018

由图 4 - 23 可知，在月尺度上，伊敏牧场站的轻旱频率为 20.34%，其余站点轻旱频率均为 10%～20%，其中频率最低的两个站点为西厂汉营站和万合永站，分别为 12.22% 和 12.23%。就中旱而言，其频率总体小于 10%，只有新店站中旱频率为 11.30%，而锡林浩特站中旱频率最小，仅为 2.63%，其余 6 个站点的中旱频率均为 6%～10%。锡林浩特站在月尺度上发生重旱和特旱的频率也为最低，分别为 0.88% 和 0.29%，而西厂汉营站在同尺度上发生重旱和特旱的频率最高，分别为 3.70% 和 2.59%。总体而言，各站点发生重旱的频率都小于 4%，发生特旱的频率都小于 3%。在月尺度上，各类干旱在中部地区发生的频率总体较低。

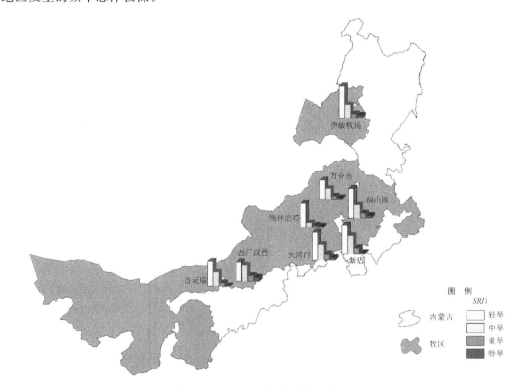

图 4 - 23 基于 $SRI1$ 的干旱频率分布

　　*SRI*3 可以反映季节干旱，由图 4 - 24 可知，在季节尺度上，大河口站轻旱频率最高，为 20.91%，西厂汉营发生轻旱频率最低，为 12.78%，其他位于研究区中部的站点发生季节尺度轻旱的频率较为接近。新店和福山地两个站点发生中旱的频率相对较高，分别为 10.45% 和 10.22%，其余站点均在 10% 以下，其中锡林浩特站发生中旱频率最低，为 4.53%。与月尺度类似，西厂汉营在季尺度上发生重旱和特旱的频率最高，分别为 6.85% 和 2.22%，同样，锡林浩特站在季尺度上发生重旱和特旱的频率也为最低，分别为 1.17% 和 0.58%。在季尺度上，除西厂汉营之外的其余站点发生特旱的频率均小于 2%。

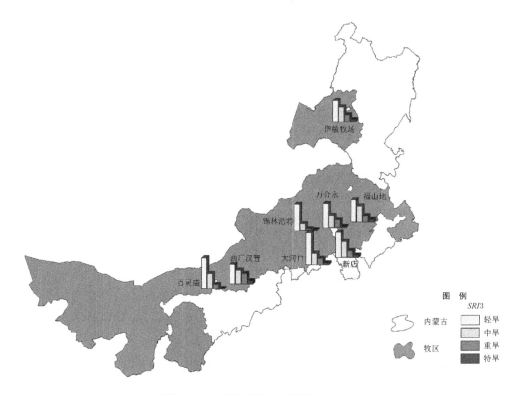

图 4 - 24　基于 SRI3 的干旱频率分布

　　*SRI*12 可反映年尺度的水文干旱，由图 4 - 25 可知，百灵庙站发生轻旱的频率最高，为 26.54%，其次为大河口站，为 20.28%，其余各站点频率均小于 20%，为 10%～18%，位于中部地区的站点发生轻旱的频率相对较低。新店站和大河口站在年尺度上发生中旱的频率相对较高，分别为 13.28% 和 11.16%，其余站点均小于 10%。锡林浩特站在年尺度上发生重旱的频率最低，为 1.90%，万合永站发生重旱的频率最高，为 6.74%。同样，就发生特旱频率而言，各站点频率均小于 3%，其中伊敏牧场站在年尺度发生特旱的频率最高，为 2.68%。

　　综上所述，内蒙古牧区各区域在不同尺度下发生水文干旱的频率差别较大，其中，中部地区发生水文干旱的频率相对较低。位于内蒙古中部的锡林河流域在锡林浩特市境内，是典型草原内陆河流域，这也决定了地表径流对流域生态系统的重要性，但由于气候变化和人类活动影响等原因，流域近年来出现了径流量大幅减少甚至断流等现象。基于水循环

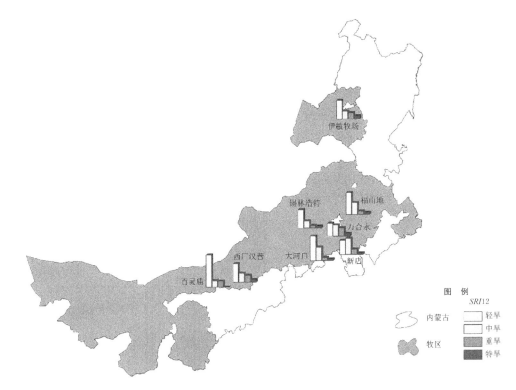

图 4-25 基于 *SRI*12 的干旱频率分布

过程，应用分布式水文模型在锡林河流域开展水文干旱研究，探明其对变化环境的响应并科学评价其演变规律及分布特征，可为半干旱区水文干旱监测与预报奠定基础，有助于合理优化牧区水资源配置和提高水资源利用效率，对进一步建立牧区高效科学的自然灾害防治体系具有很好的推动作用。

   SWAT (soil and water assessment tool) 模型是一种具有较强物理基础的分布式水文模型[273]，在 Arcgis 平台上集成了遥感与数字高程模型，将气象、土壤、土地利用和植被等因素进行综合考虑，模型的模块化设计使得操作较为容易，界面也更加直观清晰，能够在径流的模拟过程中达到良好的效果。根据研究区实际水文状况建立所需数据库作为输入数据，模型通过日连续空间分布式参数，将流域分成子流域和多个水文响应单元 HRU (Hydrologic Response Unit)，各 HRU 独立计算其物质循环，最后进行汇总求得流域出口处的径流量、泥沙量等水文要素[274]。此外，模型还可以模拟在不同土地利用和气候变化等情景下流域的径流变化。能够准确模拟流域径流过程对流域水资源的高效利用及生态保护具有重要意义，因此，SWAT 模型被广大研究人员所应用。由于锡林河流域下游出现断流的情况，且锡林浩特水文站位于流域中上游地区，所以，本章以锡林浩特水文站控制的上游流域为研究区，对该区域的径流过程进行模拟分析，进而为基于水循环过程的水文干旱分析做好前期准备。

4.5.2 模型简介

   SWAT 模型中水文循环过程可分为两部分：①路面水循环部分，主要包括产流和坡面汇流过程，控制着河道的物质输入量；②水面水循环部分，主要为河道汇流过程，控制着河道的物质输出量。其过程具体如图4-26所示。

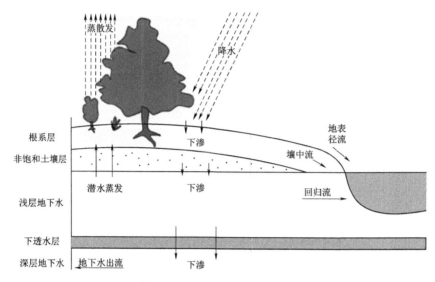

图4-26   SWAT模型水循环过程

其中，路面水文循环中采用如下水量平衡方程：

$$SW_t = SW_0 + \sum_{i=1}^{t}(P - Q_{surf} - E_a - Q_{lat} - Q_{gw}) \tag{4-26}$$

式中：SW_0 为时段初的土壤含水量；SW_t 为时段末的土壤含水量；t 为时间步长；P 为降水量；E_a 为蒸散发量；Q_{lat} 为侧向壤中流；Q_{gw} 为回归水量。

SWAT模型采用模块化设计思路（图4-27），并用数学方程来计算水循环中各环节对应的子模块，主要包括：地表径流、下渗、壤中流、地下径流、河道汇流等。

其中，路面水文循环主要涉及以下主要过程：

（1）地表径流：SWAT模型提供了SCS径流曲线法计算地表径流，该方法先计算各HRU的径流量、河道汇流和坡面汇流时间，再通汇流演算来计算不同下垫面条件下的总径流量。公式如下：

$$Q_{surf} = \frac{(R_{day} - 0.2S)^2}{R_{day} + 0.8S} \tag{4-27}$$

式中：R_{day} 为日降雨量；S 为表征土壤持水能力的参数，与土地利用、土壤类型等下垫面因素有关系，当引入 CN 值后，公式可变为

$$S = \frac{25400}{CN} - 254 \tag{4-28}$$

式中：CN 为一个能够反映降雨前期流域的综合特征的无量纲参数。当 CN 值越大，越容易产生径流，反之亦然。当 $CN=100$ 时，流域内产流最大；当 $CN=0$ 时，流域不会形成径流。

（2）下渗：指水分从土壤表面进入土壤剖面的过程，影响该过程的主要参数为土壤含

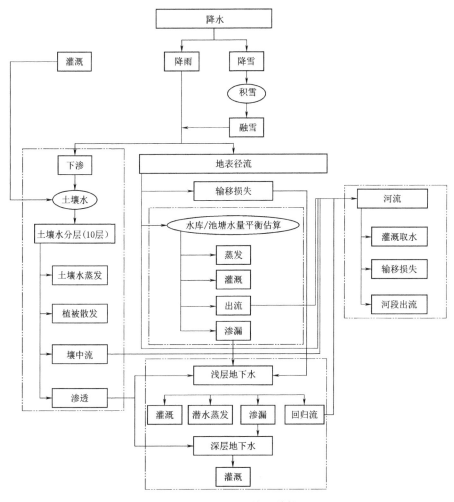

图 4-27 SWAT 模型结构

水量和土壤饱和传导系数。模型计算公式如下：

$$w_{perc,ly} = SW_{ly,excess} \left[1 - \exp\left(\frac{-\Delta t}{TT_{perc}}\right) \right] \tag{4-29}$$

$$TT_{perc} = \frac{SAT_{ly} - FC_{ly}}{K_{sat}} \tag{4-30}$$

式中：$w_{perc,ly}$ 为某日入渗到下层土壤的入渗量；$SW_{ly,excess}$ 为某日上层可渗透的水量；Δt 为时间步长；TT_{perc} 为渗透传输时间；SAT_{ly} 为土壤层在完全饱和时的土壤含水量；FC_{ly} 为土壤层在达到田间持水能力时的含水量；K_{sat} 为土壤层的饱和水力传导率。

（3）壤中流：指地表以下、地下水以上的径流，当土壤的含水量超过其田间持水量时，便会产生壤中流，计算公式如下：

$$Q_{lnt} = 0.024 \left(\frac{2SW_{ly,excess} K_{sat} SLP}{\varphi_d L_{hill}} \right) \tag{4-31}$$

式中：$SW_{ly.excess}$ 为饱和土壤可流出的水量；K_{sat} 为饱和土壤导水率；SLP 为坡度；L_{hill} 为坡长；φ_d 为土壤总空隙度与土壤水分含量到达田间持水量时的土壤空隙度的差。

（4）地下径流：SWAT 模型将地下径流分为浅层地下径流和深层地下径流，分别汇入流域内河流和流域外河流。其中，模型通过建立浅层含水层储量来计算径流对地下水的补给，认为根带底层的下渗量为浅层地下水的补给量，其地下径流方程如下：

$$aq_{sh,i}=aq_{sh,i-1}+W_{rchrg,sh}-Q_{gw,i}-W_{revap}-W_{deep}-W_{pump,sh} \tag{4-32}$$

式中：$aq_{sh,i}$ 为第 i 天在浅层蓄水层中的蓄水量；$aq_{sh,i-1}$ 为第 $i-1$ 天在浅层蓄水层中的蓄水量；$W_{rchrg,sh}$ 为第 i 天进入浅蓄水层中的储水量；$Q_{gw,i}$ 为第 i 天进入河道的基流量；$W_{pump,sh}$ 为第 i 天由于土壤缺水而进入土壤带的水量；W_{deep} 为第 i 天由浅层蓄水层进入深层蓄水层的水量；$W_{pump,sh}$ 为第 i 天深层蓄水层中被上层吸收的水量。

深层地下水径流计算方程如下：

$$aq_{dp,i}=aq_{dp,i-1}+W_{deep}-W_{pump,dp} \tag{4-33}$$

式中：$aq_{dp,i}$ 为第 i 天在深层蓄水层中的蓄水量；$aq_{dp,i-1}$ 为第 $i-1$ 天在深层蓄水层中的蓄水量；W_{deep} 为第 i 天由浅层蓄水层进入深层蓄水层的水量；$W_{pump,dp}$ 为第 i 天深层蓄水层中被上层吸收的水量。

SWAT 模型在水面水循环过程中主要表现为河道汇流演算，模型采用曼宁公式来计算流速和流量，采用变量存储法或马斯京根法对水流运动进行模型。河道水量满足以下平衡公式：

$$V_{stored,2}=V_{stored,1}+V_{in}-V_{out}-tloss-E_{ch}+div+V_{bnk} \tag{4-34}$$

式中：$V_{stored,2}$ 为时间步长结束时河道中的水存储量；$V_{stored,1}$ 为时间步长开始时河道中水存储量；V_{in} 为时间步长内进入河道的水量；V_{out} 为流出河道的水量；$tloss$ 为河道传输损失；E_{ch} 为蒸发损失；div 为调水对河道水量的改变；V_{brk} 岸边存储通过回归流增加的河道水量。

$$tloss=K_{ch} \cdot TT \cdot P_{ch} \cdot L_{ch} \tag{4-35}$$

式中：$tloss$ 为河道传输损失；K_{ch} 为河道淤积层的有效水力传导率；TT 为水流输移时间；P_{ch} 为湿周；L_{ch} 为河道程度。

河道的蒸发损失，采用下式计算：

$$E_{ch}=coef_{ev}E_0 L_{ch} W fr_{\Delta t} \tag{4-36}$$

式中：E_{ch} 为河道日均蒸发量；$coef_{ev}$ 为蒸发系数；E_0 为潜在蒸发；L_{ch} 为河道长度；W 为水面河道的宽度；$fr_{\Delta t}$ 为水流在河道中时间占时间步长的分数，由传输时间除以时间步长得到。

4.5.3 模型数据库构建

4.5.3.1 数字高程模型

DEM 即数字高程模型（Digital Elevation Model）是一种具有高程信息、可以描述区域地形的空间数据集。SWAT 模型通过 D8 算法再结合实际情况来提取 DEM 里包含的如坡度、坡向、河道等地理信息，最终完成确定流域边界、划分子流域、生成水系河网和识别流域出口等一系列的操作。本章使用的 DEM 数据是分辨率为 30cm×30m 的 GDE（global digital elevation model）数据，从地理空间数据云平台下载，利用 ArcGIS 软件对其进行拼接，裁剪等操作，得到模型所需的能表征流域地理信息的 DEM 数据。锡林河流域上游 DEM 数据如图 4-28 所示。

4.5.3.2 土地利用数据

土地利用和植被类型对流域水文循环过程有着非常重要的作用，它会通过影响流域水量蒸发和下渗过程来影响流域径流形成的过程。SWAT 模型自带美国土地利用类型数据库，该数据库中的每种土地类型分别用四个英文字母为表示，同时还包含模型计算所需要的参数。用户需要根据研究区实际情况来编辑土地利用类型数据，通过建立土地利用索引表，将研究区的土地利用数据与 SWAT 模型内所含数据进行连接，进而调用模型数据库的相关数据进行计算。本章使用土地利用类型数据来自中国科学院地球系统科学数据共享网，把研究区土地利用类型重分类为 6 类（表 4-7），重分类之后的土地利用类型如图 4-29 所示。

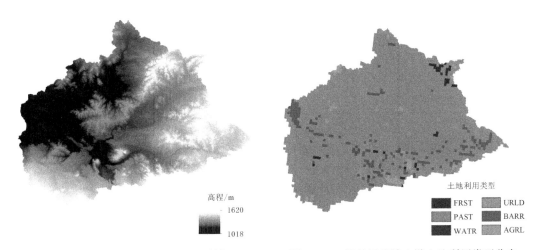

图 4-28　锡林河流域上游 DEM 数据　　　图 4-29　锡林河流域上游土地利用类型分布

表 4-7　　　　　　　　　　锡林河流域上游土地利用类型分类

编码	名称	面积比例/%	代码	编码	名称	面积比例/%	代码
1	林地	1.10	FRST	4	居民地	0.46	URMD
2	草地	90.98	PAST	5	其他土地	5.48	BARR
3	水域	0.09	WATR	6	耕地	1.89	AGRL

4.5.3.3 土壤类型数据

土壤类型和性质对流域径流过程同样有着重要的影响，在 SWAT 模型的建立中，土壤类型的空间分布及理化性质数据库的准备也是非常关键的部分。其中，土壤数据的物理属性主要指影响土壤中水气运动的参数，如土壤粒径、土壤层数、土壤质地等对水文响应单元中水循环有较大影响的参数（表 4-8）。而化学属性主要为土壤中化学物质的含量，如土壤中氮、磷的含量等，该属性数据库主要用于水中营养物质的研究。

　　SWAT模型自带土壤属性数据库是根据美国的土壤颗粒分类系统设定的，因此，在对我国流域径流模拟时就需要将我国采用的国际制标准转换为模型自带的标准（表4-9），这一转化在Matlab软件中采用3次样条插值方法来实现。此外，土壤水文分组（在相同降雨和地表条件下、具有相似产流能力的土壤，归为一个水文学分组）也是模型土壤数据库建立的一个关键点，美国国家自然资源保护局（NRCS）土壤调查小组根据土壤渗透性将其分为四类（表4-10）。一些土壤常见的属性数据可通过查阅当地土壤资料进行获取，但如：土壤有效含水量、饱和导水率等参数则是利用美国华盛顿州立大学开发的土壤特性软件SPAW（soil-plant-atmosphere-water）计算得到（图4-30）。总体来说，SWAT模型中各土壤物理属性数据的获取方式可参考表4-11。最后建立土壤属性索引表将研究区土壤数据跟模型自带数据库进行连接调用。研究区重分类后的土壤类型如图4-31所示。

表4-8　　　　　　　　　　**模型土壤属性的各物理参数**

变量名称	模 型 定 义
SNAM	土壤名称
HLAYERS	土壤分层数目
HYDGRP	土壤水文性质分组（A、B、C或D）
SOL_ZMX	土壤剖面最大根系深度（mm）
ANION_EXCL	阴离子交换孔隙度，模型默认值为0.5
SOL_CRK	土壤最大可压缩量，以所占总土壤体积的分数表示
TEXTURE	土壤层的结构
SOL_Z	土壤表层到土壤底层的深度（mm）
SOL_BD	土壤湿密度（mg/m³或g/cm³）
SOL_AWC	土壤有效含水量（mm H₂O/mm soil）
SOL_K	饱和水力传导系数（mm/hr）
SOL_CBN	有机碳含量
CLAY	黏土（%），直径<0.002mm的土壤颗粒组成
SILT	壤土（%），直径在0.002~0.05mm的土壤颗粒组成
SAND	砂土（%），直径在0.05~2mm的土壤颗粒组成
ROCK	砾石（%），直径>2.0mm的土壤颗粒组成
SOL_ALB	地表反射率
USLE_K	LISLE_K中土壤可蚀性因子（0.0~0.65）
SOL_EC	电导率（dS/m）

表 4 - 9   土壤粒径分类的美国制和国际制比较

美国制（SWAT 模型采用）		国际制（国内采用）	
名称	粒径/mm	名称	粒径/mm
石砾	>2.0	石砾	>2.0
砂粒	0.05~2.0	粗砂	0.2~2.0
粉砂	0.002~0.05	细砂粒	0.02~0.2
黏粒	<0.002	粉砂	0.002~0.02
		黏粒	<0.002

表 4 - 10   土 壤 水 文 组 的 划 分

土壤分类	土 壤 水 文 性 质	最小下渗率/(mm/h)
A	在完全湿润条件下的渗透率较高。主要由沙砾石组成，导水能力强，产流力低。如厚沙层、厚层黄土等	7.26~11.43
B	在完全湿润条件下的渗透率为中等水平。这类土壤的排水、导水能力属中等。如薄层黄土、沙壤土等	3.81~7.26
C	在完全湿润条件下的渗透率较低。此类土壤大多有一个阻碍水流向下运动的土壤层，如黏壤土、薄层沙壤土等	1.27~3.81
D	在完全湿润条件下的渗透率很低。此类土壤主要是由黏土组成，土壤的涨水能力很高。如吸水后显著膨胀的土壤、塑性的黏土等	0~1.27

表 4 - 11   土 壤 物 理 参 数 计 算 方 法

土 壤 参 数	获 取 方 式
土壤层数、厚度、孔隙度、质地、有机质含量	查阅资料
阴离子交换孔隙度、电导率	模型默认值
有机碳含量	有机质含量×0.58
组成结构	3 次样条插值
饱和导水率、可利用水量、土壤容重	SPAW 模型计算
土壤水文分组	计算出土壤下渗率，进而查出土壤水文分组
田间土壤反射率	$0.227\times\exp(-1.8276\times$有机质含量$)$
USLE 方程 K 因子	$f_{csand}\times f_{cl-sit}\times f_{orgc}\times f_{hisand}$

$$K_{USLE}=f_{csand}\times f_{cl-si}\times f_{orgc}\times f_{hisand} \tag{4-37}$$

式中：f_{csand} 为粗糙沙土质地土壤侵蚀因子；f_{cl-si} 为黏壤土土壤侵蚀因子；f_{orgc} 为土壤有机质因子；f_{hisand} 为高沙质土壤侵蚀因子。各因子的计算公式如下：

$$f_{csand}=0.2+0.3\times\exp\left[-0.0256\times m_s\times\left(1-\frac{m_{silt}}{100}\right)\right] \tag{4-38}$$

$$f_{cl-si}=\frac{m_{silt}}{m_c+m_{silt}} \tag{4-39}$$

$$f_{orgc}=1-\frac{0.25\times\rho_{orgc}}{\rho_{orgc}+\exp(3.72-2.95\times\rho_{orgc})} \tag{4-40}$$

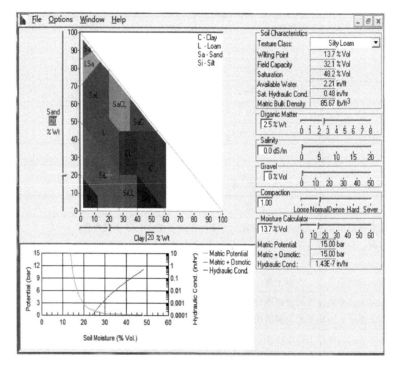

图 4-30　SPAW 软件界面

$$f_{hisand} = 1 - \frac{0.7 \times \left(1 - \dfrac{m_s}{100}\right)}{\left(1 - \dfrac{m_s}{100}\right) + \exp\left[-5.51 + 22.9 \times \left(1 - \dfrac{m_s}{100}\right)\right]} \tag{4-41}$$

式中：m_s 为砂粒含量；m_{silt} 为粉粒含量；m_c 为黏粒含量；p_{orgc} 为各土壤层中有机碳含量。

4.5.3.4　气象数据

气象因子也是影响流域径流过程的重要因素，为保证模型的模拟精度，需要收集尽可能详细的长序列气象数据。SWAT 模型需要输入的气象资料有流域日降水量、最高最低气温、太阳辐射、平均风速和相对湿度。这些数据可应用北京师范大学数字流域实验室开发的 Swat Weather.exe 软件在逐日气象数据的基础上统计获取。

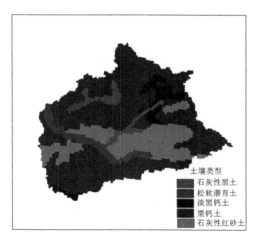

图 4-31　锡林河流域上游土壤类型

锡林河流域上游并没有能够提供长序列观测资料的气象站，因此，本章选取离流域较近的锡林浩特站（图 4-32）所提供的长序列气象数据作为模型的基础数据。其中，选择 1975—

1991 年的资料为模型识别期数据，选 1992—2006 年的资料为模型验证期数据。

4.5.4 流域空间离散化

4.5.4.1 子流域划分

SWAT 模型通过对 DEM 所含地理信息进行计算集总来生成流域河网及其子流域，关键计算包括：①对 DEM 进行填洼处理，使得生成的水系与实际水系更加吻合；②生成河网，模型通过提取 DEM 中高程、坡度等信息确定水流方向，再根据所设定的最小汇水面阈值生成河道河网；③划分子流域，模型会通过设定好的流域出水口和河网上的节点生成子流域，在此步骤可根据流域实际水系编辑河网节点，使生成的河网更符合实际；④计算子流域参数，计算完成后每个子流域都附带有流域面积、河道长度、坡度、高程等信息（表 4 - 12）。划分完成的子流域如图 4 - 33 所示。

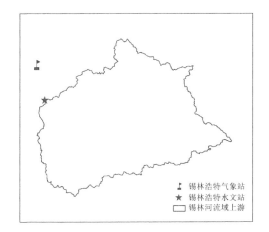

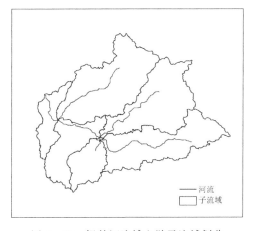

图 4 - 32　锡林河流域上游站点位置　　　　图 4 - 33　锡林河流域上游子流域划分

表 4 - 12　　　　　　　　　**锡林河流域上游子流域信息**

子流域编号	流域面积/km²	河道长/km	坡度/(°)	平均高程/m
1	1004.52	73.58	5.71	1037
2	241.80	39.28	3.93	1018
3	419.51	49.64	5.79	1037
4	826.06	71.70	7.48	1112
5	2.54	3.32	3.89	1111
6	276.54	43.59	4.40	1115
7	796.40	81.61	7.32	1115

4.5.4.2 水文响应单元（HRU）的生成

HRU 可认为是 SWAT 模型把子流域内具有相同土地利用和土壤类型的区域进行集总合并，形成的一类具有相同水文特征的区域。每个 HRU 都包含有完整的下垫面信息，但不同 HRU 之间并没有空间属性信息，也不会进行物质交换，此外，每个子流域至少有一个 HRU。生成 HRU 需在子流域划分完成的基础上，将研究区土地利用图和土壤类型图

图 4-34　锡林河流域上游 HRU 划分

分别导入模型内，将坡度重分类后，模型便可自动计算生成 HRU。本章选用 Multiple Hydrologic Response Units 方式，在每个子流域划分多个 HRU。本章将锡林河流域上游划分为 214 个 HRU，如图 4-34 所示。

4.5.4.3　模型的运行

在输入特定格式的气象数据之后，便可以进行模型的计算。本章设定的模拟时段为 1975—1991 年，由于水文气象观测数据均为日值数据，因此，采用 SWAT 模型自带的 SCS 径流曲线法计算流域径流，在模型运行时设定 2 年的预热期。当模型运行完成后，可选择不同时间尺度的输出结果，输出文件包括：输入汇总文件（input. std），输出汇总文件（output. std），HRU 输出文件（output. hru），子流域输出文件（output. sub）和主河道输出文件（output. rch），模型运行结果及流域水文循环过程信息都包含在以上文件中。

4.5.5　模型参数来的率定与验证

4.5.5.1　参数敏感性分析

SWAT 模型在模拟过程中会涉及很多水文参数，它们在不同程度上都会对流域水文过程产生影响，但是各参数的影响作用却有所不同[275-276]。为了使模型模拟结果更符合实际情况，就需对所涉及的参数进行敏感性分析，找出到影响模型精度的关键因子并对其进行率定，这样既能保证模型结果的可靠性，又可以提高工作效率。本章应用 SWAT 模型自带的 LH-OAT 敏感性分析模块对各参数敏感性进行分析，该方法可以确保所有参数在其取值范围内均被采样，且能够分析出某一参数的变化对模型输出的影响，其敏感度可分为以下 4 个等级[277-278]（表 4-13）。

表 4-13　参数敏感度分级表

敏感度范围	$0 \leqslant \mid I \mid <0.05$	$0.05 \leqslant \mid I \mid <0.2$	$0.2 \leqslant \mid I \mid <1$	$1 \leqslant \mid I \mid$
敏感度等级	低	中	高	很高

通过敏感性分析之后，最终选取 11 个参数作为锡林河流域上游水文模型的主要率定参数（表 4-14）。由表可知，CN2，ESCO 和 SOL_AWC 对模型具有很高的敏感性，其中，CN2 值是影响径流的主要参数，是土壤属性、土地类型及土壤前期含水量的综合反映，其值与径流量呈正相关关系；ESCO 是模型调整不同土壤层间水分补偿运动的参数，反映了土壤的蒸发能力，当 ESCO 值变大，土壤水的蒸发能力越大，相应径流值便会减小；SOL_AWC 是田间持水量与凋萎系数的差值，反映了土壤的有效持水量，它的值与径流量呈负相关关系。另外，SOL_K、SOL_BD、ALPHA_BF 等参数对流域径流量的变化也较为敏感，而 GW_REVAP 相比于其他参数对径流量的敏感性不是很高。

表 4-14 锡林河流域上游参数敏感性分析结果

编号	参 数	名 称	敏感性等级
1	CN2	径流曲线值	很高
2	ESCO	土壤蒸发补偿系数	很高
3	SOL_AWC	土壤有效含水量	很高
4	SOL_K	土壤饱和渗透系数	高
5	SOL_BD	土壤容重	高
6	ALPHA_BF	基流 alpha 系数	高
7	GWQMN	基流水位阈值	高
8	ALPHA_BNK	河岸调蓄基流系数	高
9	CH_K2	主河道有效渗透系数	高
10	GW_DELAY	地下水延迟系数	高
11	GW_REVAP	地下水 revap 系数	中

4.5.5.2 模型参数校准与结果评价

本研究采用了瑞士联邦水生物科学与技术研究院开发的 SWAT-CUP 软件进行率定，该软件能够脱离模型本身进行独立运行，因此，可以在多台计算机上同时进行参数的率定，从而提高效率。选择 SWAT-CUP 中的 SUFI-2 (sequential uncertainty fitting version 2) 优化算法来率定模型参数，通过不断缩小参数不确定性的区间范围使 p 因子和 r 因子发生改变，参数的每一次变化，模型都会对敏感性矩阵和协方差矩阵进行重新分析，经过多次迭代，使模拟值更加接近实测值，直到找出最优参数组合[279]。

文中选用决定系数 (R^2) 和模型效率系数 (E_{NS}) 来评价模型的适用性。其中，前者可以反映模拟值和实测值在趋势变化上的统计特征，当 R^2 越接近 1 时，说明二者越吻合；后者是一个整体综合指标，可以反映模拟值和实测值在数量上统计差异程度，一般范围为 0~1，同样，E_{NS} 越接近 1，说明模拟效果越好。本研究认为：当 $R^2 > 0.6$、$E_{NS} > 0.5$ 时，模拟结果较为满意，该评价标准也被很多研究人员所认可[280-281]。以此为标准，本章选取 1975—1991 年径流数据为模型识别期数据，选 1992—2006 年径流数据为验证期数据，经过多次迭代并结合流域实际水文状况进行调整，得出模型最佳水文参数见表 4-15。

表 4-15 参 数 校 准 结 果

编 号	参 数	名 称	调参方法	参数最佳值
1	CN2	径流曲线值	r	-0.15
2	ESCO	土壤蒸发补偿系数	v	0.65
3	SOL_AWC	土壤有效含水量	r	0.25
4	SOL_K	土壤饱和渗透系数	a	0.10
5	SOL_BD	土壤容重	r	0.10
6	ALPHA_BF	基流 alpha 系数	v	0.10

续表

编 号	参 数	名 称	调参方法	参数最佳值
7	GWQMN	基流水位阈值	a	0.19
8	ALPHA_BNK	河岸调蓄基流系数	v	0.13
9	CH_K2	主河道有效渗透系数	a	99.80
10	GW_DELAY	地下水延迟系数	r	100.38
11	GW_REVAP	地下水 revap 系数	a	0.05

注 r 表示结果为原始值乘以 1 与变化值之和；v 表示以变化范围内的值直接替代原始值；a 表示在原始值上加某个值。

由表 4-16 模型评价结果可知，在率定期，模拟值与实测值间的决定系数 R^2 为 0.87、纳什效率系数 E_{NS} 为 0.79、p 因子为 0.62、r 因子为 0.36，把率定好的参数导入 SWAT 中再次进行验证期的径流模拟计算，得出验证期的评价结果：R^2 为 0.78、E_{NS} 为 0.68、p 因子为 0.51、r 因子为 0.42。从图 4-35、图 4-36 也可以看出，流域径流模拟值与实测值的拟合效果良好，其中，模型率定期的模拟效果要好于验证期的模拟效果。

表 4-16　　　　　　　　　　模型年径流量模拟评价指标

时段	模拟变量	R^2	E_{NS}	p 因子	r 因子
率定期	年径流量	0.87	0.79	0.62	0.36
验证期	年径流量	0.78	0.68	0.51	0.42

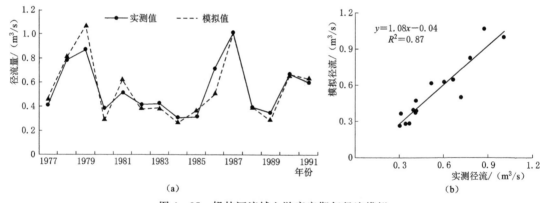

图 4-35　锡林河流域上游率定期年径流模拟

模型验证期的径流模拟精度略低于率定期的径流模拟精度，这可能是由于在运行验证期模型时，人类活动改变了流域下垫面情况，使得流域土地利用类型发生了一定变化，虽然在模型验证时把新的土地利用数据（2000 年）作为模型的输入，但还是导致在此之前的年份径流模拟值的偏小。同时，以下两种因素也可能降低模型精度：①流域内气象站点不足，导致所选气象数据并没有能够从面上反映流域实际气候情况，从而造成模拟时的偏差；②锡林河是流域地下潜水的排泄区，其地表径流与地下水间存在一定的交互作用，而 SWAT 模型在处理地下水作用时存在一定的局限性，这也使得模型的精度有所下降。

总体来说，评价模型的指数 R^2 和 E_{NS} 到达到了模型精度要求，说明所建分布式水文模型能够描述锡林河流域径流变化情况。该模型可进一步用于锡林河流域水文干旱的研究。

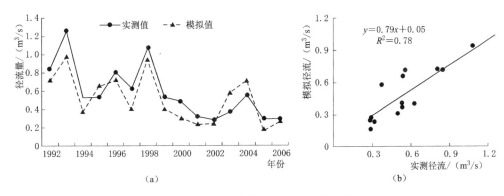

（a）

（b）

图 4-36 锡林河流域上游验证期径流模拟

4.5.6 基于分布式水文模型的水文干旱

4.5.6.1 年、季尺度水文干旱特征

近几十年来，锡林河流域受人类活动干扰日益加剧，实测径流数据并不能完全反映气候变化对流域水文干旱的影响，因此，本研究在流域土地利用数据以及各项参数均保持不变的前提下，将 1975—2019 年气象数据作为模型输入项进一步驱动模型，将模型输出的径流数据作为天然状态下的径流量，在此基础上分析锡林河流域在气候变化背景下水文干旱的变化特征。

由图 4-37 年尺度 SRI 变化特征可知，研究区近 45 年没有发生特旱事件，其中，轻旱主要发生在 20 世纪 90 年代，中旱发生于 2000 年左右，重旱则在 80 年代经常出现。此外，研究区在 2011 年发生重旱事件后，在年尺度再无水文干旱事件发生。总体来看，研究区 SRI12 呈上升趋势，说明研究区近 45 年来在气候变化影响下，水文干旱在年尺度上有所缓解。

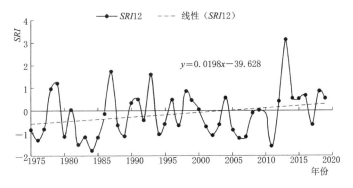

图 4-37 1975—2019 年 SRI12 变化特征

季尺度不同水文干旱事件随时间的变化如图 4-16 所示。由图 4-38（a）可知，春季发生 15 次水文轻旱事件，几乎贯穿于整个研究期，同时，在 1980—2010 年间，研究区还发生 5 次中旱事件，并于 1982 年和 1995 年发生两次重旱事件。研究区夏季水文干旱主要发生在 2010 年之前 [图 4-38（b）]，仅在 2011 年发生过 1 次特旱事件，在此之后再未发生由气候变化引起的夏季水文干旱，在 1975—2010 年间，流域发生 9 次夏季轻旱事件和 6 次中旱事件，并于 2005 年夏季发生 1 次水文重旱事件。从图 4-38（c）可以看出，

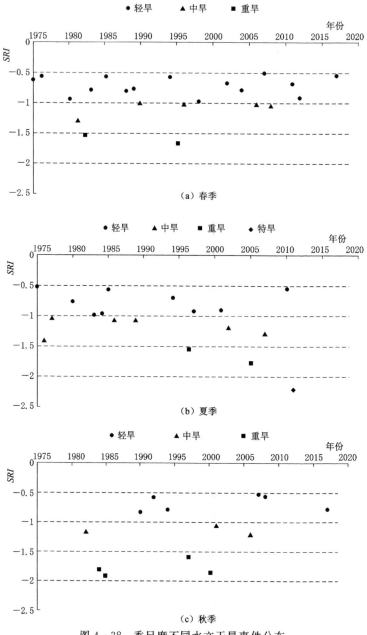

图 4-38 季尺度不同水文干旱事件分布

研究区秋季发生水文干旱的次数相对较少，但发生重旱的次数较多，于 1985—2000 年间发生 4 次重旱事件，并于 1981 年、2001 年和 2006 年发生 3 次中旱事件，此外，从 1990 年至今，研究区还发生过 6 次秋季水文轻旱事件。

4.5.6.2 水文干旱特征变量识别

在干旱研究过程中，Yevjevich 最早应用游程理论对干旱事件进行描述，提取出了干旱事件的开始、结束、历时、严重程度和峰值等特征[282]。本节以计算出的水文干旱指数为时间序列，应用游程理论提取干旱历时与干旱烈度两个干旱特征变量进行水文干旱的特征分析。干旱历时表示的是一次干旱事件从开始到结束所持续的时间，即为负游程的长度；干旱烈度表示的是一次干旱事件的整体严重程度，为负游程中干旱指数与干旱阈值之差的绝对值之和；烈度峰值表示的是一次干旱事件达到的最严重程度，为负游程中干旱指数极大值与干旱阈值之差的绝对值。

在干旱识别过程中，为了尽量减小过多小干旱事件对统计分析的影响，必须对小干旱事件进行剔除；另外为了避免出现一个长历时的干旱过程被中间短期的非干旱过程所隔断的情况，有必要将其合并成一个完整的干旱过程[283]。本节为实现干旱的剔除与合并，选取 3 个截断水平 R_0、R_1 和 R_2 进行干旱识别[284]：当水文干旱指数小于 R_2 时，初步判定为发生干旱；当某次干旱事件的历时仅为 1 个月且对应的干旱指数大于 R_1 时，视为小干旱事件，予以剔除；当相邻两次干旱事件的时间间隔仅为 1 个月且该月的干旱指数小于 R_0 时，则将两次干旱事件合并为一次，合并后的干旱历时为两次干旱历时之和再加 1，干旱烈度为两次干旱烈度之和。

只有水文要素系列出现负游程时才有可能发生干旱，因此设定 $R_0=0$[285]；当干旱指数小于 -0.5 时发生轻旱，设定 $R_1=-0.5$；为了剔除小干旱事件，但同时又保证尽可能完整的识别干旱事件，设定 $R_2=-0.2$。图 4-39 即为水文干旱特征变量识别的游程图，图中初步识别的干旱事件 A、B、C 和 D 中，B 与 C 合并为一次干旱事件，D 为小干旱事件予以剔除。

根据上述游程理论在水文干旱特征变量识别中的应用，在月尺度 SRI1 基础上识别锡林河流域各干旱事件的干旱历时和干旱烈度，绘制箱形图，如图 4-40 所示，由图可知：干旱历时主要分布在 1~3 个月，平均为 2.5 个月左右，干旱历时最长为 6 个月，最短为 1 个月且历时为 1 个月的次数较多。干旱烈度波动范围同样在 1.0~3.0，平均干旱烈度为 2.0，除异常值外，干旱烈度最大为 5.4，最小为 0.5。

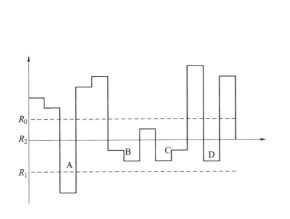

图 4-39 干旱识别游程图

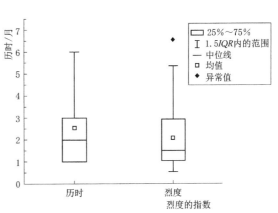

图 4-40 水文干旱特征变量箱形图

进一步统计其干旱起始时间以及干旱特征变量并列于表 4-17。

由表 4-17 可知：锡林河流域干旱事件的历时大多小于 5 个月，历时在 5 个月以上的干旱仅发生了 2 次，历时最长达 6 个月的干旱事件的起始时间为 1989 年 3—8 月和 2007

年5—10月。由干旱烈度可以看出，干旱事件大多属于轻旱；2011年5—9月持续5个月的干旱事件的严重程度最高，属于特旱事件。

表4-17 锡林河流域水文干旱特征变量统计

起始时间	结束时间	干旱历时	干旱烈度	起始时间	结束时间	干旱历时	干旱烈度
1975年3月	1975年4月	2	1.08	1990年10月	1992年11月	2	2.12
1975年6月	1975年7月	2	0.86	1994年3月	1994年5月	3	1.51
1976年4月	1976年4月	1	0.68	1994年8月	1994年9月	2	2.65
1976年7月	1976年9月	3	4.29	1995年3月	1995年7月	5	3.95
1977年5月	1977年5月	1	0.93	1996年3月	1996年5月	3	2.21
1977年7月	1977年8月	2	2.39	1996年11月	1996年11月	1	1.19
1977年11月	1977年11月	1	0.89	1997年7月	1997年11月	5	4.94
1978年11月	1978年11月	1	1.19	1998年4月	1998年6月	3	2.53
1979年6月	1979年6月	1	0.53	1998年10月	1998年10月	1	0.62
1980年4月	1980年4月	1	1.48	1999年6月	1999年6月	1	1.15
1980年7月	1980年8月	2	1.27	1999年8月	1999年1月	3	2.77
1980年10月	1980年11月	2	1.28	2000年7月	2000年7月	1	0.64
1981年4月	1981年4月	3	3.08	2000年9月	2000年11月	3	3.48
1982年3月	1982年6月	4	3.61	2001年7月	2001年11月	5	3.95
1982年8月	1982年10月	3	2.27	2002年5月	2002年9月	5	4.59
1983年4月	1983年8月	5	3.37	2003年8月	2003年11月	4	2.42
1983年11月	1983年11月	1	1.22	2004年3月	2004年3月	1	0.57
1984年4月	1984年5月	2	2.19	2004年5月	2004年7月	3	4.16
1984年7月	1984年11月	5	5.36	2005年6月	2005年8月	3	3.62
1985年4月	1985年4月	1	1.79	2005年10月	2005年10月	1	1.1
1985年6月	1985年7月	2	1.4	2006年3月	2006年7月	5	1.7
1985年9月	1985年11月	3	3.59	2006年9月	2006年9月	1	3.06
1986年3月	1986年3月	1	0.84	2007年5月	2007年10月	6	4.34
1986年6月	1986年8月	3	2.09	2008年4月	2008年5月	2	1.37
1987年7月	1987年7月	1	0.57	2008年7月	2008年9月	3	1.71
1988年3月	1988年6月	4	2.31	2009年8月	2009年10月	3	1.38
1989年3月	1989年8月	6	4.09	2010年6月	2010年10月	5	1.49
1990年3月	1990年6月	4	2.6	2011年5月	2011年9月	5	6.56
1990年9月	1990年10月	2	1.45	2012年3月	2012年5月	3	0.83
1991年3月	1991年5月	3	1.03	2014年3月	2014年3月	1	0.84
1991年8月	1991年8月	1	0.55	2016年7月	2016年9月	3	1.18
1991年11月	1991年11月	1	0.89	2017年5月	2017年5月	1	1.05
1992年3月	1992年3月	1	0.84	2017年9月	2017年10月	2	1.17
1992年5月	1992年5月	1	1.17	2018年10月	2018年11月	1	0.8

表 4-18　不同年代水文干旱特征变量统计分析

年代	平均干旱历时	平均干旱烈度
70 年代	1.6	1.4
80 年代	2.7	2.3
90 年代	2.3	1.9
00 年代	3.1	2.5
10 年代	2.6	1.7
1975—2019 年	2.5	2.0

通过统计不同年代干旱事件的干旱特征变量，进一步计算各年代干旱特征变量的平均值，以分析不同年代间干旱变量的特征，结果见表 4-18。

由表 4-18 可知：锡林河流域 1975—2019 年发生的干旱事件平均历时为 2.5 个月，平均烈度为 2.0，整体而言持续时间较短且程度较轻，属于轻旱类型；各年代中 00 年代干旱事件发生的程度最重，平均干旱历时达 3.1 个月且平均烈度达 2.5，而 70 年代发生的干旱事件平均干旱历时与平均烈度均最小，说明流域受气候变化发生水文干旱的程度呈现先增长后降低的趋势。

4.5.7　结论

本节建立了由锡林浩特水文站控制的锡林河流域上游 SWAT 模型，对流域年径流量进行了模拟，并选择决定系数 R^2 和纳什效率系数 E_{NS} 对模型在该流域的适用性进行了评估，结果表明：

（1）在月尺度上，各类干旱在中部地区发生的频率总体较低，在季节尺度上，大河口站轻旱频率最高，为 20.91%，西厂汉营发生轻旱频率最低，为 12.78%，其他位于研究区中部的站点发生季节尺度轻旱的频率较为接近，其中锡林浩特站在季尺度上发生重旱和特旱的频率也为最低，分别为 1.17% 和 0.58%。年尺度上，百灵庙站发生轻旱的频率最高，为 26.54%，其次为大河口站，为 20.28%，其余各站点频率均小于 20%，在 10%～18%，位于中部地区的站点发生轻旱的频率相对较低。

（2）根据流域 DEM 数据，SWAT 模型把流域划分为 7 个子流域，再结合土地利用类型和土壤属性数据，最后将研究区分为 214 个 HRU；模型运行结束后，通过敏感性分析可知，径流曲线值（CN2）、土壤蒸发补偿系数（ESCO）和土壤有效含水量（SOL_AWC）这三个参数对模型的敏感性等级最高；应用 SWAT-CUP 软件对所选模型参数进行率定，在率定期 1975—1991 年间，模型的 R^2 和 E_{NS} 值分别为 0.87 和 0.79；在验证期 1992—2006 年间，模型的 R^2 和 E_{NS} 值分别为 0.78 和 0.68，虽然模拟精度并不算很高，但都达到了 SWAT 模型的精度要求。

（3）基于锡林河流域 SWAT 模型输出结果进行水文干旱特征分析表明：研究区 SRI12 呈上升趋势，说明研究区近 45 年来在气候变化影响下，水文干旱在年尺度上有所缓解；根据游程理论对月尺度水文干旱特征变量进行识别表明，研究区干旱历时主要分布在 1～3 个月，平均为 2.5 个月左右，干旱烈度波动范围同样在 1.0～3.0，平均干旱烈度为 2.0，整体而言研究区水文干旱持续时间较短且程度较轻，属于轻旱类型，流域受气候变化发生水文干旱的程度呈现先增长后降低的趋势。

4.6　干　旱　预　警

通常气象部门，根据干旱监测情况，达到某一级别时，发布干旱预警及应急响应。

4.6.1　干旱预警发布标准

干旱预警发布标准在《内蒙古自治区气象台气象灾害预警发布办法》〔内气发（2010）73号〕的基础上，根据目前干旱监测模式，结合业务实际进行修订。干旱预警包括农业干旱预警、牧业干旱预警。

4.6.1.1　黄色预警

农（牧）业区出现农（牧）业干旱重旱等级的面积达到全区（盟、市）农（牧）业生产面积的30%（含）～39%，且预计未来5d干旱天气或干旱范围进一步发展。

4.6.1.2　橙色预警

农（牧）业区出现农（牧）业干旱重旱等级的面积达到全区（盟、市）农（牧）业生产面积的40%（含）～49%，且预计未来5d干旱天气或干旱范围进一步发展。或者，发布黄色预警后，预计干旱将持续达15d以上。

4.6.1.3　红色预警

农（牧）业区出现农（牧）业干旱重旱等级的面积达到全区（盟、市）农（牧）业生产面积的50%（包含）以上，且预计未来5d干旱天气或干旱范围进一步发展。或者，发布橙色预警后，预计干旱将持续达15d以上。

4.6.2　干旱预警变更

干旱预警发布后，根据干旱发展或者缓解对预警进行变更。当干旱发展或缓解到相应的预警级别后，就应进行相应的预警级别变更。

4.6.3　干旱预警解除标准

（1）出现大范围有效降水后，根据生态与农业气象中心干旱监测产品，干旱缓解或解除，重旱面积减少，达不到干旱预警发布标准，应解除干旱预警。

（2）根据干旱监测产品旱情持续或干旱一直存在，但至9月上旬，干旱灾害损失已成定局，旱情对农牧业生产的影响已趋于结束，这时应解除干旱预警。

4.6.4　干旱预警发布主要内容

1. 主要内容

（1）当前旱情发展的形式：主要包括干旱发生区域，干旱面积。

（2）未来旱情趋势预测：根据未来天气预测，特别是降水预报，预测不同区域未来干旱发展趋势。

2. 防御指南

根据发布等级提出合理的防御指南。气象干旱黄色预警防御指南如下。

（1）有关部门和单位按照职责做好防御干旱的应急工作。

（2）有关部门启用应急备用水源，调度辖区内一切可用水源，优先保障城乡居民生活用水和牲畜饮水。

（3）压减城镇供水指标，优先经济作物灌溉用水，限制大量农业灌溉用水。

（4）限制非生产性高耗水及服务业用水，限制排放工业污水。

（5）气象部门适时进行人工增雨作业。

第 5 章 干旱灾害风险评估

区域气候变化对内蒙古草原影响凸显，干旱已经成为威胁内蒙古草原生态系统的首要自然灾害。基于自然灾害风险理论，利用内蒙古草原牧区 54 个牧业旗县的气象、土壤水分、植被、遥感、社会经济和地理信息数据，从旱灾致灾因子危险性、孕灾环境敏感性、承灾体易损性和防灾减灾能力 4 个方面选取影响干旱的 8 个关键性指标，采用层次分析法、加权综合评价法和专家打分法，确定风险指标权重，构建旱灾风险评估模型，借助GIS 空间分析功能，对内蒙古草原旱灾风险进行综合评估，可为内蒙古草原灾害风险管理、应对气候变化、抗旱减灾行动提供依据。

5.1 数据来源与分析方法

5.1.1 数据来源

气象数据：内蒙古草原区 78 个自动气象观测站 1961—2016 年逐月平均气温、降水量数据来源于内蒙古自治区气象局；91 个土壤水分观测站 2002—2017 年 0～20cm 土壤平均相对湿度（人工观测和仪器观测）来源于内蒙古自治区生态与农业气象中心；1985—2015年综合气象干旱指数（CI 指数）来源于内蒙古自治区气候中心，CI 指数的计算方法见参考文献[14]。

草原植被数据：不同类型植被的干鲜比例系数来源于相关文献[79]；1961—2015 年内蒙古草原牧草地上生物量空间格点数据来源于 CENTURY 模型输出结果[16]。

卫星遥感数据：2001—2014 年内蒙古草原归一化植被指数（NDVI）源于内蒙古自治区卫星遥感中心。

社会经济数据：公共财政收入、居民人均可支配收入以及专业技术人员数量源于内蒙古 2004—2013 年《社会经济统计年鉴》。

地理信息数据：各县市行政界线源于 1∶25 万数字高程模型（DEM）数据与第二次国土资源调查数据等。

旱灾数据：1961—2000 年旱灾数据来源于《内蒙古灾害大典》、2001—2016 年数据来源于气象灾害管理系统和内蒙古气候公报。

5.1.2 分析方法

5.1.2.1 综合旱灾风险指数法

综合旱灾风险指数由致灾因子危险性、孕灾环境敏感性、承灾体易损性和防灾减灾能力 4 部分组成[10,17]，其表达式为

$$HDRI = (HR)^h \times (ES)^e \times (VH)^s \times (1-DR)^r \qquad (5-1)$$

式中：HDRI 为综合旱灾风险指数，表示旱灾风险高低，其值为 0～1，其值越大，则表

明旱灾风险程度越高；*HR*、*ES*、*VH*、*DR* 分别表示风险评价模型中致灾因子危险性、孕灾环境敏感性、承灾体易损性和防灾抗灾能力各评价因子指数；*h*、*e*、*s*、*r* 代表评价因子的权重系数。

5.1.2.2　层次分析法

层次分析法是一种定性与定量相结合的决策分析方法，通过将各因子的组成指标进行比较、判断和计算，得出每个指标的权重，确定不同指标对同一因子的重要性水平。

5.1.2.3　加权综合评价法

加权综合评价法是一种效益综合评分方法。该方法依据每个评价指标对总目标的影响程度，预先分配一个相应的权重系数，然后再与相应的被评价对象各指标的量化值相乘，之后逐项求和。其表达式为

$$P_{vj} = \sum_{i=1}^{n} R_{vij} F_{ci} \tag{5-2}$$

式中：P_{vj} 为评价因子综合指数；R_{vij} 为对于因子 j 的指标 i（$R_{vij} \geqslant 0$）；F_{ci} 为指标 i 的权重（$0 \leqslant F_{ci} \leqslant 1$），可以通过特征向量法获得；$n$ 为评价指标的个数。

5.1.2.4　专家打分法

指通过匿名方式征询相关领域专家意见，对专家意见进行统计和分析，综合多数专家经验和主观判断，对难以定量分析的因素进行估算，经过多轮意见征询和调整后，确定各因子权重系数的一种方法。

5.2　评估指标体系构建与权重系数

牧区旱灾主要是由于某一具体时段的降水量比多年平均显著偏少，造成牧草生长发育的土壤中、植物体内水分亏缺，影响其正常生长发育，进而导致减产或绝收的现象。根据自然灾害风险理论，从致灾因子、孕灾环境、承灾体、防灾减灾能力 4 个方面，筛选对内蒙古草原区干旱影响较大的 8 个影响指标进行旱灾风险评估。作为致灾因子的土壤水分，关注下垫面的水分需求状况，是决定牧区干旱发生、发展的最为关键因子之一，对旱灾形成与强度起决定作用；*CI* 指数作为致灾因子危险性指数之一，利用全年 *CI* 指数干旱日数比例，既考虑了干旱存在延迟性和累积性，也体现了干旱持续时间，可以综合反映出温度、降水等气象条件对干旱的持续影响过程；考虑到不同草原植被类型在生长季节的干鲜比例系数对水分的依赖程度，将草原植被类型作为孕灾环境敏感性指数[10]；对于内蒙古草原而言，生物量的高低主要取决于整个生长季水热的匹配，水分胁迫是草原牧区生物量波动的首要影响因素，草原地上生物量是旱灾影响最直接的对象，将草原地上生物量作为承灾体易损性影响指标，可以更为直接地反映承灾体易损性水平；*NDVI* 能够综合反映下垫面状况，直观表达作物旱情，可以有效地提高地面观测数据时空尺度上的精细化水平，降低不确定性；通过近年来的牧户调查和走访发现，草原牧区的防灾减灾能力相对较弱，在牧区有限资料的情况下，公共财政收入、居民人均可支配收入和专业技术人员数量能够较好地体现牧区的防灾减灾能力水平。对于温高雨少、旱灾严重、病虫害和牲畜疫病多发的年份，牧民应对干旱的方式非常有限，主要应对措施为买草、补饲、防疫、贷款等，因此居民人均可支配

收入的多少，决定其应对灾害能力的强弱；由于牧区牧民居住分散性较大，对于因干旱导致的牲畜疫病预防、科技培训等专业技术人员数量也是其抗灾能力的重要体现。

基于较长时间序列 $0\sim20cm$ 土壤相对湿度和地上生物量数据进行牧区旱灾风险综合评估，可显著提高评估结果的可靠性。权重系数的确定采用层次分析法和专家打分法（表 5-1），并通过统计学方法构建旱灾风险评估模型。

表 5-1 内蒙古草原旱灾风险各因子评价指标及权重系数

评估因子与权重		影响指标与权重	
致灾因子危险性指数（HR）	0.5190	$0\sim20cm$ 土壤相对湿度	0.58
		综合气象干旱指数	0.42
孕灾环境敏感性指数（ES）	0.1918	草原植被类型	1.00
承灾体易损性指数（VH）	0.2081	地上生物量	0.73
		NDVI	0.27
防灾减灾能力指数（DR）	0.0811	公共财政收入	0.46
		居民人均可支配收入	0.33
		专业技术人员数量	0.21

5.2.1 孕灾环境敏感性指标的确定与评估

在综合考虑内蒙古草原旱灾发生、发展特点的基础上，将草原植被类型作为孕灾环境敏感性的指标。不同草原植被类型可以反映其地形地貌、土壤水分和气候特点，草原植被的分布对长期干旱分布具有一定的选择性，草原植被抵御干旱的能力随生境条件的严酷而增强。利用不同植被类型的干鲜比例系数可以很好地反应植被在生长季节对水分的依赖程度[10]。孕灾环境敏感性指数的确定则是根据不同类型植被的干鲜比例系数确定的[15]。

由图 5-1 可知，内蒙古草原牧区旱灾孕灾环境敏感性指数呈现出明显的地带性分布，即从东北向西南逐渐降低的空间格局。敏感性大于 0.6 的高敏感区主要分布于呼伦贝尔市大部、兴安盟大部、通辽市北部、锡林郭勒盟东北部、赤峰市北部和西南部、乌兰察布市中部偏南、鄂尔多斯市局部地区；小于 0.6 的低敏感区主要分布于通辽市东南部、赤峰市中部偏东、锡林郭勒盟西北部、乌兰察布市北部、包头市中部偏北、鄂尔多斯市大部和巴彦淖尔市东北部地区。

5.2.2 致灾因子危险性指标的确定与评估

致灾因子指导致灾害发生的直接影响因子。致灾因子危险性评估通常利用大量的历史资料，通过概率统计方法进行等级划分。致灾因子危险性是由致灾因子发生强度与频次决定的。在本研究中，通过选取可以直接反映植被水分胁迫的土壤水分和综合反映温度、降水等的 CI 指数，作为致灾因子危险性评估的两个关键致灾因子。

利用 1981—2015 年草原区 CI 指数，计算气象干旱致灾因子危险性指数（HR_C），统计不同区域由于气象干旱导致的灾害发生的频率和强度，使用加权综合评价法计算 HR_C，公式如下：

$$HR_C = \sum \frac{M_i}{n} \times W_i \qquad (5-3)$$

式中：M_i 为 1981—2015 年间第 i 等级干旱的次数；n 为总监测日数；W_i 为第 i 等级旱灾

的强度权重，干旱强度为 4 级、3 级、2 级和 1 级（分别对应特旱、重旱、中旱和轻旱等级），权重分别为 4/10、3/10、2/10 和 1/10；HR_C 就是不同等级气象干旱强度权重与发生频次归一化后的乘积之和。

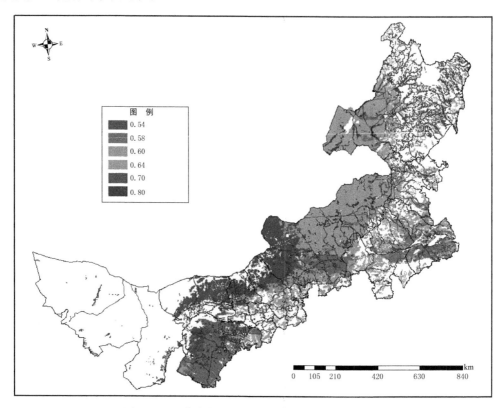

图 5 - 1 内蒙古草原旱灾孕灾环境敏感性空间分布

利用 2002—2017 年实际观测的土壤相对湿度数据，计算土壤干旱致灾因子危险性指数（HR_S），分析不同区域由于土壤水分亏缺引起的旱灾发生的频率和强度，使用加权综合评价法计算 HR_S，公式如下：

$$HR_S = \sum \frac{M_i}{n} \times W_i \qquad (5-4)$$

式中：M_i 为 2002—2017 年间第 i 等级干旱的次数；n 为总监测日数；W_i 为第 i 等级旱灾的强度权重，干旱强度为 4 级、3 级、2 级和 1 级（分别对应特旱、重旱、中旱和轻旱等级），权重分别为 4/10、3/10、2/10 和 1/10。HR_S 就是不同等级土壤干旱强度权重与发生频次归一化后的乘积之和。

通过层次分析方法，结合专家打分法确定 HR_S 和 HR_C 权重系数分别为 0.58、0.42，使用加权综合评价法计算致灾因子危险性指数（HR）。

$$HR = 0.58 \times HR_S + 0.42 \times HR_C \qquad (5-5)$$

由图 5 - 2 可以看出，内蒙古草原牧区旱灾致灾因子危险性指数整体呈现出"北高南低"的空间分布格局。高危险区主要分布于呼伦贝尔市西北部、通辽市扎鲁特旗和库伦

表5-2	内蒙古草原旱灾致灾因子危险性等级划分			
致灾因子危险性指标	低危险性	较低危险性	中危险性	高危险性
HR	<0.34	0.34~0.50	0.50~0.73	>0.73

旗、锡林郭勒盟东北部、赤峰市翁牛特旗和巴林右旗、乌兰察布市中部、包头市达茂旗、巴彦淖尔市乌拉特中旗和乌拉特后旗、鄂尔多斯市中西部地区；中高危险区主要分布于呼伦贝尔市西北部、兴安盟南部、通辽市大部、锡林郭勒盟大部、赤峰市大部、乌兰察布市中部、呼和浩特市、包头市大部、巴彦淖尔市东南部和鄂尔多斯市中部地区。

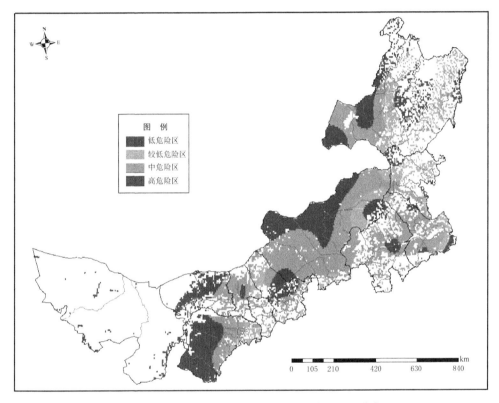

图5-2　内蒙古草原旱灾致灾因子危险性空间分布

5.2.3　承载体易损性指标的确定与评估

承灾体指灾害作用的对象，干旱直接影响附着于草原上的植被。旱灾形成，草原牧草生产力显著下降，进而影响畜牧业生产。通常，对于常年植被生长较好、牧草产量较高的区域，旱灾导致的减产率更高、造成的损失更大。因此，选取能够直观反映牧草长势和产量的年最大地上生物量和NDVI作为内蒙古草原旱灾易损性评估指标，确定的权重系数分别为0.75、0.25，采用综合加权分析方法建立承载体易损性评估模型，得到旱灾承灾体易损性指数（VH）（表5-3）。

由图5-3可知，呼伦贝尔市北部和东部、兴安盟中部、通辽市大部、锡林郭勒盟锡林浩特市和太仆寺旗、赤峰市克什克腾旗、巴林左旗、阿鲁科尔沁旗、翁牛特旗、乌兰察布市察右中旗及鄂尔多斯市南部地区旱灾承灾体易损性较高。

表 5 - 3 内蒙古草原旱灾承灾体易损性等级划分

承灾体易损性指数	低易损性	较低易损性	中易损性	高易损性
VH	<0.13	0.13～0.33	0.33～0.65	>0.65

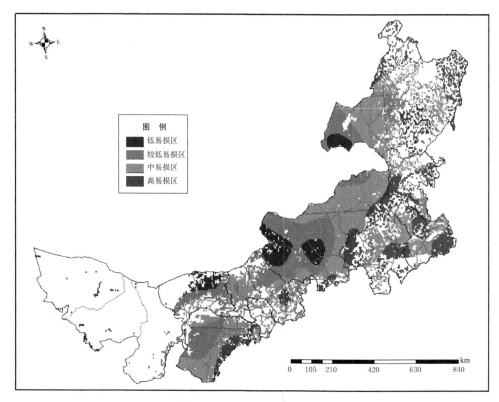

图 5 - 3 内蒙古草原旱灾承灾体易损性空间分布

5.2.4 防灾减灾能力指标的确定与评估

防灾减灾能力是指受灾区对灾害的抵御、承受和恢复的能力。考虑到防灾抗灾能力与当地政府和牧民本身的经济基础密切相关，选取了公共财政收入、居民人均可支配收入、专业技术人员数量 3 个指标，按照对牧区防灾减灾能力贡献的大小，确定其权重系数分别为 0.45、0.20 和 0.35，计算防灾减灾能力指数（表 5 - 4）。

表 5 - 4 内蒙古草原旱灾防灾减灾能力等级

防灾减灾能力指数	低	较低	中	高
DR	<0.17	0.17～0.20	0.20～0.32	>0.32

由图 5 - 4 可知，呼伦贝尔市中部、兴安盟西部、通辽市中部偏南、锡林郭勒盟大部、赤峰市西南部、乌兰察布市北部、呼和浩特市中部、包头市北部和鄂尔多斯市地区防灾减灾能力较强。

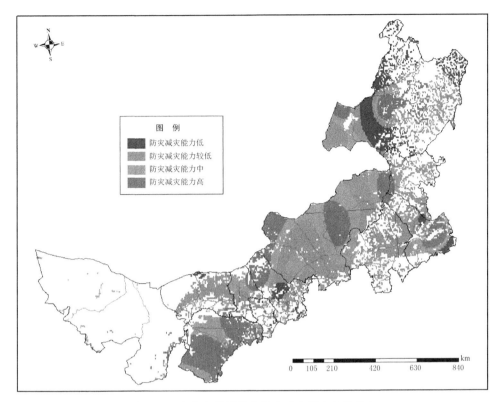

图 5-4 内蒙古草原旱灾防灾减灾能力空间分布

5.3 干旱灾害风险评估

风险评估模型中，通过层次分析法和专家打分法得到致灾因子危险性、孕灾环境敏感性、承灾体易损性和防灾抗灾能力评估指数权重系数分别为 0.5190、0.1918、0.2081 和 0.0811，再通过加权综合评价法得到综合旱灾风险指数。

根据内蒙古草原牧区旱灾风险指数的计算方法，基于 ArcGIS 的空间分析功能，利用自然断点法，将内蒙古草原区旱灾风险等级进行划分，得到内蒙古牧区旱灾综合风险的空间分布（图 5-5）。综合旱灾风险指数空间分布呈"南高北低、东高西低"特点，具有较明显的地带性分布规律。内蒙古草原高、中、低等级旱灾风险面积分别占研究区总面积的 21.3%、37.4% 和 41.3%。高风险区主要分布在呼伦贝尔市中部偏西地区、兴安盟西南部、通辽市大部、赤峰市中部、锡林郭勒盟南部、乌兰察布市中部、呼和浩特市北部、包头市中部偏南和鄂尔多斯市南部；低风险区主要分布在呼伦贝尔市西部、通辽市东部、锡林郭勒盟西北部、乌兰察布市北部、鄂尔多斯市中部和东部及巴彦浩特市东部。

1. 干旱灾害风险区的确定

内蒙古草原牧区旱灾风险是由致灾因子危险性（HA）、孕灾环境敏感性（SE）、承灾体易损性（RE）和防灾抗灾能力（LO）综合作用的结果，将以上四个因子的区划结果进行空间尺度匹配，采用专家打分法和层次分析法相结合的方法，得到各因子的权重系数

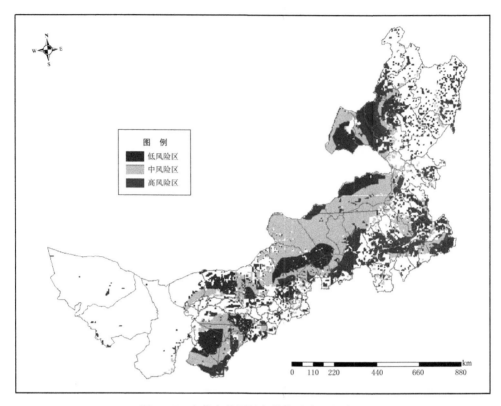

图 5-5　内蒙古草原旱灾综合风险空间分布

（表 5-5），利用加权综合评价法得到综合的干旱灾害风险指数，该指数可以很好地反映干旱灾害对草原牧区经济生产的潜在威胁和直接危害。基于自然灾害风险评价方法与原理，建立内蒙古草原干旱灾害风险评价模型，用公式表示为

$$GDRI = HA \times SE \times RE \times (1 - LO) \tag{5-6}$$

$GDRI$ 的值为 0~1，其值越大则干旱灾害的风险越大。

根据内蒙古草原牧区干旱灾害风险指数的计算方法，基于 ArcGIS 空间图层运算，得到内蒙古牧区干旱灾害风险综合风险的空间分布，利用自然断点法将干旱灾害风险划分为三个等级，即低风险区、中风险区和高风险区，进而绘制了内蒙古牧区干旱灾害综合风险等级空间分布（图 5-6）。其中：

（1）低风险区：低风险区的面积占牧区总面积的 30.9％，主要分布在阿拉善盟东部、鄂尔多斯市中部偏西和东部、乌兰察布市中部、锡林郭勒盟东北部、通辽市东南部、呼伦贝尔市岭东大部地区。

（2）中风险区：中风险区的面积占牧区总面积的 48.1％，主要分布在阿拉善盟南部、鄂尔多斯市大部、包头市大部、乌兰察布市中部偏北、锡林郭勒盟大部、赤峰市中部偏南、通辽市中部、兴安盟东部以及呼伦贝尔市西部地区。

（3）高风险区：高风险区的面积占牧区总面积的 21.0％，主要分布在鄂尔多斯南部、包头中部偏南、乌兰察布市中部、锡林郭勒盟南部、赤峰市中部、通辽市中部、兴安盟西部、呼伦贝尔市西部。

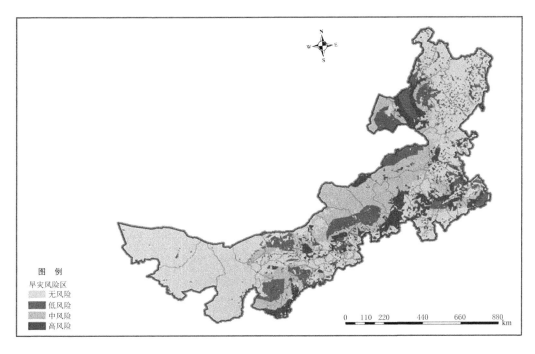

图 5-6 牧区干旱灾害综合风险等级空间分布图

2. 各旗县干旱灾害风险等级的划分

为了进一步评估牧区各旗县存在的干旱灾害风险，将不同等级干旱灾害风险区与所在旗县面积占比进行统计（表 5-5），将中风险区和高风险区面积占比之和超过50%的旗县确定为干旱灾害中高风险旗县，其余为干旱灾害一般风险旗县。根据计算，牧区干旱灾害中高风险旗县共38个，占牧区旗县总数的70%，一般风险旗县为16个，占30%。详见表5-6。

表 5-5 干旱灾害风险区与所在旗县面积占比统计表

分 区	盟 市	旗 县	分布面积占比/%		
			低风险	中风险	高风险
东部牧区	呼伦贝尔市	阿荣旗	62	38	0
		陈巴尔虎旗	70	11	19
		额尔古纳市	61	21	18
		鄂伦春自治旗	72	7	20
		鄂温克族自治旗	43	27	29
		莫力达瓦达斡尔族	56	1	43
		新巴尔虎右旗	49	51	0
		新巴尔虎左旗	20	25	55
		扎兰屯市	99	1	0

续表

分　区	盟　市	旗　县	分布面积占比/%		
			低风险	中风险	高风险
东部牧区	兴安盟	科右前旗	0	44	56
		科右中旗	32	27	40
		突泉县	35	52	13
		扎赉特旗	9	10	81
	通辽市	开鲁县	6	10	85
		科尔沁区	31	42	28
		科尔沁左翼后旗	40	28	32
		科尔沁左翼中旗	61	14	24
		库伦旗	0	82	18
		奈曼旗	5	20	75
		扎鲁特旗	27	41	31
	赤峰市	阿鲁科尔沁旗	0	64	35
		敖汉旗	35	57	8
		巴林右旗	17	3	80
		巴林左旗	0	6	94
		克什克腾旗	0	3	96
		林西县	0	8	92
		翁牛特旗	40	14	45
中西部牧区	锡林郭勒盟	阿巴嘎旗	14	73	13
		东乌珠穆沁旗	29	68	3
		苏尼特右旗	43	53	4
		苏尼特左旗	15	85	0
		太仆寺旗	0	15	85
		西乌珠穆沁旗	1	94	5
		锡林浩特市	0	92	8
		镶黄旗	4	78	19
		正蓝旗	13	33	54
		正镶白旗	50	42	8
	乌兰察布市	察右后旗	68	0	32
		察右中旗	75	0	25
		四子王旗	21	63	16
	包头市	达茂旗	16	61	23
	鄂尔多斯市	达拉特旗	76	24	0
		东胜区	52	46	2

续表

分 区	盟 市	旗 县	分布面积占比/%		
			低风险	中风险	高风险
中西部牧区	鄂尔多斯市	鄂托克旗	81	19	0
		鄂托克前旗	8	66	27
		杭锦旗	8	80	12
	巴彦淖尔市	乌审旗	2	44	54
		伊金霍洛旗	23	53	24
		准格尔旗	48	39	13
		磴口县	16	80	5
		乌拉特后旗	23	77	0
	阿拉善盟	乌拉特前旗	70	29	2
		乌拉特中旗	78	22	0
		阿拉善右旗	100	0	0
		阿拉善左旗	59	41	0
		额济纳旗	100	0	0

表 5 - 6   **牧区各旗县干旱灾害风险等级划分表**

分 区	盟 市	中高风险	一般风险
东部牧区	呼伦贝尔市	鄂温克族自治旗	
		新巴尔虎右旗	
		新巴尔虎左旗	
			陈巴尔虎旗
			扎兰屯市
			阿荣旗
			莫力达瓦旗
	兴安盟	科尔沁右翼中旗	
		科尔沁右翼前旗	
		扎赉特旗	
		突泉县	
	通辽市		科尔沁左翼中旗
		科尔沁左翼后旗	
		科尔沁区	
		扎鲁特旗	
		库伦旗	
		奈曼旗	
		开鲁县	

续表

分　区	盟　市	中高风险	一般风险
东部牧区	赤峰市	阿鲁科尔沁旗	
		巴林左旗	
		巴林右旗	
		克什克腾旗	
		敖汉旗	
		林西县	
		翁牛特旗	
中西部牧区	锡林郭勒盟	锡林浩特市	
		阿巴嘎旗	
		苏尼特左旗	
		苏尼特右旗	
		东乌珠穆沁旗	
		西乌珠穆沁旗	
		镶黄旗	
		正镶白旗	
		正蓝旗	
		太仆寺旗	
	乌兰察布市	四子王旗	
			察哈尔右翼中旗
			察哈尔右翼后旗
	包头市	达茂旗	
	鄂尔多斯市	鄂托克前旗	
			鄂托克旗
		杭锦旗	
		乌审旗	
			东胜区
		伊金霍洛旗	
			达拉特旗
			准格尔旗
	巴彦淖尔市		乌拉特中旗
		乌拉特后旗	
			乌拉特前旗
		磴口县	
	阿拉善盟		阿拉善左旗
			阿拉善右旗
			额济纳旗

第6章 内蒙古牧区草原旱情监测预测评估系统

6.1 系 统 概 述

6.1.1 系统简介

内蒙古是我国主要牧区之一，有 11.8 亿亩天然草场，其中，可利用面积 9.53 亿亩，3514 万头（只）牲畜，47 个牧业半牧业旗县。近年来，干旱导致了牧区草原生产力大幅度下降，草场退化现象严重，部分地区已出现沙化。相关研究表明：草原干旱呈现频发、广发、重发态势，严重制约了牧区草原畜牧业的发展。利用现代信息技术建设一套完备的干旱监测预警和旱灾应对决策系统是解决牧区草原干旱问题的有效途径，也是当今牧区抗旱减灾工作的一大重点。

该系统是在牧区干旱的相关科研成果基础上，实现牧区草原的旱情监测、预测、评估，旱灾与抗旱能力的评估，数据产品、用户与系统的管理等功能，旨在提高自治区牧区草原旱情监测、预警信息化水平，强化自治区牧区草原旱情信息分析处理的能力和信息保证能力，实现牧区抗旱工作的业务化应用。

6.1.2 建设目标

按照项目总体规划，本系统分为两期开发：第一期主要建设目标是完成内蒙古牧区草原旱情监测预测系评估系统的开发工作；第二期的建设目标是在第一期的基础上，完成内蒙古林业干旱监测与分析模块的开发，将其集成在第一期的系统当中。

6.1.3 设计原则

（1）统一性原则。通过将内部和外部各种相对分散独立的信息组成一个统一的整体，使用户能够从统一的渠道访问其所需的信息。

（2）先进性与实用性相结合原则。通过数据整合，实现资源和信息共享，提高设备利用率，降低能耗，实现现代科学的信息管理；在整合过程中充分利用先进的计算机技术如容错技术、RAID 技术等集成技术，为信息系统整合的完整高效性提供技术保障。

（3）安全可靠性原则。通过网络和安全可靠的机制使用户在任何时间、任何地点都可以访问系统信息和应用，保证旱情监测预警业务运转不停顿，将网络服务的优势发挥到极致。通过安全机制保证数据的机密性及完整性。

（4）高度可扩展性原则。信息平台应具有可持续发展的能力，在系统设计上具有较大的灵活性。在设计时应统一规划考虑扩充设备，确保日后可以方便增容。

（5）可管理性原则。集成系统采用集中式管理加分布式实施的可管理性逻辑，并且为分布式实施调整提供清晰的管理逻辑。

（6）开放性、兼容性和可互联性。在系统建设设计中需要考虑到所支持应用对环境需求的多样性，使建成的平台，能够成为一个开放，兼容和可互联的环境。

6.2 系统结构及流程

6.2.1 系统结构

系统整理结构图如图 6-1 所示。

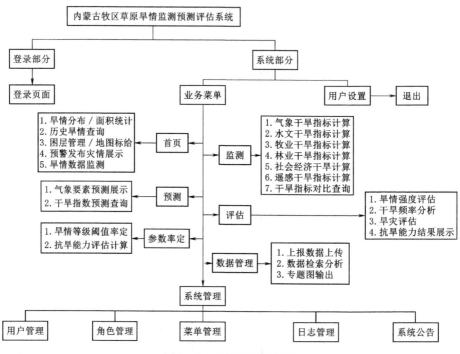

图 6-1 系统整理结构图

6.2.2 运行环境

6.2.2.1 系统软件

系统运行所需要的系统软件见表 6-1。

表 6-1   系统运行所需软件

位置	软件类型	软件名称	软件说明
服务器端	基础软件	Windows10	操作系统
		JDK1.8	JAVA 运行环境
		apache - tomcat - 7.0.88	tomcat 服务器
		MYSQL5.6	MYSQL 服务
		Arcgis10.2	Arcgis 服务
	业务系统	pie - tile - service	离线地图服务
		Redis	key - value 存储系统

6.2.2.2 软件部署方案

软件部署方案见表 6-2。

表 6-2   软件部署方案

物理节点	部署的业务应用软件	部署的基础支撑软件
运行服务器	JDK pie - tile - service	OS：Windows10 JDK 1.8 Tomat8.5.51 Mysql 5.6 Arcgis 10.2

6.2.2.3 软件部署地址

软件部署地址见表 6-3。

表 6-3   软件部署地址

组成部分	程序名称	IP 地址	文件名称	文件路径
后端 Web 应用	Java 后台应用程序	192.168.2.199	drought - 0.0.1 - SNAPSHOT.jar	D：\htht\nmgkh\v2.0\
前端部署容器	Apache Tomcat	192.168.2.199	apache - tomcat - 7.0.88	D：\htht\nmgkh\v2.0\
离线地图服务	mapServer	192.168.2.199	go_build_main_go.exe	D：\htht\nmgkh\mapServer\src\pie - tile - service\
中间件	redis	192.168.2.199	redis - server.exe	D：\htht\nmgkh\Redis\
数据库	Mysql 数据库	192.168.2.199	mysql - 5.6.40 - winx64	D：\htht\nmgkh\

6.3 旱情数据库

6.3.1 基础数据

6.3.1.1 数据分类

围绕内蒙古牧（林）区旱情预警预测评估应用的业务需求及系统建设的功能需求，对系统建设所需的相关数据进行梳理分析。主要包括基础本底数据、干旱监视数据、旱情监测数据、旱情预测数据、旱情评估数据以及其他与抗旱业务相关数据等五大类数据。

1. 基础本底数据

基础本底数据包括：

（1）内蒙古行政区域边界（.shp），主要包括内蒙古自治区省级、盟（市）、旗（县）三级行政区划边界；农区、牧区、半牧区边界；林区边界。

（2）内蒙古自治区土地利用数据（.shp）。

（3）内蒙古自治区草地分布（.shp）。

（4）内蒙古自治区河流水系分布（.shp）。

（5）内蒙古自治区气象站点、水文（库）监测站点、自建气象站点基本位置信息数据（.csv）。

2. 干旱监视数据

干旱监视数据主要是指牧区水科所自建气象站的监测数据，主要包括：空气温度；空气相对湿度；风速；降雨量；水面蒸发量；土层厚度为 5cm、15cm 和 25cm 的土壤温度、土壤含水量；地下水位的数据。

3. 旱情监测数据

干旱监测数据包括了计算气象干旱指标、水文干旱指标、牧业干旱指标、林业干旱指标、社会经济干旱指标、遥感监测干旱指标所需的数据。

（1）气象干旱指标。计算气象干旱指标所需数据为降雨量（包括多年逐日降雨量的历史数据）、空气温度、空气相对湿度、风速、日照时数等气象因子。

（2）水文干旱指标。计算水文干旱指标所需数据为河道径流量（包括多年逐日流量的历史数据）、水库蓄水量（包括多年逐日蓄水量的历史数据）、地下水位数据等。

（3）牧业干旱指标。计算牧业干旱指标所需的数据包括降雨量（包括多年逐日降雨量的历史数据）、土壤含水率的监测数据。

（4）林业干旱指标。林业干旱指标，目前参考气象干旱指标中的标准化降雨指数、标准化降雨蒸散指数，因此所需数据与气象干旱指标计算一致，并在此基础上需要林区森林蒸发量数据（包括多年逐日森林耗水量的历史数据）。

（5）社会经济干旱指标。计算社会经济干旱指标，所需数据为内蒙古自治区内某地区某时段内的需水量、供水量以及耗水量的监测数据。

（6）遥感监测干旱指标。计算遥感监测干旱指标所需的数据为 MODIS 产品数据，主要包括 NDVI 以及 LST 的产品数据，即覆盖内蒙古全区的 MOD13A2、MOD11A2 数据。

4. 旱情预测数据

旱情预测数据主要是指基于气象预报数据，结合各干旱指标的计算流程，将未来一段时间的干旱指标计算出来，因此干旱预测所需数据主要包括气象预报数据。

5. 旱情评估数据

旱情评估数据主要是指旱情分级及分级后的面积统计数据两类。旱情分级数据，一般来说每个干旱指标，均对应有标准的旱情分级阈值，但针对内蒙古某个区域的实际发生的旱情，需要对旱情分级的阈值进行调整，因此在旱情分级的阈值率定上，需要有区域的历史旱情记录数据。

6. 抗旱业务相关的数据

抗旱业务相关的数据主要是指旱情上报数据、抗旱能力评价计算所需要的数据，具体包括：

（1）旱情上报数据。旱情上报数据，即《农业旱情动态统计表》，主要指标有在田作物面积、作物受旱面积、缺水缺墒面积、牧区受旱面积、因旱人畜饮水困难数量、水利工程蓄水情况、河道断流条数、水库干涸数量、机电井出水不足数量等。

（2）抗旱能力评价计算数据。抗旱能力评价的计算数据主要包括区域背景条件、水利工程条件、经济发展水平、科技发展水平、抗旱管理服务水平 5 个方面。

1）区域背景条件：年降雨量、相对湿润度指数、草地植被覆盖度、草原生态需水量、天然草场产草量、草地单位面积占有水资源量、人均水资源量、水资源开发利用率。

2）水利工程条件：水库兴利库容总量、牧区居民供水井数、城镇居民年供水量、单位面积引调水量、单位面积生产供水量、单位面积生态供水量。

3）经济发展水平：人均 GDP、水利工程投资比、单位面积草场牲畜量。

4）科技发展水平：万元工业 GDP 耗水量、草地灌溉率、人畜安全饮水率。

5）抗旱管理服务水平：气象监测站点数量、土壤墒情监测站点数量、地下水位观测井数量、抗旱井数量、单位面积抗旱社保固定资产值、抗旱服务组织人员数量、单位面积抗旱服务组织资金投入、抗旱应急人均饮水量。

6.3.1.2 数据来源

各类数据的来源如下：

（1）自建气象站数据：来自牧区水科所 4 个试验站点的监测数据；

（2）中国气象数据共享网；

（3）内蒙古境内气象站点数据、CLDAS 土壤相对湿度数据；

（4）水文局数据；

（5）河道径流量、水库蓄水量、地下水监测数据；

（6）MODIS 数据官网 MOD11A2、MOD13A2 数据；

（7）旱情上报数据《农业旱情动态统计表》；

（8）水资源公报：区域供需水数据。

6.3.1.3 数据更新

上述所需数据涉及多部门、多学科的历史数据、实时数据、预测数据。数据来源多样，需要协调的部门多、复杂程度高，为保证系统的正常开发与运行，目前系统对于数据的更新，只支持手动更新。

6.3.2 数据库

6.3.2.1 数据库环境

数据库使用开源的 MySQL，操作系统支持 WINDOWS、Linux、UNIX。

6.3.2.2 数据库设计与开发

1. 设计原则

需遵循全面准确、关系一致、松散耦合、适度冗余、高频分离等设计原则，具体内容如下：

（1）全面准确。所涉及的数据库内容应尽量全面，字段的类型、长度都应能准确地反映业务处理的需要，所采用的字段类型、长度能够满足当前和未来业务的需求。

（2）关系一致。应准确表述不同数据表的相互关系，如一对一、一对多、多对多等，应符合业务数据实际情况，同时应包含是否使用各种强制关系（指定维护关系的各种手段，如强制存在、强制一对一等）。

（3）松散耦合。各个子系统之间应遵循松散耦合的原则，即在各个子系统之间不设置强制性的约束关系。一方面避免级联、嵌套的层次太多；另一方面避免不同子系统的同步问题。子系统之间的联系可以通过重新输入、查询、程序填入等方式建立，子系统之间的关联字段是冗余存储的。

（4）适度冗余。数据库设计中应尽量减少冗余，同时应保留适当的冗余。主要应基于下面几点考虑：

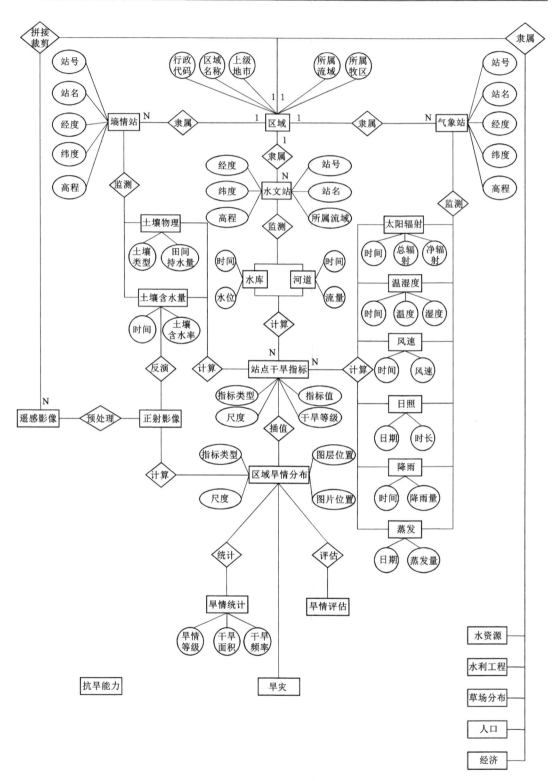

图 6-2 过程图

1）为了提高性能：如果数据的记录数较多执行多表联合查询时会显著降低性能。通过在表中保留多份拷贝，使用单表即可完成相应操作，会显著改善性能。

2）为了实现耦合关系的松弛，需要保留冗余信息，否则当数据记录不同步时，会因为其中一个子系统无法运行而导致整个系统均无法运行。

3）为备份而冗余，如果其中某些数据或某些子系统不是一直可用，则可以考虑在可用时保存到本系统的数据库中以提高整个系统的可用性。

（5）高频分离。将高频使用的数据进行从主表中分离或者冗余存储（如限制信息的检测等），将有助于大幅度提高系统运行的性能。

2. 命名原则

数据库命名规范总体只采用英文命名的方式，不允许使用中文命名，在创建下拉菜单、列表、报表时按照英语名排序。不能使用毫不相干的单词来命名当一个单词不能表达对象含义时，用词组组合，如果组合太长时，采用简写或缩写，缩写要基本能表达原单词的意义。当出现对象名重名时，是不同类型对象时，加类型前缀或后缀以示区别。

数据库字段命名原则总体上同数据库命名。这里单独出来主要是强调本系统字段命名需要额外遵循如下规则：

（1）字段名称的唯一性。即同一含义的字段在整个系统范围内中必须有相同的字段名，不能有类似一个表中的备注字段用"Remark"，另一表中的备注却用"Desc""XXRemark"等。

（2）字段含义唯一性。即系统同一字段名称必须有同一含义，不能有类似"Name"在一个表中表单位名称，在另外一个表中表项目名称，这种情况需要加前缀区分。

（3）空间表中字段顺序以空间信息字段在前，属性信息字段在后原则。

（4）属性表中，字段顺序以主次顺序设计，用于空间定位的字段放在最后原则。

6.3.2.3 标识符设计

1. 表标识

表标识由前缀"PDA"、主体标识及分类后缀3部分用下划线（"_"）连接组成。其编写格式为：PDA_X_X1

PDA——专业分类码，代表实时雨水情数据库；

X——表代码，表标识的主体标识；

X1——表标识分类后缀，用于标识表的分类，应按表6-4确定。

表6-4　　　　表标识符分类后缀取值

序号	表分类	分类后缀	序号	表分类	分类后缀
001	基本信息类	B	005	预报信息类	F
002	实时信息类	R	006	评估统计信息类	A
003	指标计算信息类	I	007	系统运行信息类	U
004	评价信息类	E	008	灾情上报类	L
009	数据管理类	M			

注　灾情上报 Load。

2. 表编号

表编号是表标识的数字化识别代码,由9位字符或数字组成,其中前2位为专业分类代码;第3～第5位为一级分类码;第6～第9位为二级分类码。

表编号的格式如下:

PDA_AAA_BBBB

其中:

PDA——同表标识;

AAA——表编号的一级分类码,3位数字。表类代码应按表6-5确定;

BBBB——表编号的二级分类码,4位数字,每类表从0001开始编号,依次递增。

3. 字段标识

字段标识长度不宜超过10个字符,10位编码不能满足字段描述需求时可向后依次扩展。

表6-5 表 编 号 分 类 代 码

AAA	表分类	内 容
001	基本信息类	存储基础地理数据、测站信息、辅助数据等
002	实时信息类	存储地面监测站实时监测信息、遥感监测数据及社会经济实时统计数据
003	指标计算信息类	存储旱情监测指标、旱灾评估指标及抗旱能力评价指标
004	评价信息类	存储旱情评价、旱灾评价及抗旱能力评价结果
005	预报信息类	存储降水气温预报及土壤墒情预报信息
006	评估统计信息类	存储旱情、旱灾、抗旱能力评价产生的各类统计结果
007	系统运行信息类	存储系统运行各类相关信息

4. 字段类型及长度

字段类型主要有字符、数值、时间共3种类型。各类型长度应按照以下格式描述:

(1) 字符数据类型,其长度的描述格式为

$$C(d) 或 VC(d)$$

其中:C——定长字符串型的数据类型标识;

VC——变长字符串型的数据类型标识;

d——为十进制数,用来描述字符串长度或最大可能的字符串长度。

(2) 数值数据类型,其长度描述格式为

$$N(D[,d])$$

其中:N——数值型的数据类型标识;

D——描述数值型数据的总位数(不包括小数点位);

,——固定不变,分隔符;

d——描述数值型数据的小数位数。

(3) 时间数据类型,用于表示一个时刻。时间数据类型采用公元纪年的北京时间。

5. 字段取值范围

采用连续数字描述的，在字段描述中给出它的取值范围。采用枚举的方法描述取值范围的，应给出每个代码的具体解释。

6. 数据库表及字段设计

系统运行所需的数据库表及字段设计，详见附件。

6.4　数据的处理

6.4.1　数据处理流程

根据接入数据库中的气象数据、水文数据、CLDAS数据、遥感数据通过配置实现各干旱指标的计算，并在此基础上对站点尺度的计算结果进行空间插值（支持反距离加权、样条函数、趋势面、克里金插值方法）、等级评判、入库、成果输出，生成省、市、县三级的干旱监测成果。

（1）对于地面监测指标，主要流程包括站点的干旱指标计算、空间插值、裁剪、旱情等级分级、等级旱情面积统计等，如图6-3所示。

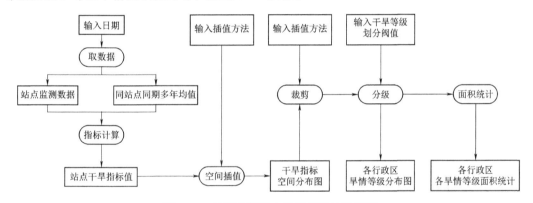

图6-3　地面监测站点干旱指标计算流程

（2）对于遥感监测指标，主要流程包括遥感影像预处理、遥感干旱指标计算、裁剪、旱情等级分级、等级旱情面积统计等，如图6-4所示。

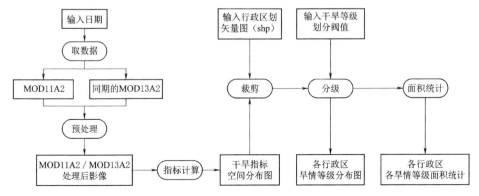

图6-4　遥感干旱指标计算流程

6.4.2 数据处理原理

6.4.2.1 层次分析法

1. 算法说明

层次分析法（AHP），是由美国学者 T. L. Saaty 于 20 世纪 70 年代提出的一种将与决策有关的元素分解成目标、准则、方案等层次，在此基础上进行定性与定量相结合分析的决策方法。

该方法将一个复杂的多目标决策问题作为一个系统，将目标分解为多个目标或准则，进而分解为多指标（或准则、约束）的若干层次，通过定性指标模糊量化方法算出层次单排序（权数）和总排序，以作为目标（多指标）、多方案优化决策的系统方法。

层次分析法比较适合于具有分层交错评价指标的目标系统，而且目标值又难于定量描述的决策问题。

2. 计算方法

（1）建立层次结构模型。将决策的目标、考虑的因素（决策准则）和决策对象按它们之间的相互关系分为最高层、中间层和最低层，绘出层次结构图。最高层是指决策的目的、要解决的问题。最低层是指决策时的备选方案。中间层是指考虑的因素、决策的准则。对于相邻的两层，称高层为目标层，低层为因素层，如图 6-5 所示。

（2）构造判断矩阵。将所有因素两两相互比较，构造判断矩阵，并将比较的结果以数字形式写入矩阵中，见表 6-6。

表 6-6　　　　　　　　　　判 断 矩 阵 示 例

X_s	Z_1	Z_2	Z_3	⋯	Z_n
Z_1	a_{11}	a_{12}	a_{13}	⋯	a_{1n}
Z_2	a_{21}	a_{22}	a_{23}	⋯	a_{2n}
Z_3	a_{31}	a_{32}	a_{33}	⋯	a_{3n}
⋮	⋮	⋮	⋮		⋮
Z_n	a_{n1}	a_{n2}	a_{n3}	⋯	a_{nn}

a_{ij} 表示相对于元素 Z_i 元素相对于 Z_j 元素的重要性，在层次分析法中，一般用 1~9 标度法将比较程度进行量化，见表 6-7，构造矩阵具有如下性质：$a_{ij}>0$，$a_{ij}=1/a_{ij}$，$a_{ii}=1$。

表 6-7　　　　　　　　层次分析法判断矩阵标度及含义

标度	含　义
1	两个元素具有同等重要性
3	一个元素比另一个元素稍微重要
5	一个元素比另一个元素明显重要
7	一个元素比另一个元素强烈重要
9	一个元素比另一个元素极端重要
2，4，6，8	上述相邻标度的中间值
$\dfrac{1}{a_{ij}}$	若元素，X_i 对于元素 X_j 的重要性为 a_{ij}，则 X_j 对于 X_i 的重要性为 $\dfrac{1}{a_{ij}}$

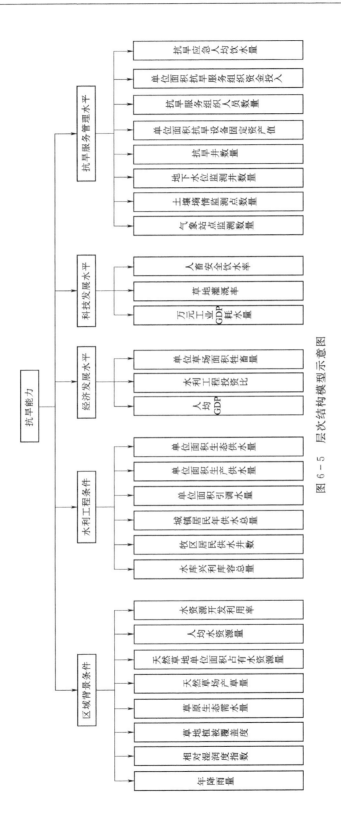

图 6－5 层次结构模型示意图

（3）层次一致性检验。只有通过一致性检验才能说明判断矩阵逻辑上的合理性，一致性检验的步骤如下：

计算一致性指标 CI：

$$CI = \frac{\lambda_{\max} - n}{n - 1} \tag{6-1}$$

式中：$\lambda_{\max}$ 为判断矩阵的最大特征根；n 为判断矩阵阶数；当 $CI \leqslant 0.1$ 时矩阵的一致性可以接受，当 $CI > 0.1$ 时，矩阵的一致性不被接受。

当阶数 n 值较大时，则出现一致性随机偏离的可能性也较大，这时引入平均随机一致性指标 RI 以放宽对矩阵一致性的要求。1—9 阶一致性指标见表 6-8。

表 6-8　　　　　　　　　　随机一致性指标 RI 值

n	1	2	3	4	5	6	7	8	9
RI	0.00	0.00	0.58	0.90	1.12	1.24	1.32	1.41	1.46

计算随机一致性比率 CR：

$$CR = CI/RI \tag{6-2}$$

如果 $CR \leqslant 0.1$ 时矩阵的一致性可以接受，当 $CR > 0.1$ 时，矩阵的一致性不被接受。

（4）计算各指标权重。通过层次一致性检验后，可基于判断矩阵计算各指标权重。将判断矩阵每一列的元素进行归一化处理，其元素一般项为

$$S_{ij} = \frac{a_{ij}}{\sum_{k=1}^{n} a_{kj}} \tag{6-3}$$

将归一化后的矩阵按行相加得到向量：

$$w_i = \sum_{j=1}^{n} S_{ij} \tag{6-4}$$

对向量进行归一化处理，得到各指标权重：

$$W_i = \frac{w_i}{\sum_{w=1}^{n} w_i} \tag{6-5}$$

6.4.2.2　模糊综合评价法

1. 算法说明

该综合评价法根据模糊数学的隶属度理论把定性评价转化为定量评价，即用模糊数学对受到多种因素制约的事物或对象做出一个总体的评价。它具有结果清晰，系统性强的特点，能较好地解决模糊的、难以量化的问题，适合各种非确定性问题的解决。

2. 计算方法

（1）构建模糊综合评价系统。设评价系统中有 n 个备评方案组成系统备评方案集：

$$V = \{V_1, V_2, \cdots, V_n\} \tag{6-6}$$

系统中有 m 个不同属性的影响因素即有 m 个分系统：

$$U = \{U_1, U_2, \cdots, U_n\} \tag{6-7}$$

每个分系统中有 m_1，m_2，$\cdots$，m_n 个评价因素，对其中序号为 j 的方案可用向量 iX_j 来表示 m_i 个评价因素的特征值，即

$$iX_j = (ix_{1j}, ix_{2j}, \cdots, ix_{nj})^{\mathrm{T}}$$

因此对第 i 个分系统，n 个备选方案 m_i 个评价因素的特征值可用矩阵（6-8）表示：

$$ix_{m_i \times n} = \begin{bmatrix} ix_{11} & ix_{12} & \cdots & ix_{1n} \\ ix_{21} & ix_{22} & \cdots & ix_{2n} \\ \cdots & \cdots & \cdots & \cdots \\ ix_{mi1} & ix_{mi2} & \cdots & ix_{min} \end{bmatrix} = (ix_{kj}) \tag{6-8}$$

式中 $i=1,2,\cdots,m$；$k=1,2,\cdots,m_i$；$j=1,2,\cdots,n$。

（2）构建评价因素指标模糊分划矩阵。由于不同评价因素的量纲不同，通过计算评价因素指标隶属度的方法，将评价因素指标值转化为相应的评价因素指标隶属度。

对越大越优型评价因素：

$$ir_{kj} = \frac{ix_{kj}}{\max_j (ix_{kj}) + \min_j (ix_{kj})} \tag{6-9}$$

对越小越优型评价因素：

$$ir_{kj} = 1 - \frac{ix_{kj}}{\max_j (ix_{kj}) + \min_j (ix_{kj})} \tag{6-10}$$

其评价因素指标隶属度矩阵为

$$iR_{m_i \times n} = \begin{bmatrix} ir_{11} & ir_{12} & \cdots & ir_{1n} \\ ir_{21} & ir_{22} & \cdots & ir_{2n} \\ \cdots & \cdots & \cdots & \cdots \\ ir_{mi1} & ir_{mi2} & \cdots & ir_{min} \end{bmatrix} = (ir_{kj}) \tag{6-11}$$

式中：$i=1,2,\cdots,m$；$k=1,2,\cdots,m_i$；$j=1,2,\cdots,n$。

对式（6-10）每行取最大值可得

$$\vec{iY} = (iy_1, iy_2, \cdots, iy_{mi})^T \tag{6-12}$$

对式（6-10）每行取最小值可得

$$\vec{iL} = (il_1, il_2, \cdots, il_m)^T \tag{6-13}$$

其模糊分划矩阵为

$$iU_{2n} = \begin{bmatrix} iy_1 & iy_2 & \cdots & iy_{mi} \\ il_1 & il_2 & \cdots & il_{mi} \end{bmatrix} \tag{6-14}$$

（3）计算最优矩阵。因为第 i 个因素中 m_i 个评价因素的重要性存在差异，因此对 m_i 个评价因素赋予不同权重：

$$\sum_{i=1}^{m_i} w_i = 1 \quad i=1,2,\cdots,m_i \tag{6-15}$$

则最优矩阵行向量表达式为

$$iU_{1j} = \cfrac{1}{1 + \left[\cfrac{\sum\limits_{k=1}^{m_i} (iw_k \mid ir_{kj} - iy_k \mid)^p}{\sum\limits_{k=1}^{m_i} (iw_k \mid ir_{kj} - il_k \mid)^p} \right]^{\frac{2}{p}}} \tag{6-16}$$

式中：$p=1$；$i=1,2,\cdots,m$；$j=1,2\cdots,n$。

6.4.3　干旱指标计算模块

干旱与前期降水、土壤墒情、灌溉条件、作物品种及作物生长发育期的抗旱能力、城乡用水情况等因素相关。干旱指标是用来表征某一地区干旱程度的标准，定量准确描述干旱事件是比较困难的，主要是因为干旱自身的复杂特性和社会影响的广泛性，某一个干旱指标很难达到时空上普遍适用的条件。干旱指标大都是建立在特定的地域和时间范围内，有其相应的时空尺度。

目前对干旱的定量化描述的指标众多，但是，不同下垫面的干旱事件，有着不同的干旱指标来定量描述。本项目根据内蒙古牧区草原、林区的区域域特点，分别从气象干旱、水文干旱、牧业干旱、林业干旱、社会经济干旱、遥感干旱这六个方面来选取18个干旱指标，对内蒙古全区、牧区、林区的干旱事件做定量监测。

6.4.3.1 降水距平指数

降水距平指数是某一时段内降水量与多年同期平均降水量之差占多年同期平均降水量的比值，以百分率表示。降水距平指数是表征某时段降水量异常的方法之一，能直观反应降水异常引起的干旱；在我国气象日常业务中经常使用，多用于评估月、季、年发生的干旱事件。

降水距平指数按下式计算：

$$D_p = \frac{P - \overline{P}}{\overline{P}} \times 100\%\qquad(6-17)$$

式中：D_p 为降水距平指数，%；P 为计算时段内降水量，mm；$\overline{P}$ 为多年同期平均降水量，mm，宜采用近30年的平均值。

表6-9 降水距平指数干旱等级划分阈值表

等级	降水距平指数 D_p/%		
	月尺度	季节尺度	年尺度
正常	$-40 < D_p \leqslant 40$	$-25 < D_p \leqslant 25$	$-15 < D_p \leqslant 15$
轻度干旱	$-60 < D_p \leqslant -40$	$-50 < D_p \leqslant -25$	$-30 < D_p \leqslant -15$
中度干旱	$-80 < D_p \leqslant -60$	$-70 < D_p \leqslant -50$	$-40 < D_p \leqslant -30$
严重干旱	$-95 < D_p \leqslant -80$	$-80 < D_p \leqslant -70$	$-45 < D_p \leqslant -40$
特大干旱	$D_p \leqslant -95$	$D_p \leqslant -80$	$D_p \leqslant -45$

降水距平指数以历史平均水平为基础确定干旱（雨涝）程度，计算简单、所需资料容易获得，应用广泛。但该指标只考虑了一定阶段内降水量，未考虑前期干旱对后期干旱程度的影响。另外，上述旱情等级适用于我国半湿润、半干旱地区，平均气温高于10℃的时段。

参考：GB/T 20481—2017《气象干旱等级》和 SL 424—2008《旱情等级标准》。

6.4.3.2 相对湿润度指数

相对湿润度指数为某段时间的降水量与同时段内潜在蒸散量之差，再除以同时段内潜在蒸散量得到的指数：

$$MI = \frac{P - PET}{PET}\qquad(6-18)$$

式中：MI 为某时段相对湿润度；P 为某时段的降水量，mm；PET 为某时段的潜在蒸散量，用 FAO Penman - Monteith 方法计算，mm。

等级	相对湿润度	等级	相对湿润度
正常	$-0.40 < MI$	重旱	$-0.95 < MI \leqslant -0.80$
轻旱	$-0.65 < MI \leqslant -0.40$	特旱	$MI \leqslant -0.95$
中旱	$-0.80 < MI \leqslant -0.65$		

表 6-10 相对湿润度指数干旱等级的划分

参考：GB/T 20481—2017《气象干旱等级》。

6.4.3.3 标准化降雨指数

标准化降水指数由 Mckee 等（1993）在评估美国科罗拉多干旱状况时提出，其物理意义是实测降水量相对于降水概率分布函数的标准偏差。

SPI 指数是假设降水分布是 Γ 分布，然后将其正态标准化而得，SPI 指数要求长序列数据，是表征某时段降水量出现的概率多少的指标之一，适用于月以上尺度相对当地气候状况的干旱监测与评估，能较好地反映干旱强度和持续时间，而且具有多时间尺度应用的特性，因而得到广泛应用。其计算步骤为：

假设某时段降水量为随机变量 x，则其 Γ 分布的概率密度函数为

$$f(x) = \frac{1}{\beta^{\gamma} \Gamma(\alpha)} x^{a-1} e^{-x/\beta} (x > 0) \tag{6-19}$$

$$\Gamma(\alpha) = \int_0^{\infty} x^{a-1} e^{-x} dx \tag{6-20}$$

式中：α 为形状参数；β 为尺度参数；x 为降水量。

α、β 的值可通过极大似然估计得到：

$$\hat{\alpha} = \frac{1 + \sqrt{1 + 4A/3}}{4A}, \qquad \hat{\beta} = \frac{\overline{x}}{\hat{\alpha}} \tag{6-21}$$

$$A = \ln(\overline{x}) - \frac{\sum \ln(x)}{n} \tag{6-22}$$

式中：n 为计算序列长度；$\overline{x}$ 为降水量气候平均值。

确定概率密度函数中的参数后，对于某一年的降水量 x_0，可求出随机变量 x 小于 x_0 事件的概率为

$$P(x < x_0) = \int_0^{x_0} f(x) dx \tag{6-23}$$

（1）降雨量为 0 时的事件概率由下式估计：

$$P(x = 0) = \frac{m}{n} \tag{6-24}$$

式中：m 为降雨量为 0 的样本数，n 为总样本数。

（2）对 Γ 分布概率进行正态标准化处理，即将式（2）、式（5）求得的概率值代入标准正态分布函数，即

$$P(x < x_0) = \frac{1}{\sqrt{2\pi}} \int_0^{x_0} e^{-x^2/2} dx \tag{6-25}$$

进行近似求解可得

$$z = S \frac{t - (c_2 t + c_1) t + c_0}{[(d_3 t + d c_2) t + d_1] + 1}, \quad t = \sqrt{\ln \frac{1}{P^2}} \qquad (6-26)$$

当 $P > 0.5$ 时，$P = 1 - P$，$S = 1$；当 $P \leqslant 0.5$ 时，$S = 1$。$c_0 = 2.515517$；$c_1 = 0.802853$；$c_2 = 0.010328$；$d_1 = 1.432788$；$d_2 = 0.189269$；$d_3 = 0.001308$。

SPI 指数的优势之一是可以计算各种时间尺度的指标。

表 6-11　　　　　　　　　　　　　标准化降水指数等级划分

等级	SPI 值	等级	SPI 值
正常	$-0.5 < SPI \leqslant 0.5$	重旱	$-2.0 < SPI \leqslant -1.5$
轻旱	$-1.0 < SPI \leqslant -0.5$	特旱	$SPI \leqslant -2.0$
中旱	$-1.5 < SPI \leqslant -1.0$		

参考：GB/T 20481—2017《气象干旱等级》。

6.4.3.4 标准化降雨蒸散指数

标准降水蒸散指数由 Vicente - Serrano 等提出，其计算步骤如下：

（1）计算潜在蒸散（PET），本系统中，PET 的计算使用 FAO Penman - Monteith 方法计算。

（2）计算逐月降水量与潜在蒸散量的差值：

$$D_i = P_i - PET_i \qquad (6-27)$$

式中：D_i 为降雨量与潜在蒸散量的差值；P_i 为月降雨量；PET_i 为月潜在蒸散量。

（3）对 D_i 序列进行正态化处理，计算每个数值对应的 $SPEI$ 指数。由于原始数据序列 D_i 中可能存在复制，所以 $SPEI$ 指数采用了 3 个参数的 log - logistic 概率分布。Log - logistic 概率分布的累计函数如下：

$$F(x) = \left[1 + \left(\frac{\alpha}{x - \gamma} \right)^{\beta} \right]^{-1} \qquad (6-28)$$

上式中的参数分别采用线性矩的方法拟合获得：

$$\alpha = \frac{(W_0 - 2W_1)\beta}{\Gamma(1 + 1/\beta)\Gamma(1 - 1/\beta)} \qquad (6-29)$$

$$\beta = \frac{2W_1 - W_0}{6W_1 - W_0 - 6W_2} \qquad (6-30)$$

$$\gamma = W_0 - \alpha \times \Gamma(1 + 1/\beta)\Gamma(1 - 1/\beta) \qquad (6-31)$$

$$W_s = \frac{1}{N} \sum_{i=1}^{N} (1 - F_i)^s D_i, F_i = \frac{i - 0.35}{N} \qquad (6-32)$$

式中：N 为参与计算的月份数。

然后对累计概率密度进行标准化：

$$P = 1 - F(x) \qquad (6-33)$$

当累计概率 $P \leqslant 0.5$ 时：

$$SPEI = W - \frac{c_0 - c_1 W + c_2 W^2}{1 + d_1 W + d_2 W^2 + d_3 W^3}, \quad W = \sqrt{-2\ln(P)} \qquad (6-34)$$

当累计概率 $P > 0.5$ 时，$P = 1 - P$：

$$SPEI = -\left(W - \frac{c_0 - c_1 W + c_2 W^2}{1 + d_1 W + d_2 W^2 + d_3 W^3}\right) \tag{6-35}$$

式中，$c_0 = 2.515517$；$c_1 = 0.802853$；$c_2 = 0.010328$；$d_1 = 1.432788$；$d_2 = 0.189269$；$d_3 = 0.001308$。

表 6 – 12   标准化降水蒸散指数等级划分表

等级	$SPEI$ 值	等级	$SPEI$ 值
正常	$-0.5 < SPEI \leqslant 0.5$	重旱	$-2.0 < SPEI \leqslant -1.5$
轻旱	$-1.0 < SPEI \leqslant -0.5$	特旱	$SPI \leqslant -2.0$
中旱	$-1.5 < SPEI \leqslant -1.0$		

6.4.3.5 帕尔默干旱指数

帕尔默干旱指数是表征在一段时间内，该地区实际水分供应持续少于当地气候适宜水分供应的水分亏缺。基本原理是土壤水分平衡原理。该指标适合月尺度的水分盈亏监测和评估。

该指数基于月值资料数据，经标准化处理，指数值一般在 -6（干）和 $+6$（湿）之间变化，可对不同地区、不同时间的土壤水分状况进行比较，在计算水分收支平衡时，考虑了前期降水量和水分供需，物理意义明确。计算方法如下：

（1）水分异常指数 Z 的计算。水分供应达到气候适宜的水平衡方程表示如下：

$$\hat{P} = \hat{ET} + \hat{R} + \hat{RO} - \hat{L} \tag{6-36}$$

式中：$\hat{P}$ 为气候适宜降水量，mm；$\hat{ET}$ 为气候适宜蒸散量，mm；$\hat{R}$ 为气候适宜补水量，mm；$\hat{RO}$ 为气候适宜失水量，mm；$\hat{L}$ 为气候适宜径流量，mm。

$$\hat{ET} = \alpha \times PE, \hat{R} = \beta \times PR \tag{6-37}$$

$$\hat{RO} = \gamma \times PRO, \hat{L} = \delta \times PL \tag{6-38}$$

式中：PE 为可能蒸散量，由 FAO Penman – Monteith 或 Thornthwaite 方法计算；PR 为土壤水分可能供给量；PRO 为可能径流；PL 为土壤可能水分损失量；α、β、γ、δ 分别为蒸散系数、土壤水供给系数、径流系数和土壤损失系数，每站每月分别有 4 个相应的常系数值，计算如下式得出：

$$\alpha = \frac{\overline{ET}}{\overline{PE}}, \quad \beta = \frac{\overline{R}}{\overline{PR}}, \quad \gamma = \frac{\overline{RO}}{\overline{PRO}}, \quad \delta = \frac{\overline{L}}{\overline{PL}} \tag{6-39}$$

各量上面的横线代表其多年平均值。帕尔默假定土壤为上下两层模式，除非上层土壤中的水分全部丧失，下层土壤才开始失去水分，而且下层土壤的水分不可能全部失去。在计算蒸散量、径流量、土壤水分交换量的可能值与实际值时，需要遵循一系列的规则和假定。

另外，土壤有效持水量（available water holding capacity，AWC）也作为初始输入量。在计算 $PDSI$ 过程中，实际值与正常值相比的水分距平 d 表示为实际降水量 P 与气候适宜下降水量 $\hat{P}$ 的差，见式：

$$d = P - \hat{P} \tag{6-40}$$

由于 $PDSI$ 试图成为一个标准化的指数，因此水分距平 d 求出后，又将其与指定地点给定月份的气候权重系数 K 相乘，得出水分异常指 Z，也称帕尔默 Z 指数，表示给定地点给定月份，实际气候干湿状况与其多年平均水分状态的偏离程度，计算见式：

$$Z = dK, \quad K = \frac{\overline{ET} + \overline{R}}{\overline{P} + \overline{L}} \tag{6-41}$$

（2）气候特征系数 K 的修订：

$$K_i = \left[\frac{16.84}{\sum\limits_{j=1}^{12} D_j K'_j} \right] K'_i \tag{6-42}$$

$$K'_i = 1.6 \times \lg \left[\frac{\frac{\overline{PE_i} + \overline{R_i} + \overline{RO_i}}{\overline{P_i} + \overline{L_i}} + 2.8}{\overline{D_i}} \right] + 0.4 \tag{6-43}$$

式中：$D_j K'_j$ 为多年平均年绝对水分异常；K_i 为气候特征系数；K'_i 为气候特征系数的第二近似值。

（3）建立修正帕尔默干旱指数。根据帕尔默旱度模式的思路，利用我国气象站资料对帕尔默旱度模式，进行修正：

$$X_i = Z_i / 1.63 + 0.755 X_{i-1} \tag{6-44}$$

式中：X_i 为当月 $PDSI$ 干旱指数，Z_i 为当月水分异常指数；X_{i-1} 为前一个月的 $PDSI$ 干旱指数。

表 6-13 帕尔默干旱指数等级划分

等级	$PDSI$ 值
正常	$-1.0 < PDSI \leqslant 1.0$
轻旱	$-2.0 < PDSI \leqslant -1.0$
中旱	$-3.0 < PDSI \leqslant -2.0$
重旱	$-4.0 < PDSI \leqslant -3.0$
特旱	$PDSI \leqslant -4.0$

$PDSI$ 指标在美国备受瞩目并广泛应用，该指标可以更有效地监测土壤含水影响的大小。$PDSI$ 指标的 3 个显著特征是：①为决策者提供某地区近期天气状况是否出现异常信息；②当前状况与历史条件对比；③反应过去发生干旱的时空分布情况。

该指标考虑前期降水、水分供给、水分需求及实际蒸散发等因素，不仅可以反映干旱程度，而且也包含了干旱的起止时间，到目前为止，它是应用最广泛、最成功的干旱指标。但我国站点稀少，地表结构复杂，有关参数的选取和计算存在一定的制约，不便于推广、检测和应用该指标。

6.4.3.6 气象综合干旱指数

气象干旱综合指数既反映短时间尺度和长时间尺度降水量气候异常情况，又反映短时间尺度水分亏欠情况，该指标适用于实时气象干旱监测和历史同期气象干旱评估。计算方法如下：

$$MCI = K_a \times (a \times SPIW_{60} + b \times MI_{30} + c \times SPI_{90} + d \times SPI_{150}) \tag{6-45}$$

式中：MCI 为气象干旱综合指数；MI_{30} 为近 30d 相对湿润度指数；SPI_{90}、SPI_{150} 为近

90d、150d 标准化降水指数；$SPIW_{60}$ 为近 60d 标准化权重降水指数；a 为 $SPIW_{60}$ 项的权重系数，北方及西部地区取 0.3，南方地区取 0.5；b 为 MI_{30} 项的权重系数，北方及西部地区取 0.5，南方地区取 0.6；c 为 SPI_{90} 项的权重系数，北方及西部地区取 0.3，南方地区取 0.2；d 为 SPI_{150} 项的权重系数，北方及西部地区取 0.2，南方地区取 0.1；K_a 为季节调节系数，根据不同季节各地主要农作物生长发育阶段对土壤水分的敏感程度，取值方法参照，GB/T 32136。

表 6-14 综合气象指数的等级划分表

等级	MCI 值	等级	MCI 值
正常	$-0.5 < MCI \leqslant 0.5$	重旱	$-2.0 < MCI \leqslant -1.5$
轻旱	$-1.0 < MCI \leqslant -0.5$	特旱	$MCI \leqslant -2.0$
中旱	$-1.5 < MCI \leqslant -1.0$		

6.4.4 干旱预测模块

旱情预测模块，由数据库中获取相关数据，实现以图表和统计数据的形式按 24h、3d、5d、10d 等不同时段输出旱情监测和分析产品，包括降水气温预报、旱情监测指标的预测，以反映旱情实况和未来短期旱情发展变化趋势，进行旱情监测预测分析，为指导抗旱工作提供科学依据和决策支持。

6.4.5 旱情评估模块

6.4.5.1 干旱指标评估

旱情评估模块基于旱情监测结果，及阈值率定结果，实现旱情强度评估及频率分析。并且采用人工交互方式，通过与防汛抗旱数据库的连接，获取各地实际发生旱情的上报信息，主要包括在田作物面积、作物受旱面积、缺水缺墒面积、牧区受旱面积、因旱人畜饮水困难数量、水利工程蓄水情况、河道断流条数、水库干涸数量、机电井出水不足数量等指标，并以列表显示，在 GIS 支撑下实现旱情分布示意图的展示与查询。

6.4.5.2 干旱频率

干旱频率为某站点有资料年份内发生干旱频率的程度，计算公式为

$$P_i = n/N \times 100\% \qquad (6-46)$$

式中：P_i 为某种干旱等级的干旱频率；n 为站点发生干旱的总年数；N 为站点所有气象资料的年数。i 为干旱频率的等级，取干旱、中旱、重旱、特旱。其中，轻旱（含轻旱以上）发生的年份均算为干旱；中旱（含中旱以上）发生的年份均算为中旱；重旱（含重旱以上）发生的年份均算为重旱；特旱（含特旱以上）发生的年份均算为特旱。

6.4.5.3 站次比

用某一区域内干旱发生站数多少占全部站数的比例来评价干旱影响范围的大小，计算公式为

$$P_j = m/M \times 100\% \qquad (6-47)$$

式中：P_j 为某种干旱等级在第 j 年的站次比；m 为发生干旱的站数；M 为区域总气象站数目。

表 6 - 15 <center>站 次 比 等 级 划 分</center>

站次比	区域干旱	站次比	区域干旱
$P<0.1$	无明显干旱发生	$0.33\leqslant P<0.50$	区域性干旱
$0.1\leqslant P<0.25$	局域性干旱	$P\geqslant 0.50$	全域性干旱
$0.25\leqslant P<0.33$	部分区域性干旱		

6.4.6 抗旱能力评价模块

抗旱能力评价模块包括区域背景条件评价、水利工程条件评价、经济发展水平评价、科技发展水平评价、抗旱管理服务水平评价以及抗旱能力综合评价等功能。系统利用层次分析法,构建了区域抗旱能力的评价体系,通过系统页面,输入相应指标的对比评分,得到各评价层指标的权重,并在此基础上采用模糊评价法,结合各指标的监测数据,最后得到区域的抗旱能力的评价结果。

第7章 结论与展望

7.1 结 论

（1）遴选旱情监测较为常用的5种气象干旱指数和3种遥感干旱指数，对内蒙古牧区近60年干旱时空分布特征分析论证。通过湿润年、正常年、干旱年三个典型年的干旱指数适用性分析并得出结论，PA和SPI计算简单易行，资料容易获取，就能较好地反映实际旱涝程度，同时在各个地区和各个时间段具有良好的计算稳定性，能有效反映旱情，在研究区较为适应。MCI是一个综合气象干旱指数，可以有效地捕捉干旱的变化情况也对研究区有较好的适用。$TVDI$在内蒙古牧区不同干湿季节不同地区条件下，通过反映植被的生长状态，可以较为准确地判断干旱信息，该指标空间范围大、数据序列时间长、数据质量高且容易获取，可以作为牧区草原旱情大尺度精细化监测。

（2）以草甸草原、典型草原和荒漠草原为研究对象，利用实际观测资料，以水分平衡原理为基础，通过分析确定不同时段牧草需水量和草地群落蒸散系数等参数，结合标准化降水指标（SPI）、土壤相对湿度（RSM_{10}）和温度植被干旱指数（$TVDI$），提出能够反映土壤、植物本身因素和气象条件综合影响的草地综合干旱指数（$GCDI$），进而综合研判草原干旱等级。$GCDI$参考多种单一指数干旱等级划分标准，对照历史旱情实录，能够精准地研判不同草原区干旱过程与时空特征，适用性较强，可以作为牧区旱情监测评估指标推广应用。

（3）采用气象学、生态学及土壤学等多学科交叉理论，从干旱发生机理出发，在表征气象干旱的标准化降雨蒸散指数（$SPEI$）和土壤含水量的植被供水指数（$VSWI$）基础上，尝试引入植被叶绿素荧光（SIF）指数，利用$CRITIC$客观赋权及回归分析等方法，构建适用于牧区多种类型草原旱情监测的综合干旱指数（SSV），SSV从干旱机理出发，对干旱信息进行了最优组合，输入信息易于获取和计算，相比单一干旱指数在旱情的定性和定量分析中具有较大优越性，融合叶绿素荧光指数的综合干旱指数在典型牧区不同草原类型干旱分析中具有适用性和可靠性。

（4）运用BP神经网络预测模型与LSTM模型基于MCI指数对内蒙古全区干旱预测，BP神经网络预测模型与LSTM模型预测效果均较为理想，但相比而言，BP神经网络与实测值的空间分布和阈值区间更加吻合。基于SWAT模型对典型草原区水文干旱模拟，能够较为准确刻画流域内未来年际尺度的水文干旱特征；同时，游程理论可以作为月尺度水文干旱特征变量的识别手段。

（5）基于自然灾害风险理论，利用内蒙古草原牧区54个牧业旗县的气象、土壤水分、植被、遥感、社会经济和地理信息数据，从旱灾致灾因子危险性、孕灾环境敏感性、承灾体易损性和防灾减灾能力 4 个方面选取影响干旱的 8 个关键性指标,采用层次分析法、加权综合评价法和专家打分法,确定风险指标权重,构建旱灾风险评估模型,借助 GIS 空间分析功能,对内蒙古草原旱灾风险进行综合评估,根据计算,牧区干旱灾害中高风险旗县共 38 个,占牧区旗县总数的 70%,一般风险旗县为 16 个,占 30%。

(6)"内蒙古牧区草原旱情监测预测评估系统"是为了满足内蒙古牧区抗旱减灾业务发展需求,集观测信息采集、多源数据分析、旱情实时监测、旱灾风险评估和干旱预测预警等功能于一体的综合性干旱监测预测评估系统平台。经过计算机程序自动化处理分析,实现动态的旱情监测预测的空间分布、过程连续、精细化分析的科学管理,重点解决"哪里旱""有多旱""旱多久"和"怎么办"等问题。累积计算分析全区 1959—2020 年 17 种单一干旱指标以及两种综合干旱指标近 50 万条数据和 1 万余张图形结果,明晰各类干旱的空间分布特征以及旱情发生发展规律;接入气象预报数据,结合 4 座野外旱情监测站点实时数据,实现旱情预测结果的空间展示,十五日旱情预测准确率达 90% 以上,年际旱情预测准确率达 75% 以上;基于 28 种抗旱能力背景条件,对牧区旱灾风险评估区划,提出有效地分区抗旱措施。2020 年系统经自治区水利厅技术评估。系统试运行期间有效判断轻旱 20 余次,中旱 5 次,重旱 2 次。为全区抗旱减灾工作提供了科学依据与技术支撑。

7.2　展　　望

干旱监测预警业务系统中的许多变量以及它们之间复杂的相互作用不断促使干旱监测产品进行改进。简单的监测图,虽然便于公众使用,但它掩盖了许多不同时空尺度上进行的复杂相互作用。我们最终的目标是拥有一个能够提供及时、有意义并且有用的干旱信息监测评估系统。将来干旱监测产品预期的一些改进包括使用更多的综合干旱监测预测模型以及长序列水文观测资料,完整的地下水观测资料等。随着自治区政府对大数据信息的进一步开放,通过网络可以得到更详细的近实时的水库及湖泊水位资料。另外,随着预报的精度及可信度在所有时间尺度上的进一步提高,干旱监测产品中会有更多的干旱预测信息。随着水文循环各种资料监测网在其监测质量、监测时效及空间有效性方面的进一步提高,干旱监测产品也将得到进一步改进。这些监测网的资料对干旱监测产品非常关键,包括逐日土壤水分,水库、湖泊、地下水及河流水位的业务观测,以及降水、温度等关键的气候资料。干旱监测需要各监测网和相关部门(水利、应急、民政、农业、林草)的支持。需要地理上覆盖密度更大的观测及资料,需要对气候观测标准升级,包括气候监测工作的进一步协调,大气、水文及自然资源资料的更好综合。目前,我们没有足够充分的监测信息及监测手段,得到所需的所有尺度上的资料。内蒙古牧区草原旱情监测预测评估系统将努力成为一个完善的干旱监测系统。将来,实时在线的干旱监测产品成为可能。干旱监测产品描述了全区范围的干旱强度、空间范围及其潜在影响,旱情系统是自治区水利厅及其他机构努力合作的一个范例,它将为面临潜在自然灾害的决策者提供及时的帮助。旱情系统的最终目标是提供最有效、最及时的产品,用最简单的方式描述干旱及其影响的复杂特征,方便各用户使用。

参 考 文 献

［ 1 ］ Jiang W，Wang L，Feng L，et al. Drought characteristics and its impact on changes in surface veg-
etation from 1981 to 2015 in the Yangtze River Basin，China ［J］. International Journal of Clima-
tology，2020，40（7）：3380 – 3397.

［ 2 ］ 屈艳萍，吕娟，苏志诚，等. 抗旱减灾研究综述及展望 ［J］. 水利学报，2018，49（1）：115 – 125.

［ 3 ］ 赵福年，王润元，王莺，等. 干旱过程、时空尺度及干旱指数构建机制的探讨 ［J］. 灾害学，
2018，33（4）：32 – 39.

［ 4 ］ 张建平，刘宗元，王靖，等. 西南地区综合干旱监测模型构建与验证 ［J］. 农业工程学报，2017，
33（5）：102 – 107.

［ 5 ］ 江笑薇，白建军，刘宪峰. 基于多源信息的综合干旱监测研究进展与展望 ［J］. 地球科学进展，
2019，34（3）：275 – 287.

［ 6 ］ 卢金利，徐向红，王国平，等. 西南地区短期/长期综合干旱指数的构建与应用 ［J］. 防灾减灾工
程学报，2016，36（4）：681 – 688.

［ 7 ］ 吴志勇，程丹丹，何海，等. 综合干旱指数研究进展 ［J］. 水资源保护，2021，37（1）：36 – 45.

［ 8 ］ 温庆志，孙鹏，张强，等. 基于多源遥感数据的农业干旱监测模型构建及应用 ［J］. 生态学报，
2019，39（20）：7757 – 7770.

［ 9 ］ 王玺圳，粟晓玲，张更喜. 综合干旱指数的构建及其在泾惠渠灌区的应用 ［J］. 干旱地区农业研
究，2019，37（4）：223 – 230.

［10］ 粟晓玲，张更喜，冯凯. 干旱指数研究进展与展望 ［J］. 水利与建筑工程学报，2019，17（5）：
9 – 18.

［11］ 杜灵通，田庆久，王磊，等. 基于多源遥感数据的综合干旱监测模型构建 ［J］. 农业工程学报，
2014，30（9）：126 – 132.

［12］ 王思楠，李瑞平，李夏子. 基于综合干旱指数的毛乌素沙地腹部土壤水分反演及分布 ［J］. 农业
工程学报，2019，35（13）：113 – 121.

［13］ 陈家宁，孙怀卫，王建鹏，等. 综合气象干旱指数改进及其适用性分析 ［J］. 农业工程学报，
2020，36（16）：71 – 77.

［14］ 顾颖，戚建国，李国文. 信息同化融合技术在旱情评估预警中的应用 ［M］. 郑州：黄河水利出版
社，2015.

［15］ Mark S，Doug L，Mike H，et al. THE DROUGHT MONITOR ［J］. Bulletin of the American
Meteorological Society，2002，83（8）：1181 – 1190.

［16］ 祝昌汉，张强. 中国旱涝气候监测业务系统简介 ［J］. 气象科技，1996（2）：33 – 35.

［17］ 王琳，郑文，戚建国. 新一代天眼防汛抗旱水文气象综合业务的开发与应用 ［J］. 中国水利，
2014（1）：57 – 60.

［18］ 周扬，李宁，吉中会，等. 基于 SPI 指数的 1981—2010 年内蒙古地区干旱时空分布特征 ［J］. 自
然资源学报，2013，28（10）：1694 – 1706.

［19］ 付丽娟，曹杰，德勒格日玛. 三种气象干旱指标在内蒙古地区的适用性分析 ［J］. 干旱区资源与
环境，2013，27（2）：108 – 113.

［20］ 郭克贞. 内蒙古草原干旱指标研究 ［J］. 内蒙古水利，1994（1）：16 – 21.

［21］ 侯琼，陈素华，乌兰巴特尔. 基于 SPAC 原理建立内蒙古草原干旱指标 ［J］. 中国沙漠，2008，

28 (2)：134－139.

[22] 陈素华，张化，侯琼，等. 内蒙古草原干旱指标的研究 [J]. 草业科学，2007，24 (12)：82－86.

[23] 佟长福，郭克贞，佘国英，等. 西北牧区干旱指标分析及旱情实时监测模型研究 [J]. 节水灌溉，2007 (3)：6－9.

[24] 张春桂，陈惠，张星，等. 基于遥感参数特征空间的福建省干旱监测 [J]. 自然灾害学报，2009，18 (6).

[25] 郑宁，严平，孙秀邦，等. 基于 NOAA/AVHRR 卫星数据的淮北地区干旱监测 [J]. 中国农学通报，2009，25 (1)：264－267.

[26] 田国良，杨希华，郑柯. 冬小麦旱情遥感监测模型研究 [J]. 环境遥感，1992，7 (2)：83－89.

[27] 路京选，曲伟，付俊娥. 国内外干旱遥感监测技术发展动态综述 [J]. 中国水利水电科学研究院学报，2009，7 (2)：105－111.

[28] 黄彦. 旱情遥感监测预报与信息管理系统的应用 [J]. 黑龙江水利，2005 (6)：34.

[29] 毕力格，银山，包玉龙，等. 基于 TVDI 的内蒙古植被生长期干旱研究 [J]. 安徽农业科学，2011，39 (10)：5945－5948.

[30] 卓义. 基于遥感与 GIS 技术的内蒙古东部草原地区干旱灾害监测、评估研究 [D]. 北京：中国农业科学院，2011.

[31] 刚嘎玛. 基于遥感与 GIS 技术的锡林郭勒盟干旱监测与预警研究 [D]. 呼和浩特：内蒙古师范大学，2012.

[32] 韩刚，李瑞平，王思楠，等. 基于多尺度遥感数据的荒漠化草原旱情监测及时空特征 [J]. 江苏农业学报，2017，33 (6)：107－114.

[33] 王思楠. 基于综合干旱监测指数与遥感蒸散发的毛乌素沙地腹部旱情监测研究 [D]. 呼和浩特：内蒙古农业大学，2018.

[34] 潘耀忠，龚道溢. 中国近 40 年旱灾时空格局分析 [J]. 北京师范大学学报：自然科学版，1996，32 (1)：138－142.

[35] 张俊，陈桂亚，杨文发. 国内外干旱研究进展综述 [J]. 人民长江，2011，42 (10)：65－69.

[36] American Meteorological Society. Meteorological drought－policy statement [J]. Bulletin of the American Meteorological Society，1997，78：847－849.

[37] McKee T B，Doesken N J，Kleist J. The relationship of drought frequency and duration to time scales [C]. Boston，1993.

[38] Michael J. Hayes，Mark. D. Svoboda，Donald A. Wiihite，Olga V. Vanyarkho. Monitoring the 1996 drought using the standardized precipitation index [J]. Bulletin of the American Meteorological Society，1999，80 (3)：429－438.

[39] 王劲松，郭江勇，周跃武，等. 干旱指标研究的进展与展望 [J]. 干旱区地理，2007，30 (1)：60－65.

[40] 鞠笑生，邹旭恺，张强. 气候旱涝指标方法及其分析 [J]. 自然灾害学报，1998，7 (3)：52－58.

[41] Bhalme H N，Mooley D A. Large－scale droughts/floods and monsoon circulation [J]. Monthly Weather Review，1980，108 (8)：1197－1211.

[42] Istvan Bogardi，Istvan Matyasovszky，Andras Bardossy，Lucien Duckstein. A hydroclimatological model of areal drought [J]. Journal of Hydrology，1994，153 (1－4)：245－264.

[43] Palmer W C. Meteorological drought [M]. US Department of Commerce，Weather Bureau，1965.

[44] 袁文平，周广胜. 干旱指标的理论分析与研究展望 [J]. 地球科学进展 (Advance in Earth Sciences)，2004，19 (6)：982－991.

[45] C. S. Szinell，A. Bussay，T. Szentumrey. Drought tendencies in Hungary [J]. International Journal of Climatology：A Journal of the Royal Meteorological Society，1998，18 (13)：1479 - 1491.

[46] "华北平原水分胁迫与干旱研究" 课题组. 作物水分胁迫与干旱研究 [M]. 郑州：河南科学技术出版社，1991.

[47] 刘巍巍，安顺清，刘庚山，等. 帕默尔旱度模式的进一步修正 [J]. 应用气象学报，2004，15 (2).

[48] William M. Alley. THE PALMER DROUGHT SEVERITY INDEX AS A MEASURE OF HYDROLOGIC DROUGHT [J]. JAWRA Journal of the American Water Resources Association，1985，21 (1)：105 - 114.

[49] 冯定原，邱新法. 我国农业干旱的指标和时空分布特征 [J]. 南京气象学院学报，1992，15 (4)：508 - 516.

[50] 王英，迟道才. 干旱指标研究与进展 [J]. 科技创新导报，2009 (35)：72 - 74.

[51] 丘宝剑，卢其尧. 农业气候条件及其指标 [M]. 北京：测绘出版社，1990.

[52] 宋凤斌，徐世昌. 玉米抗旱性鉴定指标的研究 [J]. 中国生态农业学报，2004，12 (1)：132 - 134.

[53] Duff G A, Myers B A, Williams R J, et al. Seasonal patterns in soil moisture, vapour pressure deficit, tree canopy cover and pre - dawn water potential in a northern Australian savanna [J]. Australian Journal of Botany，1997，45 (2)：211 - 224.

[54] 王密侠，胡彦华，熊运章. 陕西省作物旱情预报系统的研究 [J]. 水资源与水工程学报，1996，7 (2)：52 - 56.

[55] 王密侠，马成军，蔡焕杰. 农业干旱指标研究与进展 [J]. 干旱地区农业研究，1998，16 (3)：119 - 124.

[56] 冯平，李绍飞，王仲珏. 干旱识别与分析指标综述 [J]. 中国农村水利水电，2002 (7)：13 - 15.

[57] 安顺清，邢久星. 帕默尔旱度模式的修正 [J]. 气象科学研究院院刊，1986，1 (1)：75 - 82.

[58] Wayne C. Palmer. Keeping Track of Crop Moisture Conditions, Nationwide：The New Crop Moisture Index [J]. Weatherwise，1968，21 (4)：156 - 161.

[59] P. H. Herbst，D. B. Bredenkamp and H. M. G. Barker. A technique for the evaluation of drought from rainfall data [J]. Journal of Hydrology，1966，4：264 - 272.

[60] C，N. C. V. Rangacharya. A modified method for drought identification [J]. Hydrological sciences journal，1991，36 (1)：11 - 21.

[61] Doesken N J, McKee T N, Kleist J. Development of a surface water supply index for the western United States [M]. Colorado State University，Department of Atmospheric Science，1991.

[62] Shafer B A, Dezman L E. Development of Suiface Water Supply Index (SWSI) to Assess The Severity of Drought Conditions in Snowpack Runoff Areas [C]. 1982.

[63] 冯国章. 极限水文干旱历时概率分布的解析与模拟研究 [J]. 地理学报，1994，49 (5)：457 - 466.

[64] Güven O. A simplified semiempirical approach to probabilities of extreme hydrologic droughts [J]. Water resources research，1983，19 (2)：441 - 453.

[65] 周振民，周兰香. 干旱系统特征参数统计分析方法与应用研究 [J]. 中国农村水利水电，2003 (7)：7 - 9.

[66] 袁超，宋松柏，荆萍. 极限水文干旱历时概率分布解析法研究 [J]. 西北农林科技大学学报 (自然科学版)，2008，36 (7)：212 - 218.

[67] 刘慧，田富强，汤秋鸿，等. 基于水文模型和遥感的干旱评估和重建 [J]. 清华大学学报 (自然科学版)，2013，53 (5)：613 - 617.

［68］ 许继军，杨大文. 基于分布式水文模拟的干旱评估预报模型研究［J］. 水利学报，2010，41（6）：739－747.

［69］ 张莉莉. 基于分布式水文模拟的汉江上游干旱评估研究［D］. 武汉：长江科学院，2009.

［70］ 孙荣强. 干旱定义及其指标评述［J］. 灾害学，1994（1）：17－21.

［71］ Hayes M J，Wilhelmi O V，Knutson C L. Reducing drought risk：Bridging theory and practice［J］. Natural Hazards Review，2004，5（2）：106－113.

［72］ ISDR Ad Hoc Discussion Group on Drought. Living With Risk：An Integrated Approach to Reducing Societal Vulnerability to Drought［R］：ISDR，2002.

［73］ Hao L，Zhang X，Liu S. Risk assessment to China's agricultural drought disaster in county unit［J］. Natural Hazards，2012，61（2）：785－801.

［74］ 许凯，徐翔宇，李爱花，等. 基于概率统计方法的承德市农业旱灾风险评估［J］. 农业工程学报，2013，29（14）：139－146.

［75］ 屈艳萍，高辉，吕娟，等. 基于区域灾害系统论的中国农业旱灾风险评估［J］. 水利学报，2015，46（8）：908－917.

［76］ 屈艳萍，郦建强，吕娟，等. 旱灾风险定量评估总体框架及其关键技术［J］. 水科学进展，2014，25（2）：297－304.

［77］ 孙洪泉，苏志诚，屈艳萍. 基于作物生长模型的农业干旱灾害风险动态评估［J］. 干旱地区农业研究，2013，31（4）：231－236.

［78］ 张璐. 锡林郭勒盟草原干旱灾害风险综合分析［D］. 呼和浩特：内蒙古师范大学，2015.

［79］ 乌兰，王海梅，刘昊. 内蒙古牧区干旱灾害风险分布特征及区划［J］. 干旱气象，2017，35（6）：1070－1076.

［80］ 王颖杰，商彦蕊，郭建谱，等. 农业旱灾遥感监测方法综述［J］. 灾害学，2006（4）：84－88.

［81］ 高磊，覃志豪，卢丽萍. 基于植被指数和地表温度特征空间的农业干旱监测模型研究综述［J］. 国土资源遥感，2007（3）：1－7.

［82］ 闫娜，杜继稳，李登科，等. 干旱遥感监测方法研究应用进展［J］. 灾害学，2008（4）：117－121.

［83］ 侯英雨，何延波，柳钦火，等. 干旱监测指数研究［J］. 生态学杂志，2007（6）：892－897.

［84］ 冯强，田国良，柳钦火. 全国干旱遥感监测运行系统的研制［J］. 遥感学报，2003（1）：14－18，81.

［85］ 隋洪智，田国良，李付琴. 农田蒸散双层模型及其在干旱遥感监测中的应用［J］. 遥感学报，1997（3）：220－224.

［86］ 薛勇. 用热惯量方法监测土壤含水量的研究［D］. 北京：北京大学，1989.

［87］ 肖乾广，陈维英，盛永伟，等. 用气象卫星监测土壤水分的试验研究［J］. 应用气象学报，1994（3）：312－318.

［88］ Xue Y，Cracknell A P. Advanced thermal inertia modeling. Int J Remote Sens［J］. International Journal of Remote Sensing，1995，16（3）：431－446.

［89］ 宋连春，邓振镛，黄安祥，等. 全球变化热门话题丛书：干旱［M］. 北京：气象出版社，2003.

［90］ Jupp D L，Tian G L，McVicar T R，et al. Monitoring soil moisture effects and drought using AVHRR satellite data I：Theory［J］. 1998.

［91］ A I S，A K R，B J A. A simple interpretation of the surface temperature/vegetation index space for assessment of surface moisture status［J］. Remote Sensing of Environment，2002，79（2－3）：213－224.

［92］ Goetz，S. J. Multi－sensor analysis of NDVI，surface temperature and biophysical variables at a mixed grassland site［J］. International Journal of Remote Sensing，1997，18（1）：71－94.

［93］ Samuel，N，Goward，et al. Evaluating land surface moisture conditions from the remotely sensed temperature/vegetation index measurements: An exploration with the simplified simple biosphere model [J]. Remote Sensing of Environment, 2002.

[94] Friedl M A, Davis F W. Sources of variation in radiometric surface temperature over a tallgrass prairie [J]. Remote Sensing of Environment, 1994, 48 (1): 1 - 17.

[95] Smith R, Choudhury B J. Analysis of normalized difference and surface temperature observations over southeastern Australia [J]. International Journal of Remote Sensing, 1991, 12 (10): 2021 - 2044.

[96] 齐述华, 李贵才, 王长耀, 等. 利用 MODIS 数据产品进行全国干旱监测的研究 [J]. 水科学进展, 2005 (1): 56 - 61.

[97] Koike T, Fujii H, Ohta T, et al. Development and validation of TMI algorithms for soil moisture and snow [J]. 2001.

[98] Bindlish R, Barros A P. Parameterization of vegetation backscatter in radar - based, soil moisture estimation [J]. Remote Sensing of Environment, 2001, 76 (1): 130 - 137.

[99] Moeremans B, Dautrebande S. Soil moisture evaluation by means of multi - temporal ERS SAR PRI images and interferometric coherence [J]. Journal of Hydrology, 2000, 234 (3 - 4): 162 - 169.

[100] Zribi M, Dechambre M. A new empirical model to retrieve soil moisture and roughness from C - band radar data [J]. Remote Sensing of Environment, 2002, 84 (1): 42 - 52.

[101] Frate F D, Ferrazzoli P, Schiavon G. Retrieving soil moisture and agricultural variables by microwave radiometry using neural networks [J]. Remote Sensing of Environment, 2003, 84 (2): 174 - 183.

[102] 李震, 郭华东, 施建成. 综合主动和被动微波数据监测土壤水分变化 [J]. 遥感学报, 2002 (6): 481 - 484, 539.

[103] Dobson M C. Microwave Dielectric Behavior of Wet Soil - Part II: Dielectric Mixing Models [J]. Geoscience & Remote Sensing IEEE Transactions on, 1985, GE - 23 (1): 35 - 46.

[104] 施建成, 李震, 李新武. 目标分解技术在植被覆盖条件下土壤水分计算中的应用 [J]. 遥感学报, 2002 (6): 412 - 415, 541 - 542.

[105] Hao Z, Singh V P. Drought characterization from a multivariate perspective: A review [J]. Journal of Hydrology, 2015, 527: 668 - 678.

[106] Heim, Richard R., Brewer, et al. The global drought monitor portal: The foundation for a global drought information system [J]. Earth Interactions, 2012, 16 (15): 1 - 28.

[107] Rhee J, Im Jungho, Carbone G J. Monitoring agricultural drought for arid and humid regions using multi - sensor remote sensing data [J]. Remote Sensing of Environment, 2010, 114 (12): 2875 - 2887.

[108] Houborg R, Rodell M, Li B, et al. Drought indicators based on model - assimilated Gravity Recovery and Climate Experiment (GRACE) terrestrial water storage observations [J]. Water resources research, 2012, 48 (7).

[109] 杨绍锷, 闫娜娜, 吴炳方. 农业干旱遥感监测研究进展 [J]. 遥感信息, 2010 (1): 103 - 109.

[110] 林巧, 王鹏新, 张树誉, 等. 不同时间尺度条件植被温度指数干旱监测方法的适用性分析 [J]. 干旱区研究, 2016, 33 (1): 186 - 192.

[111] 吕潇然, 尹晓天, 宫阿都, 等. 基于植被状态指数的云南省农业干旱状况时空分析 [J]. 地球信息科学学报, 2016, 18 (12): 1634 - 1644.

[112] 吴炳方, 蒙继华, 李强子. 国外农情遥感监测系统现状与启示 [J]. 地球科学进展, 2010, 25 (10): 1003 - 1012.

[113] 安顺清. 干旱指标等研究取得进展 [J]. 气象, 1986 (11): 25.

[114] 王良健. GM (1, 1) 模型在湖南严重干旱预报上的应用 [J]. 干旱区地理, 1995, 18 (1):

83 - 86.

[115] 程桂福, 付日辉, 李兴云. 水旱灾害发展趋势的灰色拓扑预测与应用 [J]. 海岸工程, 2001, 20 (4): 56 - 62.

[116] 李翠华, 么枕生. 应用自激励门限自回归模式对旱涝游程序列的模拟和预报 [J]. 气象学报, 1990 (1): 55 - 62.

[117] 王革丽, 杨培才. 时空序列预测分析方法在华北旱涝预测中的应用 [J]. 地理学报, 2003, 58 (S1): 132 - 137.

[118] 李祚泳, 邓新民, 黄志英. 四川旱涝震灾害的人工神经网络外推预测 [J]. 成都气象学院学报, 1997, 12 (2): 23 - 27.

[119] 朱晓华, 闾国年. 地质灾害中的分形研究进展 [J]. 中国地质灾害与防治学报, 2000, 11 (1): 14 - 17, 21.

[120] 张学成, 王志毅. 干旱研究中的均值生成函数模型 [J]. 水文, 1998 (2): 38 - 41.

[121] 普布卓玛. 西藏地区旱涝灾害对经济发展的影响及对策 [J]. 西藏科技, 2002 (10): 57 - 58.

[122] 范德新, 成励民, 仲炳凤, 等. 南通市夏季旱情预报服务 [J]. 中国农业气象, 1998 (1): 54 - 56, 53.

[123] 王振龙, 赵传奇, 周其君, 等. 土壤墒情监测预报在农业抗旱减灾中的作用 [J]. 治淮, 2000 (3): 45 - 46.

[124] 姚奎元, 孟宪钺, 刘淑梅. 天津市农田土壤水分监测预报研究 [J]. 华北农学报, 1998, 13 (1): 118 - 122.

[125] 周良臣, 康绍忠, 贾云茂. BP神经网络方法在土壤墒情预测中的应用 [J]. 干旱地区农业研究, 2005, 23 (5): 98 - 102.

[126] 杨绍辉, 王一鸣, 郭正琴, 等. ARIMA模型预测土壤墒情研究 [J]. 干旱地区农业研究, 2006 (2): 114 - 118.

[127] 鹿洁忠. 农田水分平衡和干旱的计算与预报 [J]. 北京农业大学学报, 1982, 8 (2): 69 - 75.

[128] 李保国. 区域土壤水贮量及旱情预报 [J]. 水科学进展, 1991, 2 (4): 264 - 270.

[129] 刘才良. 农田水分预测模型 [J]. 水利学报, 1986 (8): 43 - 49.

[130] 熊见红. 长沙市农业干旱规律分析及旱情预报模型探讨 [J]. 湖南水利水电, 2003 (4): 29 - 31.

[131] 康绍忠, 张富仓, 梁银丽. 玉米生长条件下农田土壤水分动态预报方法的研究 [J]. 生态学报, 1997, 17 (3): 245 - 251.

[132] 舒素芳, 高维英, 赵荣. 冬小麦分层农田土壤水分平衡模型 [J]. 陕西气象, 2002 (2): 12 - 16.

[133] 吴厚水. 利用蒸发力进行农田灌溉预报的方法 [J]. 水利学报, 1981 (1): 1 - 9.

[134] 安顺清, 邢久星. 河南省滑县、商丘、许昌冬小麦生长期内逐旬需水量及累积水分平衡指数 [J]. 气象科技, 1985 (5): 65 - 68.

[135] 康绍忠, 熊运章. 干旱缺水条件下麦田蒸散量的计算方法 [J]. 地理学报, 1990, 45 (4): 475 - 483.

[136] 康绍忠, 熊运章. 作物缺水状况的判别方法与灌水指标的研究 [J]. 水利学报, 1991 (1): 34 - 39.

[137] 张正斌. 小麦水分利用效率若干问题探讨 [J]. 麦类作物学报, 1998, 1 (1): 38 - 41.

[138] 李英年, 余生虎, 关定国, 等. 青南青北寒冻雏形土地温状况比较及对牧草产量的影响 [J]. 山地学报, 2004 (6): 648 - 654.

[139] 朱自玺, 牛现增, 付湘军. 冬小麦耗水量和耗水规律的分析 [J]. 气象, 1987, 13 (2): 29 - 32.

[140] 胡彦华, 熊运章. 作物需水量预报的优化模型 [J]. 西北农林科技大学学报 (自然科学版), 1993, 21 (4): 6 - 12.

[141] 世界减灾大会. 减少灾害问题世界会议报告 [R]. 联合国, 2005.

[142] 姚国章, 袁敏. 干旱预警系统建设的国际经验与借鉴 [J]. 中国应急管理, 2010 (3): 43 - 48.

[143] 托亚. 内蒙古干旱成因及预测研究 [D]. 北京：中国农业科学院，2006.

[144] 郝文俊，赵慧颖，白志康，等. 内蒙古地区综合干旱监测评估和预警服务系统开发 [J]. 中国农学通报，2009，25 (24)：416 - 421.

[145] 马齐云，张继权，王永芳，等. 内蒙古牧区牧草生长季干旱特征及预测研究 [J]. 干旱区资源与环境，2016，30 (7)：157 - 163.

[146] 王威，苏经宇，马东辉，等. 城市综合防灾与减灾能力评价的实用概率方法 [J]. 土木工程学报，2012，45 (S2)：121 - 124.

[147] 熊国锋. 基于 GIS 的上海市防震减灾能力评价方法研究 [D]. 上海：同济大学，2007.

[148] 刘晓然，苏经宇，王威，等. 城市抗震防灾能力评估的系统动力学模型 [J]. 自然灾害学报，2013，22 (5)：71 - 76.

[149] 李莉，沈琼. 风暴潮灾害防灾减灾能力评价——以山东省沿海城市为例 [J]. 中国渔业经济，2011，29 (6)：98 - 106.

[150] 王一新，苑希民. 基于主成分分析的城市防洪减灾能力综合评价 [J]. 自然灾害学报，2016，25 (6)：1 - 8.

[151] 曹玮. 洪涝灾害的经济影响与防灾减灾能力评估研究 [D]. 长江：湖南大学，2013.

[152] 严晓菊，李琼芳，蔡涛，等. 城市防洪减灾能力评价问题的探讨 [J]. 河海大学学报（自然科学版），2012，40 (1)：118 - 122.

[153] 赵晓勇，程剑兵，王显强，等. 基于自适应权重的电网应急保障能力指数研究 [J]. 电力系统保护与控制，2011，39 (8)：107 - 111.

[154] 王然，连芳，余瀚，等. 基于孕灾环境的全球台风灾害链分类与区域特征分析 [J]. 地理研究，2016，35 (5)：836 - 850.

[155] 胡俊锋，张宝军，杨佩国，等. 区域综合减灾能力评价模型和方法研究与实证分析 [J]. 自然灾害学报，2013，22 (5)：13 - 22.

[156] Munger T T. GRAPHIC METHOD OF REPRESENTING AND COMPARING DROUGHT IN-TENSITIES [J]. Monthly Weather Review，1916，44 (11)：642 - 643.

[157] BLUMENSTOCK G. Drought in the United States analysed by means of the theory of probability [J]. 1942.

[158] McGUIRE J K，Palmer W C. The 1957 drought in the eastern United States [J]. Monthly Weather Review，1957，85 (9)：305 - 314.

[159] Palmer W C. Keeping track of crop moisture conditions, nationwide：The new crop moisture index [J]. (None)，1968.

[160] Shafer B A，Dezman L E. Development of a Surface Water Supply Index (SWSI) to assess the severity of drought conditions in snowpack runoff areas [J]. 1982.

[161] Kogan F N. Droughts of the late 1980s in the United States as derived from NOAA polar - orbiting satellite data [J]. Bulletin of the American Meteorological Society，1995，76 (5)：655 - 668.

[162] Shiau J T. Fitting drought duration and severity with two - dimensional copulas [J]. Water resources management，2006，20 (5)：795 - 815.

[163] Ganguli P，Reddy M J. Risk assessment of droughts in Gujarat using bivariate copulas [J]. Water resources management，2012，26 (11)：3301 - 3327.

[164] 顾颖，倪深海，王会容. 中国农业抗旱能力综合评价 [J]. 水科学进展，2005 (5)：700 - 704.

[165] 邓建伟，金彦兆，李莉. 甘肃省农业抗旱能力综合评价 [J]. 人民长江，2010，41 (12)：105 - 107.

[166] 陶鹏，童星. 我国自然灾害管理中的"应急失灵"及其矫正——从 2010 年西南五省（市、区）旱灾谈起 [J]. 江苏社会科学，2011 (2)：22 - 28.

[167] 金菊良，费振宇，郦建强，等. 基于不同来水频率水量供需平衡分析的区域抗旱能力评价方法 [J]. 水利学报，2013，44 (6)：687 - 693.

[168] 梁忠民，郦建强，常文娟，等. 抗旱能力研究理论框架 [J]. 南水北调与水利科技，2013，11 (1)：23 - 28.

[169] 孙可可，陈进，金菊良，等. 实际抗旱能力下的南方农业旱灾损失风险曲线计算方法 [J]. 水利学报，2014，45 (7)：809 - 814.

[170] 康蕾，张红旗. 中国五大粮食主产区农业抗旱能力综合评价 [J]. 资源科学，2014，36 (3)：481 - 489.

[171] 王保顺，马显光，冯敏，等. 基于人地关系的防旱减灾对策探讨——以云南省为例（英文）[J]. Agricultural Science & Technology，2015，16 (1)：25 - 30.

[172] 张宇亮，蒋尚明，金菊良，等. 基于区域农业用水量的干旱重现期计算方法 [J]. 水科学进展，2017，28 (5)：691 - 701.

[173] 杨晓静，徐宗学，左德鹏，等. 东北三省农业旱灾风险评估研究 [J]. 地理学报，2018，73 (7)：1324 - 1337.

[174] Wei J, Ma Z G. Comparison of Palmer Drought Severity Index, Percentage of Precipitation Anomaly and Surface Humid Index [J]. Acta Geographica Sinica, 2003, 52 (1 - 2)：1 - 8.

[175] Wei J, Tao S Y, Zhang Q Y. Analysis of drought in northern China based on the Palmer Severity Drought Index [J]. Acta Geographica Sinica, 2003, 58 (S1)：91 - 99.

[176] Nathaniel, B, Guttman. COMPARING THE PALMER DROUGHT INDEX AND THE STAN-DARDIZED PRECIPITATION INDEX [J]. JAWRA Journal of the American Water Resources Association, 1998.

[177] Dai A, Trenberth K E, Karl T R. Global variations in droughts and wet spells：1900 - 1995 [J]. Geophys. res. lett, 1998, 25 (17)：3367 - 3370.

[178] Kothavala Z. The duration and severity of drought over eastern Australia simulated by a coupled ocean - atmosphere GCM with a transient increase in CO_2 [J]. Environmental Modelling & Software, 1999, 14：243 - 252.

[179] A L M a, S H a, R P b, et al. Long term climate deviations：An alternative approach and application on the Palmer drought severity index in Hungary [J]. Physics & Chemistry of the Earth Parts A/b/c, 2002, 27 (23 - 24)：1063 - 1071.

[180] 安顺清，邢久星. 修正的帕默尔干旱指数及其应用 [J]. 气象，1985 (12)：17 - 19.

[181] 刘庚山，郭安红，安顺清，等. 帕默尔干旱指标及其应用研究进展 [J]. 自然灾害学报，2004 (4)：21 - 27.

[182] 李菁. 基于 MODIS 数据的多种干旱监测模型在陕北的对比应用 [D]. 南京：南京信息工程大学，2011.

[183] 冯锐，张玉书，纪瑞鹏，等. 基于 GIS 的干旱遥感监测及定量评估系统 [J]. 安徽农业科学，2009，37 (26)：12626 - 12627，12683.

[184] Yuan F, Bauer M E. Comparison of impervious surface area and normalized difference vegetation index as indicators of surface urban heat island effects in Landsat imagery [J]. Remote Sensing of Environment, 2007, 106 (3)：375 - 386.

[185] 郑有飞，徐芳，关福来，等. AVHRR 植被产品在干旱研究中的应用 [J]. 科技信息（科学教研），2007 (29)：324 - 326.

[186] 郭虎，王瑛，王芳. 旱灾灾情监测中的遥感应用综述 [J]. 遥感技术与应用，2008 (1)：111 - 116.

[187] 李星敏，郑有飞，刘安麟. 我国用 NOAA/AVHRR 资料进行干旱遥感监测的方法综述 [J]. 中

国农业气象，2003（3）：40 - 43.

[188] 齐述华，王长耀，牛铮，等. 利用 NDVI 时间序列数据分析植被长势对气候因子的响应 [J]. 地理科学进展，2004（3）：91 - 99，111.

[189] 李星敏，刘安麟，王钊，等. 植被指数差异在干旱遥感监测中的应用 [J]. 陕西气象，2004（5）：17 - 19.

[190] 谢江霞，张丽华. 基于遥感的农业干旱监测模型研究 [J]. 安徽农业科学，2008（8）：3460 - 3462.

[191] Jackson R D，Idso S，Reginato R J，et al. Canopy temperature as a crop water stress indicator [J]. Water resources research，1981，17（4）.

[192] Emekli Y，Bastug R，Buyuktas D，et al. Evaluation of a crop water stress index for irrigation scheduling of bermudagrass [J]. Agricultural Water Management，2007，90（3）：205 - 212.

[193] 唐登银. 一种以能量平衡为基础的干旱指数 [J]. 地理研究，1987（2）：21 - 31.

[194] 李韵珠，陆锦文，吕梅，等. 作物干旱指数（CWSI）和土壤干旱指数（SWSI）[J]. 土壤学报，1995（2）：202 - 209.

[195] Moran M S，Clarke T R，Inoue Y，et al. Estimating crop water deficit using the relation between surface - air temperature and spectral vegetation index [J]. Remote Sensing of Environment，1994，49（3）：246 - 263.

[196] Nishida K，Nemani R R，Glassy J M，et al. Development of an evapotranspiration index from Aqua/MODIS for monitoring surface moisture status [J]. IEEE Transactions on Geoscience & Remote Sensing，2003，41（2）：493 - 501.

[197] Inge S，Kjeld R，Jens A. A simple interpretation of the surface temperature/vegetation index space for assessment of surface moisture status [J]. Remote Sensing of Environment，2002，79（2 - 3）：213 - 224.

[198] 侯英雨，何延波，柳钦火，等. 干旱监测指数研究 [J]. 生态学杂志，2007（6）：892 - 897.

[199] Ghulam A，Qin Q，Zhan Z. Designing of the perpendicular drought index [J]. Environmental Geology，2007，52（6）：1045 - 1052.

[200] Ghulam A，Qin Q，Teyip T，et al. Modified perpendicular drought index (MPDI)：A real - time drought monitoring method [J]. Isprs Journal of Photogrammetry & Remote Sensing，2007，62（2）：150 - 164.

[201] 杨学斌，秦其明，姚云军，等. PDI 与 MPDI 在内蒙古干旱监测中的应用和比较 [J]. 武汉大学学报（信息科学版），2011，36（2）：195 - 198.

[202] 杜晓，王世新，周艺，等. 一种新的基于 MODIS 的地表含水量模型构造与验证 [J]. 武汉大学学报（信息科学版），2007（3）：205 - 207，211.

[203] 张红卫，陈怀亮，申双和，等. 基于表层水分含量指数（SWCI）的土壤干旱遥感监测 [J]. 遥感技术与应用，2008，23（6）：624 - 628，600.

[204] 阮本清，韩宇平，王浩，等. 水资源短缺风险的模糊综合评价 [J]. 水利学报，2005（8）：906 - 912.

[205] 郭瑞霞，管晓丹，张艳婷. 我国荒漠化主要研究进展 [J]. 干旱气象，2015，33（3）：505 - 513.

[206] 李耀辉，张书余. 我国沙尘暴特征及其与干旱关系的研究进展 [J]. 地球科学进展，2007（11）：1169 - 1177.

[207] 赵海燕，高歌，张培群，等. 综合气象干旱指数修正及在西南地区的适用性 [J]. 应用气象学报，2011，22（6）：698 - 705.

[208] 刘宪锋，朱秀芳，潘耀忠，等. 农业干旱监测研究进展与展望 [J]. 地理学报，2015，70（11）：1835 - 1848.

[209] Zeng Z，Wu W，Li Z，et al. Agricultural drought risk assessment in Southwest China [J]. Water，

2019，11（5）：1064.

[210] 姚玉璧，张强，李耀辉，等. 干旱灾害风险评估技术及其科学问题与展望［J］. 资源科学，2013，35（9）：1884 – 1897.

[211] 张庆云，卫捷，陶诗言. 近50年华北干旱的年代际和年际变化及大气环流特征［J］. 气候与环境研究，2003（3）：307 – 318.

[212] 孙灏，陈云浩，孙洪泉. 典型农业干旱遥感监测指数的比较及分类体系［J］. 农业工程学报，2012，28（14）：147 – 154.

[213] 黄晚华，杨晓光，李茂松，等. 基于标准化降水指数的中国南方季节性干旱近58a演变特征［J］. 农业工程学报，2010，26（7）：50 – 59.

[214] 孙滨峰，赵红，王效科. 基于标准化降水蒸发指数（SPEI）的东北干旱时空特征［J］. 生态环境学报，2015，24（1）：22 – 28.

[215] 周丹，张勃，罗静，等. 基于SPEI的华北地区近50年干旱发生强度的特征及成因分析［J］. 自然灾害学报，2014，23（4）：192 – 202.

[216] 冯平，胡荣，李建柱. 基于三维对数线性模型的气象干旱等级预测研究［J］. 水利学报，2014，45（5）：505 – 512.

[217] Beguería S, Vicente – Serrano S M, Reig F, et al. Standardized precipitation evapotranspiration index (SPEI) revisited：Parameter fitting, evapotranspiration models, tools, datasets and drought monitoring［J］. International Journal of Climatology, 2014, 34（10）.

[218] Dai A. Characteristics and trends in various forms of the Palmer Drought Severity Index during 1900—2008［J］. Journal of Geophysical Research Atmospheres, 2011, 116（D12）.

[219] Dai, Aiguo, Trenberth, et al. A Global Dataset of Palmer Drought Severity Index for 1870—2002：Relationship with Soil Moisture and Effects of Surface Warming［J］. Journal of hydrometeorology, 2017.

[220] 张强，韩兰英，张立阳，等. 论气候变暖背景下干旱和干旱灾害风险特征与管理策略［J］. 地球科学进展，2014，29（1）：80 – 91.

[221] King A D, Pitman A J, Henley B J, et al. The role of climate variability in Australian drought［J］. Nature Climate Change, 2020, 10（3）：177 – 179.

[222] 吴循，周青. 气候变暖对陆地生态系统的影响［J］. 中国生态农业学报，2008（1）：223 – 228.

[223] 许世卫. 中国农业监测预警的研究进展与展望［J］. 农学学报，2018，8（1）：197 – 202.

[224] Song X, Li L, Fu G, et al. Spatial – temporal variations of spring drought based on spring – composite index values for the Songnen Plain, Northeast China［J］. Theoretical and Applied Climatology, 2014, 116（3）：371 – 384.

[225] 闫桂霞，陆桂华，吴志勇，等. 基于PDSI和SPI的综合气象干旱指数研究［J］. 水利水电技术，2009，40（4）：10 – 13.

[226] 章钊颖，王松寒，邱博，等. 日光诱导叶绿素荧光遥感反演及碳循环应用进展［J］. 遥感学报，2019，23（1）：37 – 52.

[227] 王雅楠，韦瑾，汤旭光，等. 应用叶绿素荧光估算植被总初级生产力研究进展［J］. 遥感技术与应用，2020，35（5）：975 – 989.

[228] 刘雷震，武建军，周洪奎，等. 叶绿素荧光及其在水分胁迫监测中的研究进展［J］. 光谱学与光谱分析，2017，37（9）：2780 – 2787.

[229] Wang H, Xiao J. Improving the Capability of the SCOPE Model for Simulating Solar – Induced Fluorescence and Gross Primary Production Using Data from OCO – 2 and Flux Towers［J］. Remote Sensing, 2021, 13（4）：794.

[230] 钱新. 基于叶绿素荧光遥感的植被干旱胁迫指数构建［D］. 南京：南京大学，2019.

[231] 李伟光，易雪，侯美亭，等. 基于标准化降水蒸散指数的中国干旱趋势研究［J］. 中国生态农业

学报，2012，20（5）：643-649.

[232] Vicente-Serrano S M，Beguería S，López-Moreno J I. A Multiscalar Drought Index Sensitive to Global Warming：The Standardized Precipitation Evapotranspiration Index [J]. Journal of Climate，2010，23（7）：1696-1718.

[233] 白桦，鲁向晖，杨筱筱，等. 基于彭曼公式日均值时序分析的中国蒸发能力动态成因 [J]. 农业机械学报，2019，50（1）：235-244.

[234] 贺俊杰，王英舜，李云鹏，等. 利用 EOS/MODIS 植被供水指数监测锡林郭勒地区土壤湿度 [J]. 中国农业气象，2013，34（2）：243-248.

[235] 张永江，刘良云，侯名语，等. 植物叶绿素荧光遥感研究进展 [J]. 遥感学报，2009，13（5）：963-978.

[236] 张立福，王思恒，黄长平. 太阳诱导叶绿素荧光的卫星遥感反演方法 [J]. 遥感学报，2018，22（1）：1-12.

[237] 纪梦豪，唐伯惠，李召良. 太阳诱导叶绿素荧光的卫星遥感反演方法研究进展 [J]. 遥感技术与应用，2019，34（3）：455-466.

[238] Li X，Xiao J. A Global，0.05-Degree Product of Solar-Induced Chlorophyll Fluorescence Derived from OCO-2，MODIS，and Reanalysis Data [J]. Remote Sensing，2019，11（5）.

[239] Qiu R，Han G，Ma X，et al. A Comparison of OCO-2 SIF，MODIS GPP，and GOSIF Data from Gross Primary Production（GPP）Estimation and Seasonal Cycles in North America [J]. Remote Sensing，2020，12（2）：258.

[240] 张玉，魏华波. 基于 CRITIC 的多属性决策组合赋权方法 [J]. 统计与决策，2012（16）：75-77.

[241] 张清雨，吴绍洪，赵东升，等. 内蒙古草地生长季植被变化对气候因子的响应 [J]. 自然资源学报，2013，28（5）：754-764.

[242] 孙小龙，宋海清，李平，等. 基于 CLDAS 资料的内蒙古干旱监测分析 [J]. 气象，2015，41（10）：1245-1252.

[243] 崔园园，张强，李威，等. CLDAS 融合土壤相对湿度产品适用性评估及在气象干旱监测中的应用 [J]. 海洋气象学报，2020，40（4）：105-113.

[244] 杜瑞麒，张智韬，巨娟丽，等. 基于波文比和降水的综合干旱指数的构建及应用 [J]. 节水灌溉，2020（8）：63-71.

[245] 杜波波，阿拉腾图娅，包刚. 2002—2016 年锡林郭勒草原干旱时空特征 [J]. 水土保持研究，2019，26（4）：190-194，202.

[246] 张巧凤，刘桂香，于红博，等. 基于标准化降水指数的锡林郭勒盟干旱特征分析 [J]. 自然灾害学报，2015，24（5）：119-128.

[247] 刘志刚，刘丽萍，游晓勇，等. 锡林郭勒草原气候变化与干旱特征 [J]. 内蒙古气象，2008（1）：17-18.

[248] 王举凤，何亮，陆绍娟，等. 内蒙古不同类型草原光合植被覆盖度对降水变化的响应 [J]. 生态学报，2020，40（16）：5620-5629.

[249] 乔俊飞，王会东. 模糊神经网络的结构自组织算法及应用 [J]. 控制理论与应用，2008（4）：703-707.

[250] 安然，华光，董娜. 基于 BP 神经网络的南宁市公路货运量预测 [J]. 交通运输研究，2015，1（2）：58-64.

[251] 朱大奇. 人工神经网络研究现状及其展望 [J]. 江南大学学报，2004（1）：103-110.

[252] 李晓峰，徐玖平，王荫清，等. BP 人工神经网络自适应学习算法的建立及其应用 [J]. 系统工程理论与实践，2004（5）：1-8.

[253] 刘巧歌，付梦印. 改进的神经网络及其自适应学习速率的研究 [J]. 小型微型计算机系统，2007
（5）：845 - 848.

[254] 王燕妮，樊养余. 改进 BP 神经网络的自适应预测算法 [J]. 计算机工程与应用，2010，46（17）：
23 - 26.

[255] Karunasinghe D，Liong S Y. Chaotic time series prediction with a global model：Artificial neural
network [J]. Journal of Hydrology，2006，323（1 - 4）：92 - 105.

[256] 孙瑞奇. 基于 LSTM 神经网络的美股股指价格趋势预测模型的研究 [D]. 北京：首都经济贸易大
学，2016.

[257] 吴昌友. 神经网络的研究及应用 [D]. 哈尔滨：东北农业大学，2007.

[258] 宋玉强. 人工神经网络在时间序列预测中的应用研究 [D]. 西安：西安建筑科技大学，2005.

[259] 贝努瓦·B·曼德尔布罗特（Benoit B. Mandel brot），理查德·L·赫德森（Richardl. Hudson）.
市场的（错误）行为 [M]. 张新，张增伟，译. 北京：中国人民大学出版社，2009.

[260] 小罗伯特·R·普莱切特. 艾略特名著集 [M]. 陈鑫，译. 北京：机械工业出版社，2003.

[261] 金龙. 神经网络气象预报建模理论方法与应用 [M]. 北京：气象出版社，2004.

[262] 张建海，张棋，许嘉合，等. EBK 和 LSTM 模型在气象干旱时空预测中的应用 [J]. 人民黄河，
2020，42（8）：77 - 82.

[263] 李少华，高琪，王学全，等. 光伏电厂干扰下高寒荒漠草原区植被和土壤变化特征 [J]. 水土保
持学报，2016，30（6）：325 - 329.

[264] Maity R，Suman M，Verma N K. Drought prediction using a wavelet based approach to model the
temporal consequences of different types of droughts [J]. Journal of Hydrology，2016：417 - 428.

[265] 董前进，谢平. 水文干旱研究进展 [J]. 水文，2014，34（4）：1 - 7.

[266] 裴源生，蒋桂芹，翟家齐. 干旱演变驱动机制理论框架及其关键问题 [J]. 水科学进展，2013，
24（3）：449 - 456.

[267] Oki T，Kanae S. Global Hydrological Cycles and World Water Resources [J]. Science，2006，313
（5790）：1068 - 1072.

[268] 赵雪花，赵茹欣. 水文干旱指数在汾河上游的适用性分析 [J]. 水科学进展，2016，27（4）：
512 - 519.

[269] Shukla S，Wood A W. Use of a standardized runoff index for characterizing hydrologic drought [J]. Geo-
physical Research Letters，2008，35（2）：226 - 236.

[270] Mo，Kingtse C. Model - Based Drought Indices over the United States [J]. Journal of hydrometeo-
rology，2008，9（6）：1212 - 1230.

[271] 中国气象局政策法规司. 气象标准汇编 2005—2006 [M]. 2008.

[272] Arnold J G，Srinivasan R，Muttiah R S，et al. Large Area Hydrologic Modeling and Assessment
Part I：Model Development [J]. JAWRA Journal of the American Water Resources Association，
1998，34（1）：1 - 17.

[273] 王中根，刘昌明，黄友波. SWAT 模型的原理、结构及应用研究 [J]. 地理科学进展，2003（1）：
79 - 86.

[274] Misgana K M A B.，John W N B. Sensitivity and uncertainty analysis coupled with automatic cali-
bration for a distributed watershed model [J]. Journal of Hydrology，2005，306（1 - 4）：127 -
145.

[275] Fisher，Peter，Abrahart，et al. The sensitivity of two distributed nonpoint source pollution models
to the spatial arrangement of the landscape [J]. Hydrological Processes，1997.

[276] 刘闻. 基于 SWAT 模型的水文模拟及径流响应分析 [D]. 西安：西北大学，2014.

[277] Morris M D. Factorial Plans for Preliminary Sampling Computational Experiments [J]. Techno-

metrics，1991（5）：161 – 174.

[278] 宋小园. 气候变化和人类活动影响下锡林河流域水文过程响应研究 [D]. 呼和浩特：内蒙古农业大学，2016.

[279] Bracmort K S，Arabi M，Frankenberger J R，et al. Modeling long – term water quality impact of structural bmps [J]. Transactions of the ASABE，2006，49（2）：367 – 374.

[280] 郝芳华，程红光. 非点源污染模型 理论方法与应用 [M]. 北京：中国环境科学出版社，2006.

[281] 李明，张永清，张莲芝. 基于 Copula 函数的长春市 106 年来的干旱特征分析 [J]. 干旱区资源与环境，2017，31（6）：147 – 153.

[282] 涂新军，陈晓宏，赵勇，等. 变化环境下东江流域水文干旱特征及缺水响应 [J]. 水科学进展，2016，27（6）：810 – 821.

[283] 周念清，李天水，刘铁刚. 基于游程理论和 Copula 函数研究岷江流域干旱特征 [J]. 南水北调与水利科技，2019，17（1）：1 – 7.

[284] 王晓峰，张园，冯晓明，等. 基于游程理论和 Copula 函数的干旱特征分析及应用 [J]. 农业工程学报，2017，33（10）：206 – 214.